当代儒师培养书系·教师教育系列

主　编　舒志定　李勇

Multimedia Material Processing: Practical Apps and Skills

多媒体素材处理实用软件与技巧

主　编　刘　刚
副主编　方　娜　叶婷婷　章佳妮　鲍琦琦

ZHEJIANG UNIVERSITY PRESS
浙江大学出版社

图书在版编目（CIP）数据

多媒体素材处理实用软件与技巧 / 刘刚主编. —
杭州：浙江大学出版社，2021.9
ISBN 978-7-308-21701-9

Ⅰ. ①多… Ⅱ. ①刘… Ⅲ. ①多媒体技术 Ⅳ. ①TP37

中国版本图书馆CIP数据核字（2021）第174887号

多媒体素材处理实用软件与技巧
刘　刚　主编

责任编辑　陈丽勋
责任校对　高士吟
封面设计　春天书装
出版发行　浙江大学出版社
（杭州市天目山路148号　　邮政编码　310007）
（网址：http：//www.zjupress.com）
排　　版　杭州林智广告有限公司
印　　刷　杭州高腾印务有限公司
开　　本　710mm×1000mm　1/16
印　　张　16.25
字　　数　288千
版 印 次　2021年9月第1版　2021年9月第1次印刷
书　　号　ISBN 978-7-308-21701-9
定　　价　49.50元

当代儒师培养书系
总 序

把中华优秀传统文化融入教师教育全过程，培育有鲜明中国烙印的优秀教师，这是当前中国教师教育需要重视和解决的课题。湖州师范学院教师教育学院对此进行了探索与实践，以君子文化为引领，挖掘江南文化资源，提出培养当代儒师的教师教育目标，实践“育教师之四有素养、效圣贤之教育人生、展儒师之时代风范”的教师教育理念，体现教师培养中对传统文化的尊重，昭示教师教育中对文化立场的坚守。

能否坚持教师培养的中国立场，这应是评价教师教育工作是否合理的重要依据，我们把它称作教师教育的“文化依据”（文化合理性）。事实上，中国师范教育在发轫之际就强调教师教育的文化立场，确认传承传统文化是决定师范教育正当性的基本依据。

19世纪末20世纪初，清政府决定兴办师范教育，一项重要工作是选派学生留学日本和派遣教育考察团考察日本师范教育。1902年，清政府讨论学务政策，张之洞就对张百熙说：“师范生宜赴东学习。师范生者不惟能晓普通学，必能晓为师范之法，训课方有进益。非派人赴日本考究观看学习不可。”[①] 以1903年为例，该年4月至10月间，游日学生中的毕业生共有175人，其中读师范者71人，占40.6%。[②] 但关键问题是要明确清政府决定向日本师范教育学习的目的是什么。无论是选派学生到日本学习师范教育，还是派遣教育考察团访日，目标都是为清政府拟定教育方针、教育宗旨。事实也是如此，派到日本的教育考察团就向清政府建议要推行“忠君、尊孔、尚公、尚武、尚实”的教育宗旨。这10个字的教育宗旨，有着鲜明的中国文化特征。尤其是把“忠君”与“尊孔”立于重要位置，这不仅要求把“修身伦理”作为教育工作的首要事务，而且要求教育坚守中国立场，使传统中国道统、政统、学统在现代学校教育中

---

①② 转引自田正平：《传统教育的现代转型》，浙江科学技术出版社，2013，第376页。

得以传承与延续。

当然，这一时期坚持师范教育的中国立场，目的是发挥教育的政治功能，为清政府巩固统治地位服务。只是，这些“学西方、开风气”的“现代性”工作的开展，并没有改变国家进一步衰落的现实。因此，清政府的“新学政策”，引起了一批有识之士的反思、否定与批判，他们把“新学”问题归结为重视科技知识教育、轻视社会义理教育。早在1896年梁启超在《学校总论》中就批评同文馆、水师学堂、武备学堂、自强学堂等新式教育的问题是“言艺之事多，言政与教之事少”，为此，他提出“改科举之制”“办师范学堂”“区分专门之业”三点建议，尤其是强调开办师范学堂的意义，否则“教习非人也”。[①]梁启超的观点得到军机大臣、总理衙门的认同与采纳，1898年颁布的《筹议京师大学堂章程》就明确要求各省所设学堂不能缺少义理之教。“夫中学体也，西学用也，两者相需，缺一不可，体用不备，安能成才。且既不讲义理，绝无根底，则浮慕西学，必无心得，只增习气。前者各学堂之不能成就人才，其弊皆由于此。”[②]很明显，这里要求学校处理好中学与西学、义理之学与技艺之学之间的关系，如果只重视其中一个方面，就难以实现使人成才的教育目标。

其实，要求学校处理好中学与西学、义理之学与技艺之学之间的关系，实质是对学校性质与教育功能的一种新认识，它突出学校传承社会文明的使命，把维护公共利益、实现公共价值确立为学校的价值取向。这里简要举两位教育家的观点以说明之。曾任中华民国教育部第一社会教育工作团团长的董渭川认为，国民学校是“文化中心”，“在大多数民众是文盲的社会里，文化水准既如此其低，而文化事业又如此贫乏，如果不赶紧在全国每一城乡都建立起大大小小的文化中心来，我们理想中的新国家到哪里去培植基础？”而这样的文化中心不可能凭空产生，“其数量最多、比较最普遍且最具教育功能者，舍国民学校当然找不出第二种设施。这便是非以国民学校为文化中心不可的理由”。[③]类似的认识，也是陶行知推行乡村教育思想与实践的出发点。他希望乡村教育对个人和乡村产生深刻的变革，使村民自食其力和村政工作自有、自治、自享，实现乡村学校是“中国改造乡村生活之唯一可能的中心”的目标。[④]

---

① 梁启超：《饮冰室合集·文集之一》，中华书局，1989，第19-20页。

② 朱有瓛：《中国近代学制史料》，第一辑（上册），华东师范大学出版社，1983，第602页。

③ 董渭川：《董渭川教育文存》，人民教育出版社，2007，第127页。

④ 顾明远、边守正：《陶行知选集》（第一卷），教育科学出版社，2011，第230页。

可见，坚守学校的文化立场，是中国教师教育的一项传统。要推进当前教师教育改革，依然需要坚持和传承这一教育传统。就如习近平总书记所说："办好中国的世界一流大学，必须有中国特色。……世界上不会有第二个哈佛、牛津、斯坦福、麻省理工、剑桥，但会有第一个北大、清华、浙大、复旦、南大等中国著名学府。我们要认真吸收世界上先进的办学治学经验，更要遵循教育规律，扎根中国大地办大学。"[①] 扎根中国大地办大学，才能在人才培养中融入中国传统文化资源，培育具有家国情怀的优秀人才。

基于这样的考虑，我们提出把师范生培养成当代儒师，这符合中国国情与社会历史文化的发展要求。因为在中国百姓看来，"鸿儒""儒师"是对有文化、有德行的知识分子的尊称。当然，我们提出把师范生培养成当代"儒师"，不是要求师范生做一名类似孔乙己那样的"学究"（当然孔乙己可否称得上"儒师"也是一个问题，我们在此只是做一个不怎么恰当的比喻），而是着力挖掘历代鸿儒大师的优秀品质，将其作为师范生的学习资源与成长动力。

的确，传统中国社会"鸿儒""儒师"身上蕴含的可贵品质，依然闪耀着光芒，对当前教师品质的塑造具有指导价值。正如董渭川对民国初年广大乡村区域学校不能替代私塾原因的分析，其认为私塾的"教师"不仅要教育进私塾学习的儿童，更应成为"社会的"教师，教师地位特别高，"在大家心目中是一个应该极端崇敬的了不起的人物。家中遇有解决不了的问题，凡需要以学问、以文字、以道德人望解决的问题，一概请教于老师，于是乎这位老师真正成了全家的老师"[②]。这就是说，"教师"的作用不只是影响受教育的学生，更是影响一县一城的风气。所以，我们对师范生提出学习儒师的要求，目标就是要求师范生成长为师德高尚、人格健全、学养深厚的优秀教师，由此也明确了培育儒师的教育要求。

一是塑造师范生的师德和师品。要把师范生培养成合格教师，面向师范生开展师德教育、学科知识教育、教育教学技能教育、实习实践教育等教育活动。这其中，提高师范生的师德修养是第一要务。正如陶行知所说，教育的真谛是千教万教教人求真、千学万学学做真人，因此他要求自己是"捧着一颗心来、不带半根草去"。

---

① 习近平：《青年要自觉践行社会主义核心价值观》，《中国青年报》2014年5月5日01版。

② 董渭川：《董渭川教育文存》，人民教育出版社2007年版，第132页。

当然，对师范生开展师德教育，关键是使师范生能够自觉地把高尚的师德目标内化成自己的思想意识和观念，内化成个体的素养，变成自身的自觉行为。一旦教师把师德要求在日常生活的为人处世中体现出来，就反映了教师的品质与品位，这就是我们要倡导的师范生的人品要求。追求高尚的人格，涵养优秀的人品，是优秀教育人才的共同特征。不论是古代的圣哲孔子，朱熹、王阳明等一代鸿儒，还是后来的陶行知、晏阳初、陈鹤琴等现当代教育名人，在他们一生的教育实践中，始终保持崇高的人生信仰，恪守职责，爱生爱教，展示为师者的人格力量，是师范生学习与效仿的榜样。倡导师范生向着儒师目标努力，旨在要求师范生学习历代教育前辈的教育精神，培育其从事教育事业的职业志向，提升其贡献教育事业的职业境界。

二是实现师范生的中国文化认同。历代教育圣贤，高度认同中国文化，坚守中国立场。在学校教育处于全球化、文化多元化的背景下，更要强调师范生的中国文化认同。强调这一点，不是反对吸收多元文化资源，而是强调教师要自觉成为中华优秀传统文化的传播者，这就要求把中华优秀传统文化融入教师培养过程中。这种融入，一方面是从中华优秀传统文化宝库中寻找教育资源，用中华优秀传统文化资源教育师范生，使师范生接触和了解中华优秀传统文化，领会中国社会倡导与坚守的核心价值观，增强文化自信；另一方面是使师范生掌握中国传统文化、社会发展历史的知识，具备和学生沟通、交流的意识和能力。

三是塑造师范生的实践情怀。从孔子到活跃在当代基础教育界的优秀教师，他们成为优秀教师的最基本特点，便是一生没有离开过三尺讲台、没有离开过学生，换言之，他们是在“教育实践”中获得成长的。这既是优秀教师成长规律的体现，又是优秀教师关怀实践、关怀学生的教育情怀的体现。而且优秀教师的这种教育情怀，出发点不是“精致利己”，而是和教育报国、家国情怀密切联系在一起。特别是国家处于兴亡关键时期，一批批有识之士，虽手无寸铁，但是他们投身教育，或捐资办学，或开门授徒，以思想、观念、知识引领社会进步和国家强盛。比如浙江朴学大师孙诒让，作为清末参加科举考试的一介书生，看到中日甲午战争中清政府的无能，怀着“自强之原，莫先于兴学”的信念，回家乡捐资办学，首先办了瑞安算学馆，希望用现代科学拯救中国。

四是塑造师范生的教育性向。教育性向是师范生是否喜教、乐教、善教的个人特性的具体体现，是成为一名合格教师的最基本要求。教育工作是一项专业工作，这对教师的专业素养提出了严格要求。教师需要的专业素养，可以概括为很多条，说到底最基本的一条是教师能够和学生进行互动交流。因为教师的课堂教学工作，实质上就是和学生互动的实践过程。这既要求培养教师研究学生、认识学生、理解学生的能力，又要求培养教师对学生保持宽容的态度和人道的立场，成为纯净的、高尚的人，成为精神生活丰富的人，能够照亮学生心灵，促进学生的健康发展。

依据这四方面的要求，我们主张面向师范生开展培养儒师的教育实践，不是为了培养儒家意义上的“儒”师，而是要求师范生学习儒师的优秀品质，学习儒师的做人之德、育人之道、教人之方、成人之学，造就崇德、宽容、儒雅、端正、理智、进取的现代优秀教师。

做人之德。对德的认识、肯定与追求，在中国历代教育家身上体现得淋漓尽致。舍生取义，追求立德、立功、立言三不朽，这是传统知识分子的基本信念和人生价值取向。对当前教师来说，最值得学习的德之要素，是以仁义之心待人，以仁义之爱弘扬生命之价值。所以，要求师范生学习儒师、成为儒师，既要求师范生具有高尚的政治觉悟、思想修养、道德立场，又要求师范生具有宽厚的人道情怀，爱生如子，公道正派，实事求是，扬善惩恶。正如艾思奇为人，“天性淳厚，从来不见他刻薄过人，也从来不见他用坏心眼考虑过人，他总是拿好心对人，以厚道待人”①。

育人之道。历代教育贤哲都认为教育是一种“人文之道”“教化之道”，也就是强调教育要重视塑造人的德行、品格，提升人的自我修养。孔子就告诫学生学习是“为己之学”，意思是强调学习与个体自我完善的关系，并且强调个体的完善，不仅是要培育德行，而且是要丰富和完善人的精神世界。所以，孔子相信礼、乐、射、御、书、数等六艺课程是必要的，因为不论是乐，还是射、御，其目标不是让学生成为唱歌的人、射击的人、驾车的人，而是要从中领悟人的生存秘密，这就是追求人的和谐，包括人与周围世界的和谐、人自身的身心和谐，成为“自觉的人”。这个观点类似于康德所言教育的目的是使人成为人。但是，康德认为理性是教育基础，教育目标是培育人的实践理性。尼采说得更加清楚，

① 董标：《杜国庠：左翼文化运动的一位导师——以艾思奇为中心的考察》，载刘正伟《规训与书写：开放的教育史学》，浙江大学出版社，2013，第209页。

认为优秀教师是一位兼具艺术家、哲学家、救世圣贤等身份的文化建树者。[①]

教人之方。优秀教师不仅学有所长、学有所专，而且教人有方。这是说，教师既懂得教育教学的科学，又懂得教育教学的艺术，做到教育的科学性和艺术性的统一。中国古代圣贤推崇悟与体验，正如孔子所说，“三人行，必有我师焉”，成为“我师”的前提，是“行”（“三人行”），也就是说，只有在人与人的相互交往中，才能有值得学习的资源。可见，这里强调人的“学”，依赖于参与、感悟与体验。这样的观点在后儒那里，变成格物致良知的功夫，以此达成转识成智的教育目标。不论怎样理解与阐释先贤圣哲的观点，都必须肯定这些思想家的教人之方的人文立场是清晰的，这对破解当下科技理性主导教育的思路是有启示的，也能为互联网时代教师存在的意义找到理由。

成人之学。学习是促进人成长的基本因素。互联网为学习者提供了寻找、发现、传播信息的技术手段，但是，要指导学生成为一名成功的学习者，教师更需要保持强劲的学习动力，提升持续学习的能力。而学习价值观是影响和支配教师持续学习、努力学习的深层次因素。对此，联合国教科文组织在研究报告《反思教育：向“全球共同利益”的理念转变？》中明确指出教师对待“学习”应坚持的价值取向：教师需要接受培训，学会促进学习、理解多样性，做到包容，培养与他人共存的能力及保护和改善环境的能力；教师必须营造尊重他人和安全的课堂环境，鼓励自尊和自主，并且运用多种多样的教学和辅导策略；教师必须与家长和社区进行有效的沟通；教师应与其他教师开展团队合作，维护学校的整体利益；教师应了解自己的学生及其家庭，并能够根据学生的具体情况施教；教师应能够选择适当的教学内容，并有效地利用这些内容来培养学生的能力；教师应运用技术和其他材料，以此作为促进学习的工具。联合国教科文组织的报告强调教师要促进学习，加强与家长和社区、团队的沟通及合作。其实，称得上是儒师的中国学者，都十分重视学习以及学习的意义。《礼记·学记》中说“玉不琢，不成器；人不学，不知道”；孔子也说自己是“十有五而志于学”，要求“学以载道”；孟子更说得明白，“得天下英才而教育之”是值得快乐的事。可见，对古代贤者来说，“学习”不仅仅是为掌握一些知识，获得某种职业，而是为了“寻道”“传道”“解惑”，为了明确人生方向。所以，倡导师范生学习儒师、成为儒师，目的是使师范生认真思考优秀学者关于学习

① 李克寰：《尼采的教育哲学——论作为艺术的教育》，桂冠图书股份有限公司，2011，第50页。

与人生关系的态度和立场，唤醒心中的学习动机。

基于上述思考，我们把做人之德、育人之道、教人之方、成人之学确定为儒师教育的重点领域，为师范生成为合格乃至优秀教师标明方向。为此，我们积极推动将中华优秀传统文化融入教师教育的实践，取得了阶段性成果。一是开展“君子之风”教育和文明修身活动，提出了“育教师之四有素养、效圣贤之教育人生、展儒师之时代风范”的教师教育理念，为师范文化注入新的内涵。二是立足湖州文脉精华，挖掘区域文化资源，推进校本课程开发，例如“君子礼仪和大学生形象塑造”“跟孔子学做教师”等课程已建成校、院两级核心课程，成为将中华优秀传统文化融入教师教育的有效载体。三是把社区教育作为将中华优秀传统文化融入教师教育的重要渠道，建立“青柚空间”“三点半学堂”等师范生服务社区平台，这些平台成为师范生传播中华优秀传统文化和收获丰富、多样的社区教育资源的重要渠道。四是重视推动有助于将中华优秀传统文化融入教师教育的社团建设工作，例如建立胡瑗教育思想研究社团，聘任教育史专业教师担任社团指导教师，使师范生在参加专业的社团活动中获得成长。这些工作的深入开展，对向师范生开展中华优秀传统文化教育产生了积极作用，成为师范生认识国情、认识历史、认识社会的重要举措。而此次组织出版的“当代儒师培养书系”，正是学院教师对优秀教师培养实践理论探索的汇集，也是浙江省卓越教师培养协同创新中心浙北分中心、浙江省重点建设教师培养基地、浙江省高校“十三五”优势专业（小学教育）、湖州市重点学科（教育学）、湖州市人文社科研究基地（农村教育）、湖州师范学院重点学科（教育学）的研究成果。我们相信，该书系的出版，将有助于促进学院全面深化教师教育改革，进一步提升教师教育质量。我们更相信，将中华优秀传统文化融入教师培养全过程，构建先进的、富有中国烙印的教师教育文化，是历史和时代赋予教师教育机构的艰巨任务和光荣使命，值得教师教育机构持续探索、创新有为。

舒志定

2018 年 1 月 30 日于湖州师范学院

前 言

FOREWORD

“工欲善其事必先利其器。”物联网、云计算、大数据、5G和人工智能等信息技术的不断创新，给智慧教育时代的教师带来了更多的机遇和挑战，教师不仅是知识的消费者，更是知识的生产者。教师面对海量的资源和纷繁的媒体技术，需要主动提升自己的技术素养，提高信息技术应用能力，促进有效学习的发生。

《中小学教师信息技术应用能力标准（试行）》在教师的“核心素养”方面明确提出：“通过多种途径获取数字教育资源，掌握加工、制作和管理数字教育资源的工具与方法。”这是教师信息技术能力的基本要求，然而编者在担任微课和 PPT 技术评委的过程中发现，许多一线教师在技术理念和实践层面困难重重。鉴于此，本书主要面向高校师范生，作为现代教育技术公共课程教材，同时也可以作为在职教师信息技术提升培训教材，解决教师在多媒体作品（如微课、课件、动画等）的设计与制作过程中所出现的素材获取与编辑类问题。

本书共有四章：第一章为文本素材的获取与编辑，分享了文本输入、公式编辑器、文字识别等软件与技巧；第二章为图形图像素材的获取与编辑，介绍了图片裁剪、去水印、抠图、智能放大、颜色调整、结构图及图表制作、以图找图、图片色值提取等；第三章为视音频素材的获取与编辑，介绍了视频分割合并、分辨率转换、压缩、去水印和裁剪、音频编辑软件 Audacity、Camtasia Studio、喵影工厂（万兴神剪手）、EV 录屏及更改 AE 模板的方法；第四章为动画素材的获取与编辑，主要分享了动画素材的获取、MG 动画、文字动画、定格动画、骨骼动画及手绘动画的操作技巧。

本书在编写中力争做到理论和实训并重，重视教育技术应用意识和应用能力的培养，使师范生通过本书的学习，能在未来更好地适应信息化环境下的基础教育。参加本书编写的作者是从事中职、中小学信息技术课程教学多年的一线教师：刘刚负责全书的策划和结构设计，并负责编写第三章“视音频素材的获取与编辑”，以及第四章“动画素材的获取与编辑”的部分内容；方娜负责编写第一章“文本素材的获取与编辑”；叶婷婷、章佳妮编写第二章“图形图像素材的获取与编辑”；鲍琦琦负责编写第四章“动画素材的获取与编辑”的部分内容。

本书既是浙江省教师教育创新实验区建设项目——“互联网+教师教育实训平台的构建与应用实践研究”的研究成果，也是浙江省教育信息化评价与应用研究中心阶段性研究成果。

在本书出版之际，感谢湖州师范学院提供的出版机会，感谢周涵钰同学对部分素材的处理，感谢浙江大学出版社陈丽勋编辑细致专业的校稿！本书在编写过程中参阅了许多相关资料，在此向相关媒体和作者一并致谢！

由于编者经验与学识所限，不妥之处在所难免，敬请同行专家、学者和广大读者批评指正，在此深表感谢。

编者

2021 年 6 月

目　录

CONTENTS

第一章

文本素材的获取与编辑

一、多样的文本素材获取方式

（一）系统字体安装

什么是系统字体？系统字体可以认为是系统默认的字体，是系统本身所携带的。一个系统可能只有一种字体，也可能有多种字体。不同的系统有各自的默认字体。

虽然 Windows 系统自带了很多字体，能够满足日常的学习生活需求，但是在进行设计排版时，这些字体就显得不够个性化，如果自己想要添加一些与众不同的字体，该如何操作呢？下面给大家介绍几种在 Windows 8 系统下安装字体的方法。

1. 通过控制面板查找安装字体

步骤一：通过网络，下载或者购买所需的字体，将它存放在文件夹中。（见图 1–1）

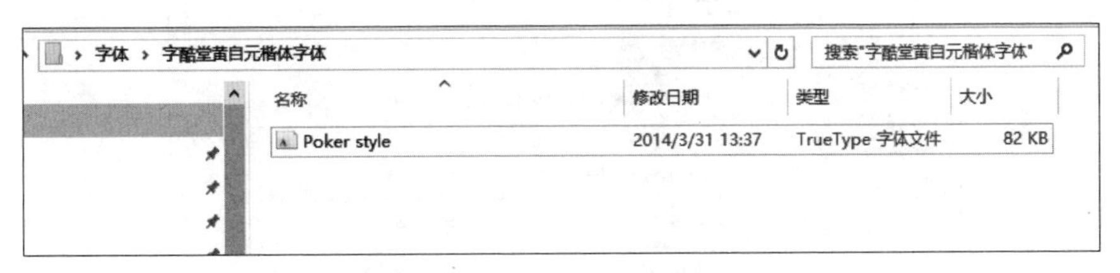

图 1–1 下载“Poker style”字体

步骤二：打开电脑的“控制面板”，选择【外观和个性化】。（见图 1–2 和图 1–3）

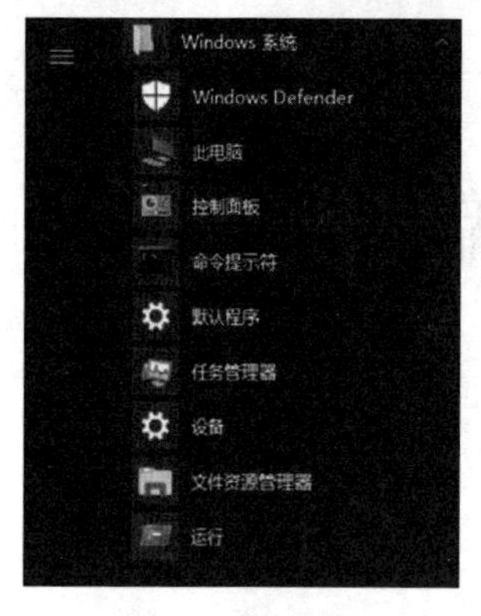

图 1-2 控制面板

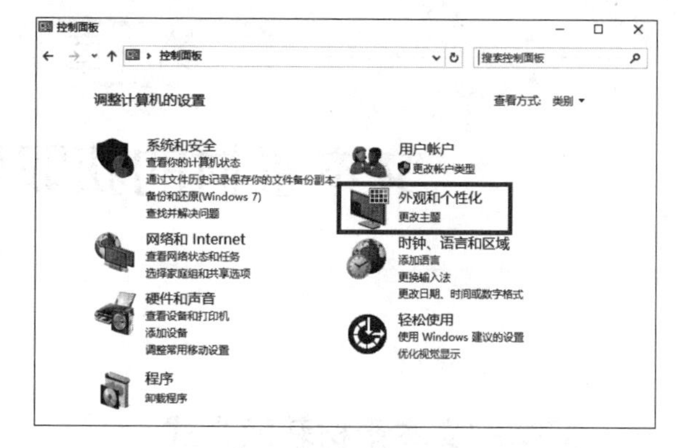

图 1-3 外观和个性化

步骤三：选择“字体”中的“预览、删除或者显示和隐藏字体”。(见图 1–4 和图 1–5)

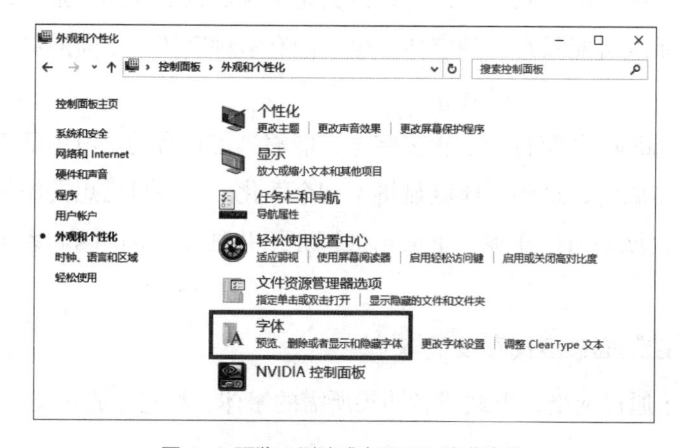

图 1-4 预览、删除或者显示和隐藏字体

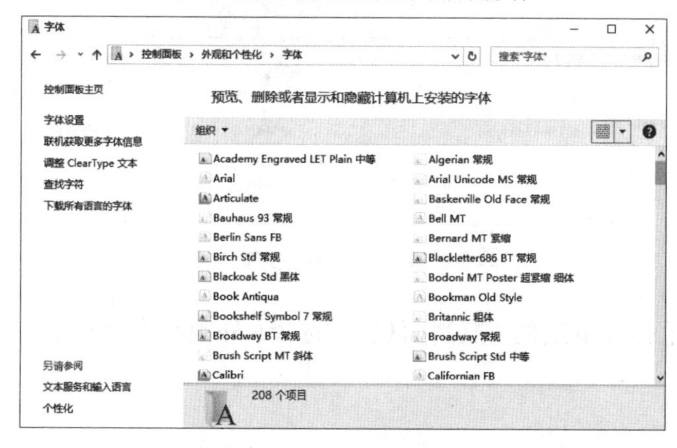

图 1-5 系统字体文件夹

步骤四：将下载好的字体复制、粘贴到系统字体的文件夹中。（见图 1–6）

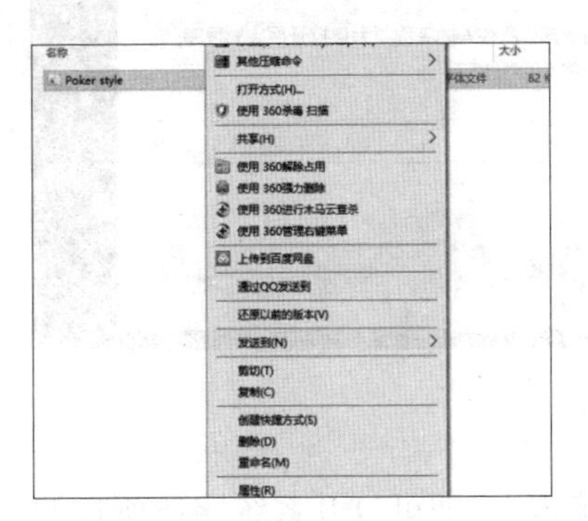

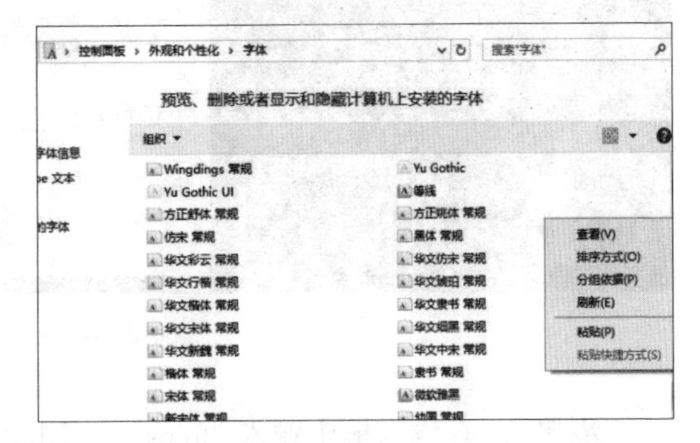

图 1-6 复制、粘贴字体

步骤五：创建一个 Word 编写文档，查看是否添加成功。（见图 1–7）

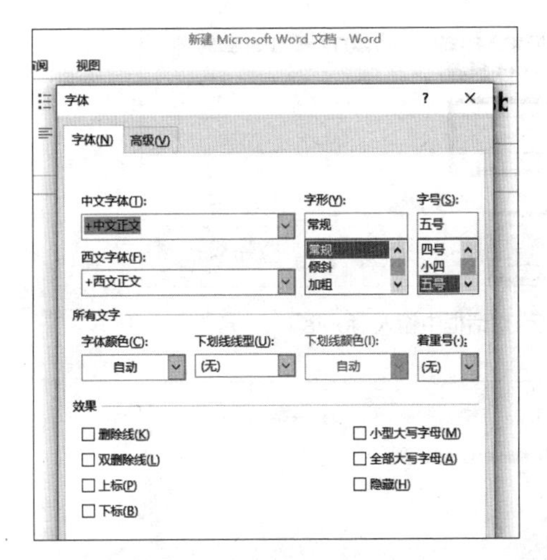

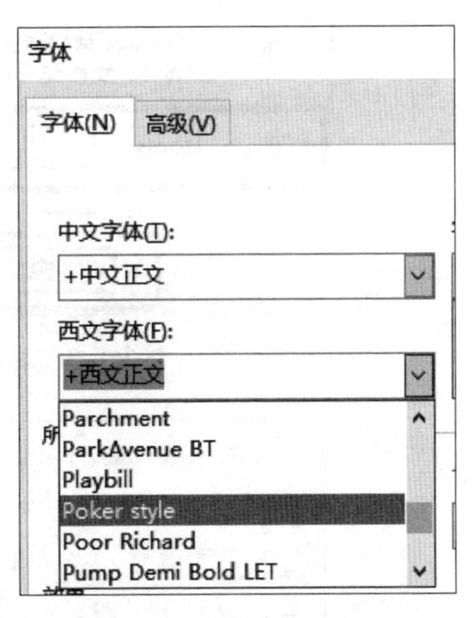

图 1-7 Word 中字体设置

2. 通过快捷键查找安装字体

步骤一：点击键盘按钮 Win+R，打开【运行】（或在程序中打开“运行”）（见图 1–8）。

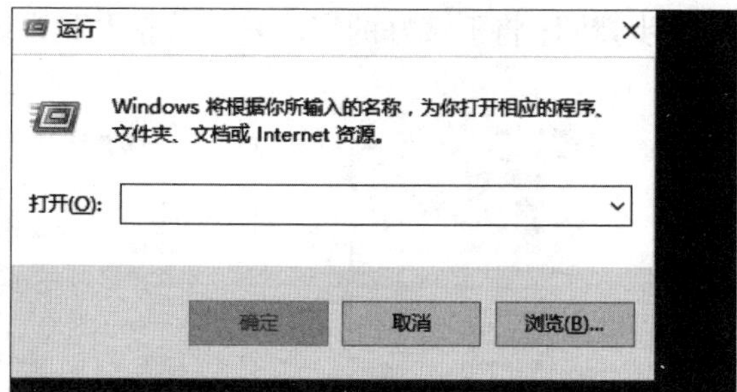

图 1-8 开始—运行

步骤二： 在输入框中输入“fonts”，点击【确定】，即可打开系统字体所在的文件夹。（见图 1-9 和图 1-10）

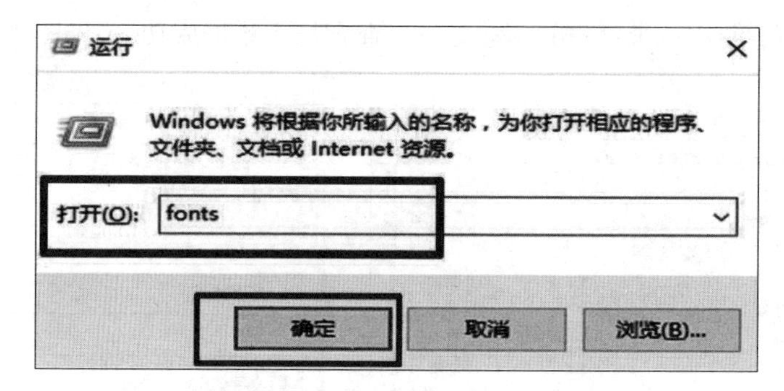

图 1-9 在“运行”对话框中输入“fonts”

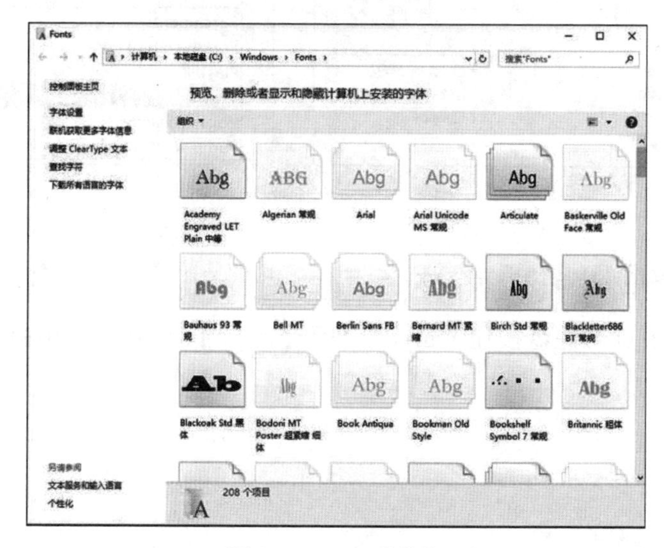

图 1-10 Fonts 文件夹

步骤三：将下载的字体复制、粘贴到文件夹中，与方法 1 中的操作相同。完成后创建一个 Word 编写文档，查看是否添加成功。（见图 1–11）

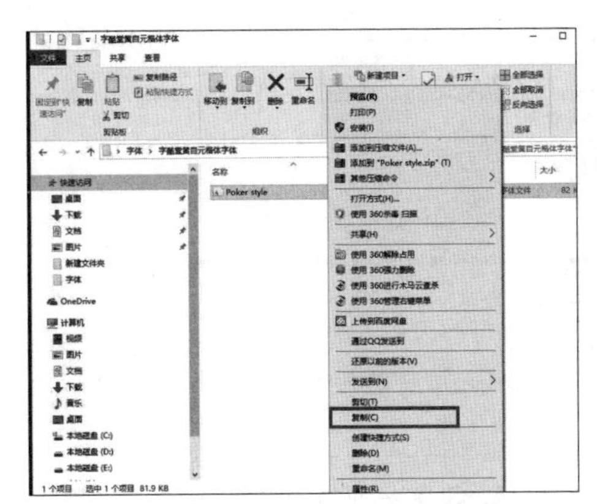
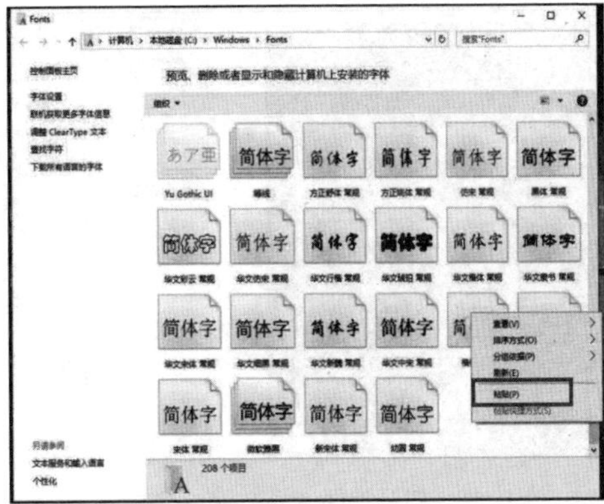

图 1–11 复制、粘贴字体

（二）网文快捕工具

CyberArticle（网文快捕），原名 WebCatcher，是一款知识管理软件，适合于个人和企业建立自己的知识资料库，主要用于网页的保存和后期管理，它的主要功能就是收集和整理网页。利用 CyberArticle，我们可以方便地在各种浏览器内，保存正在浏览的网页，或者批量保存需要的网页，还可以管理各种资料，实现管理、检索、共享、制作电子书等功能。该软件的下载地址：http://cn.wizbrother.com/cyberarticle/index.html。（见图 1–12）

图 1–12　CyberArticle 的下载页面

CyberArticle 的使用

双击图标，打开软件。（见图 1–13 和图 1–14）

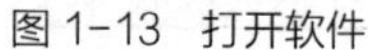

图 1–13　打开软件

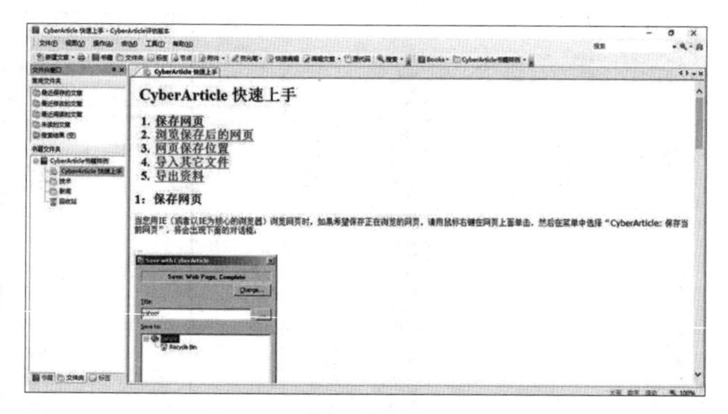

图 1–14　CyberArticle 的界面

文件夹窗口中，在“CyberArticle 书籍样例”中选择“CyberArticle 快速上手”。（见图 1–15）

在窗口右侧会出现该软件的使用教程，根据教程可学习相关操作。（见图 1–16）

图 1–15　CyberArticle 快速上手

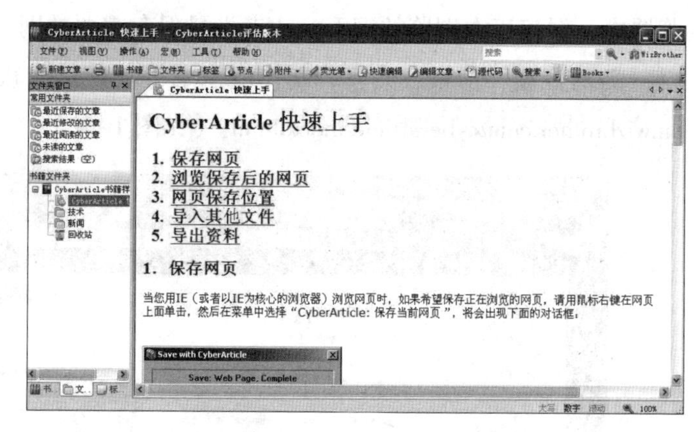

图 1–16　CyberArticle 快速上手教程

（三）扫描全能王

扫描全能王（CamScanner），能将智能手机变成随身携带的扫描仪，可方便快捷地记录管理各种文档、收据、笔记和白板讨论等，并通过智慧精准的图像裁剪和图像增强演算法，保证扫描的内容清晰可读。

1. 扫描全能王软件的下载和安装

在手机软件下载商城中搜索“扫描全能王”，点击下载。手机会自动安装该软件。（见图 1–17）

图 1–17　扫描全能王下载

2. 扫描全能王软件的使用

操作一: 软件注册登录。

点击扫描全能王图标，打开软件。（见图 1–18）

图 1–18　扫描全能王软件图标

打开后，在“温馨提示”上选择【同意】，随后点击【开始使用】，即可进入注册和登录界面。（见图 1–19）

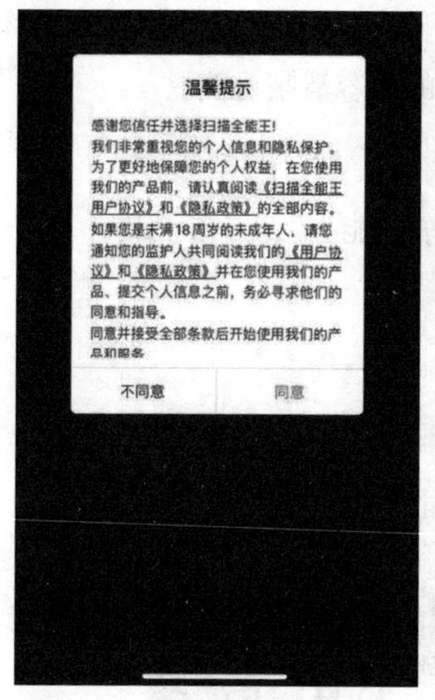

图 1-19　扫描全能王进入设置

初次打开应用，建议注册一个账号，不然同步和其他高级功能不可使用。根据需求选择登录方式。（见图 1–20）

完成后即可进入扫描全能王界面。（见图 1–21）

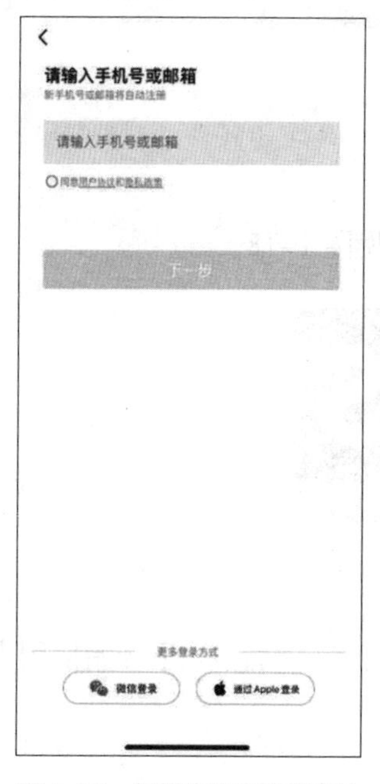

图 1-20　扫描全能王注册登录

图 1-21　扫描全能王界面

操作二：拍摄扫描件识别。

拍摄扫描件：选择下方中间的相机图标进入拍摄页面，对准所要拍摄的物体。（见图 1–22 和图 1–23）

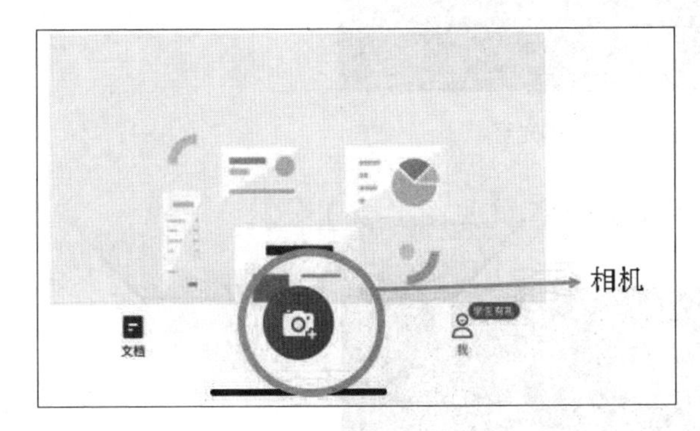

图 1-22　相机图标

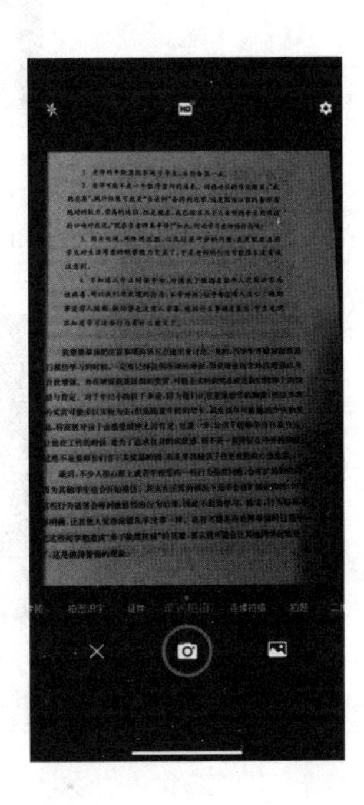

图 1-23　拍摄界面

根据自己的需求，选择拍摄模式。（见图 1–24）

图 1-24　选择拍摄模式

其他设置：

软件上方有四个按钮，分别为闪光灯、HD、滤镜、更多设置。

点击【闪光灯】按钮，可选择是否打开闪光灯。（见图 1–25）

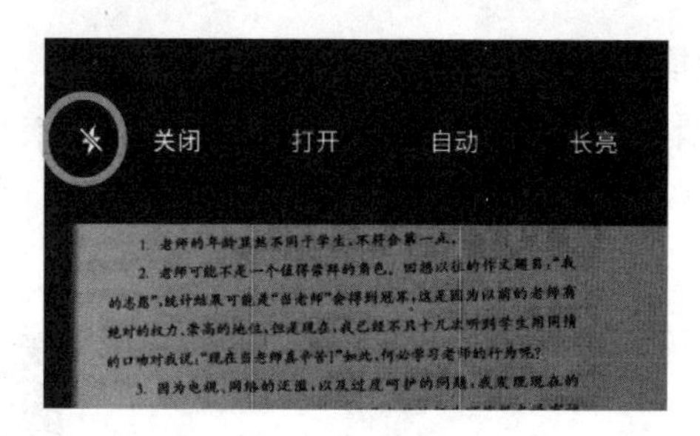

图 1-25　闪光灯

点击【HD】按钮，可设置图片的分辨率。（见图 1-26）

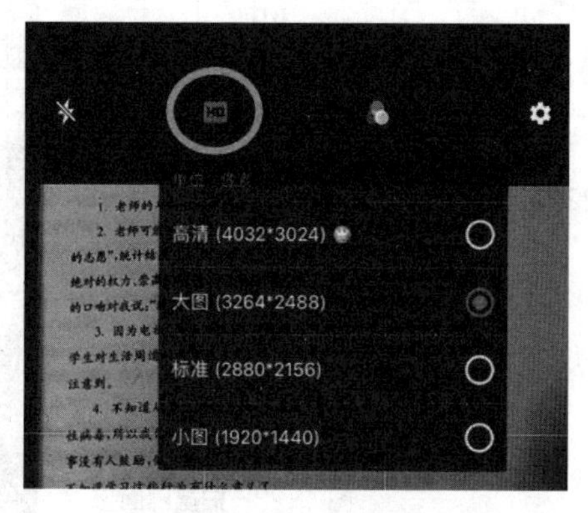

图 1-26　分辨率

点击【滤镜】按钮，可根据需求选择合适的滤镜。（见图 1-27）

图 1-27　滤镜

点击最右侧的按钮，可设置网格线和拍摄方式。（见图 1-28）

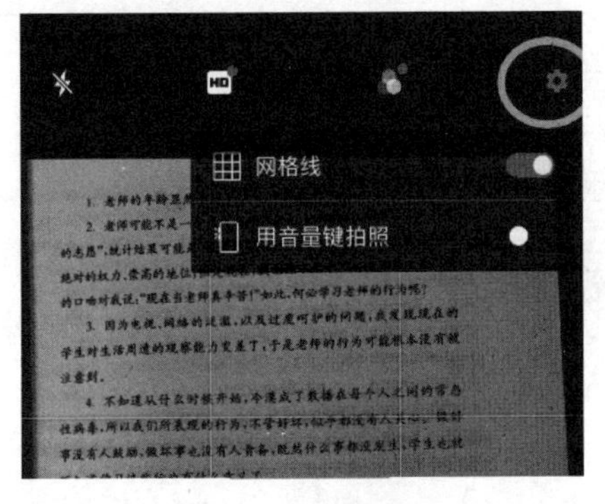

图 1-28 其他设置

设置完成后拍摄扫描件，对准扫描件，需拍摄清晰，将需要的内容置于框中，完成后点击“ ”。（见图 1-29）

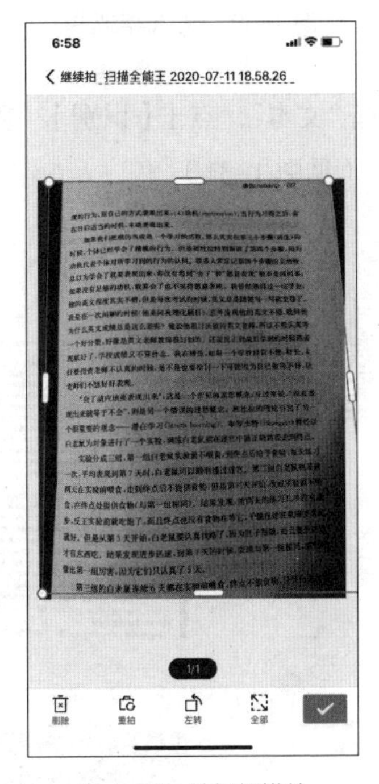

图 1-29 拍摄扫描件

完成后点击【识别】按钮，首次操作会让用户进行语言选择，根据需求选择即可。（见图 1-30）

图 1-30 识别语言选择

完成后点击图片，选择“文本”，点击【识别】，根据自己的需要，选择“整页识别”或者“局部识别”。（见图 1-31）

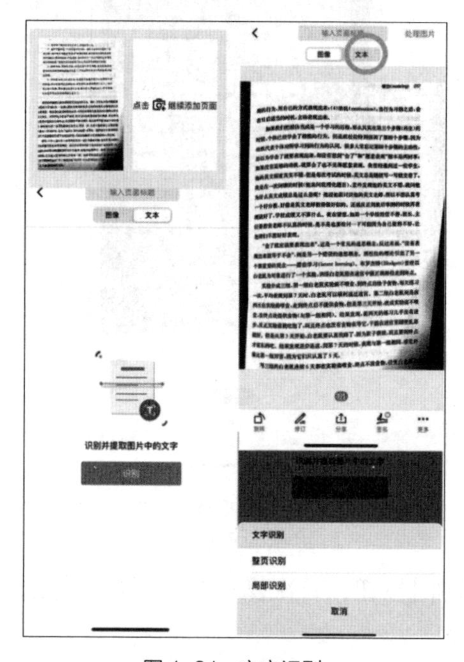

图 1-31 文字识别

识别完成后，图片将直接转换成文字。（见图 1–32）

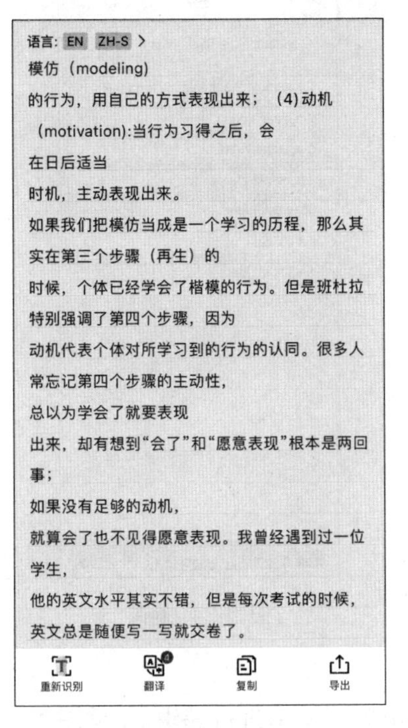

图 1–32 识别出的文本

对于识别后的文字，可以进行屏幕下方的四项操作：翻译、电脑编辑、复制和导出。（见图 1–33）

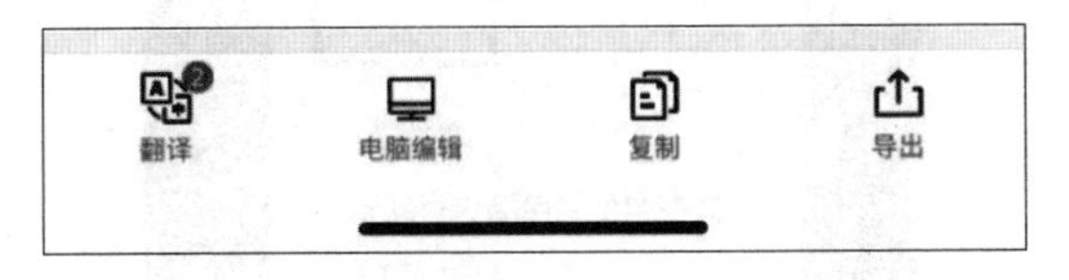

图 1–33 文本编辑

翻译：可以直接将所需的文本翻译成其他语言。（见图 1–34）

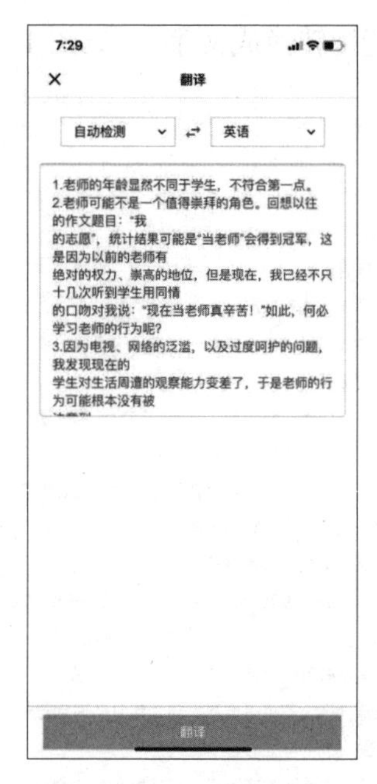

图 1-34　翻译

电脑编辑：可以用电脑对文本进行编辑。（见图 1-35）

图 1-35　电脑编辑

复制：对文本直接复制。（见图 1–36）

导出：此操作可以将文本导出为其他格式，比如 Word 文件或者 TXT 文件。（见图 1–37）

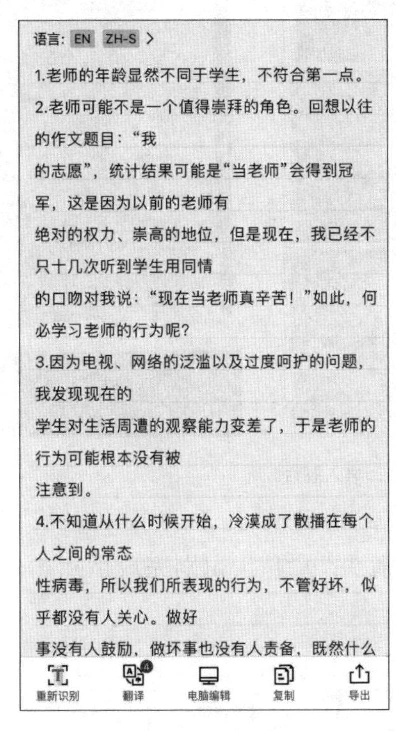

图 1–36　复制

图 1–37　导出

操作三：从本地已有照片导入为扫描件。

在首页中，选择【图片导入】。（见图 1–38）

图 1–38　图片导入

允许软件访问相册，选中需要识别的图片，点击【导入】。（见图 1–39）

图 1-39　选择导入图片

框选要扫描的区域，点击下方的箭头“→”，识别完成后点击“✓”。（见图 1-40 ～图 1-42）

图 1-40　识别文字

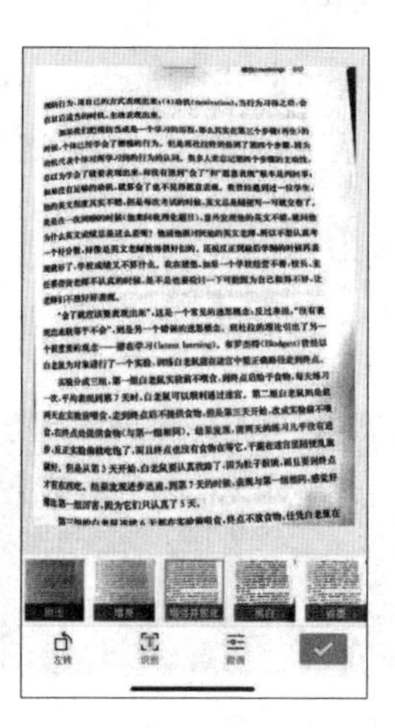

图 1-41　识别文字完成

图 1-42　文档生成

操作四: 文档管理

在首页中，可以浏览所有文档，点击“☑”图标，即可实现对文档的管理。（见图 1–43）

图 1–43　所有文档界面

可以对单个文档进行管理，也可以对多个文档进行管理。在此操作中，可以实现“加密、移动 / 复制、合并、删除”等。（见图 1–44）

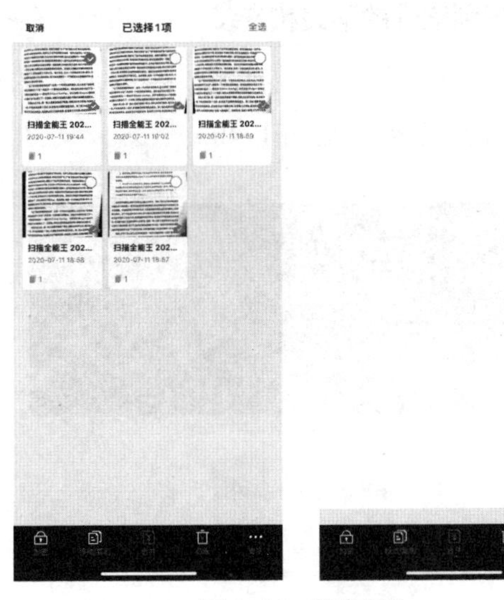

图 1–44　管理文档

点击【更多】，可以看到其他操作。（见图 1-45）

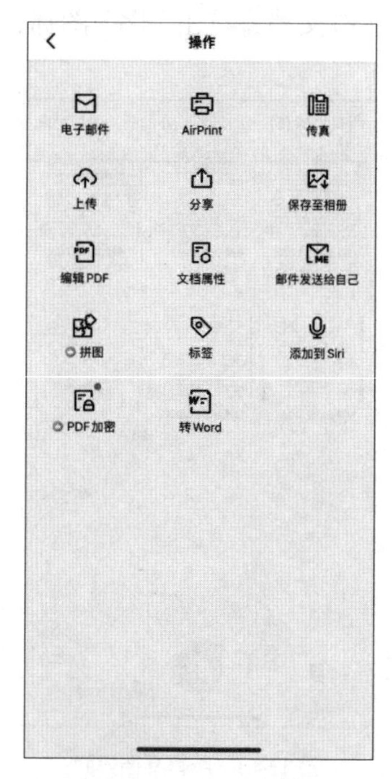

图 1-45　更多操作

（四）捷速 OCR 文字识别软件

1. 捷速 OCR 文字识别软件的下载和安装

下载捷速 OCR 文字识别软件，点击安装包，根据个人要求，选择【快速安装】或者【自定义安装】进行安装。（见图 1-46）

图 1-46　安装软件

单击界面中的【注册 / 登录】按钮。（见图 1–47）

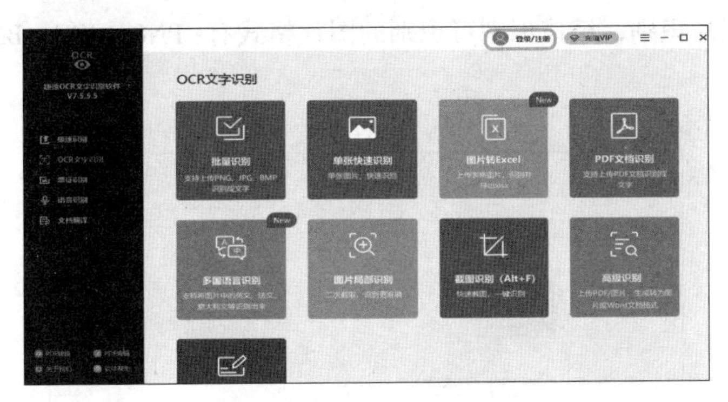

图 1–47　软件界面

也可以使用快捷登录方式。（见图 1–48）

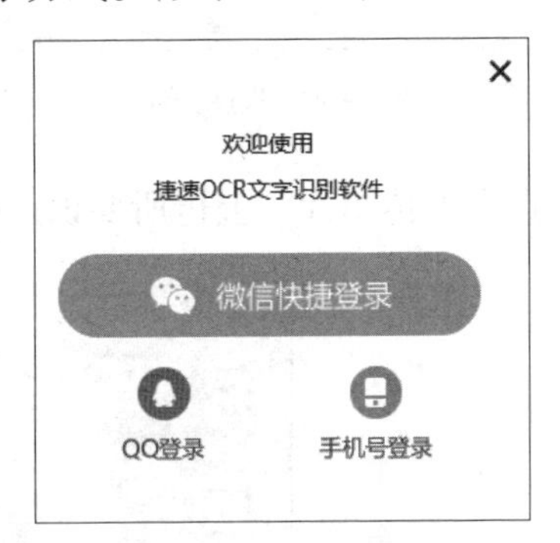

图 1–48　注册 / 登录界面

2. 捷速 OCR 文字识别软件的使用

捷速 OCR 文字识别软件面板中有五项功能，分别为：极速识别、OCR 文字识别、票证识别、语音识别和文档翻译。（见图 1–49）

图 1–49　软件功能

功能一：极速识别。

针对图片识别，极速识别可识别的图片格式有：PNG、JPG、BMP。（见图 1–50）

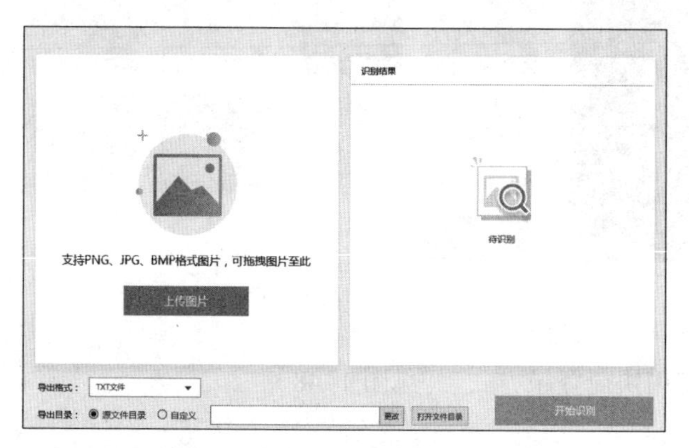

图 1-50　极速识别

极速识别使用方法：点击上传图片，上传所要识别的图片。（见图 1–51）

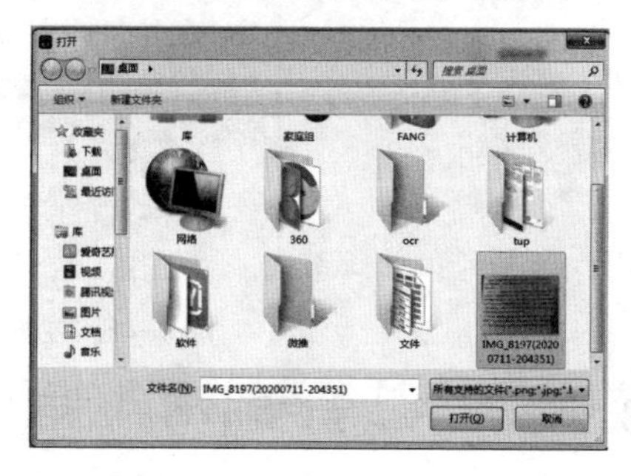

图 1-51　上传图片

设置导出格式和导出目录，点击【开始识别】。（见图 1–52）

图 1-52　识别图片

完成识别后，点击【导出识别结果】。（见图 1–53）

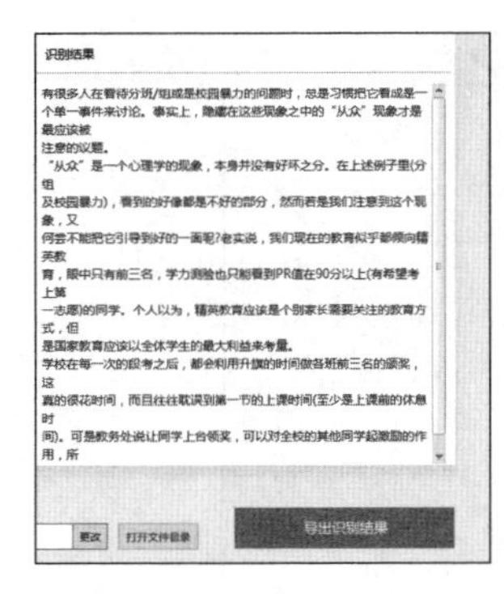

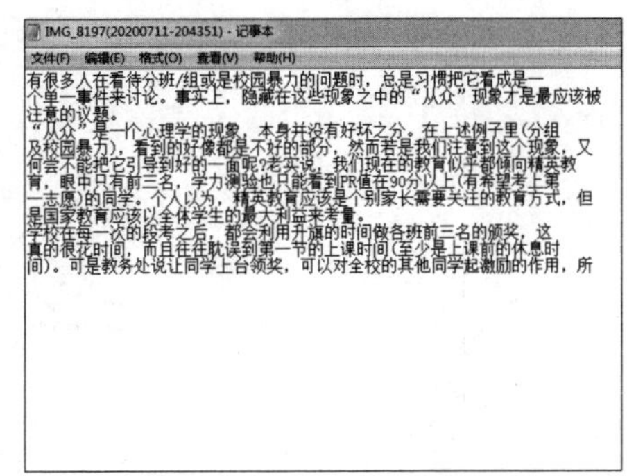

图 1-53　导出识别结果

功能二：OCR 文字识别。

OCR 文字识别功能一共有九项：批量识别、单张快速识别、图片转 Excel、PDF 文档识别、多国语言识别、图片局部识别、截图识别、高级识别和手写文字识别。（见图 1-54）

图 1-54　OCR 文字识别

（1）批量识别

OCR 文字识别中的批量识别与极速识别相类似，批量识别一次可以添加多张图片，导出格式比极速识别更加丰富，不仅有 TXT 文件，也可以导出 Word 文档。

点击【添加文件】或者【添加文件夹】，即可导入图片。（见图 1-55 和图 1-56）

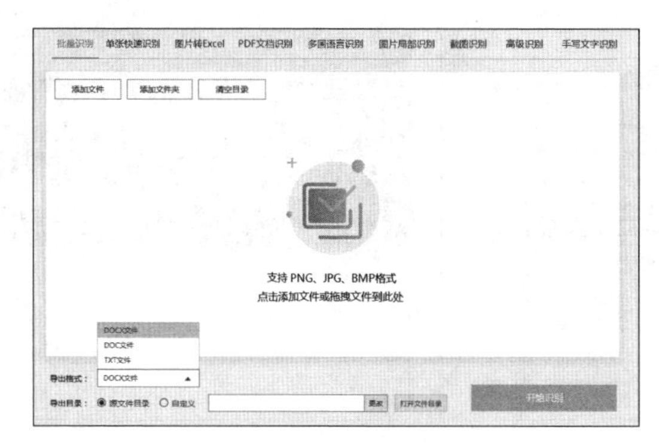

图 1–55　批量识别

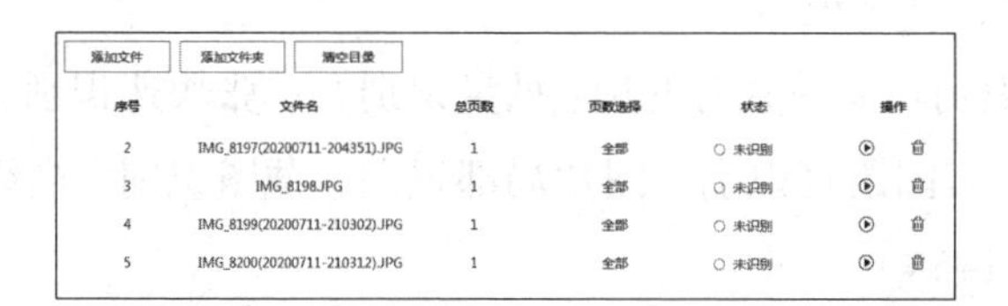

图 1–56　添加多个文件

同样设置“导出格式”“导出目录”，点击【开始识别】即可。（见图 1–57）

图 1–57　开始识别

识别完成后，每张图片会生成一个单独的文件夹。（见图 1–58）

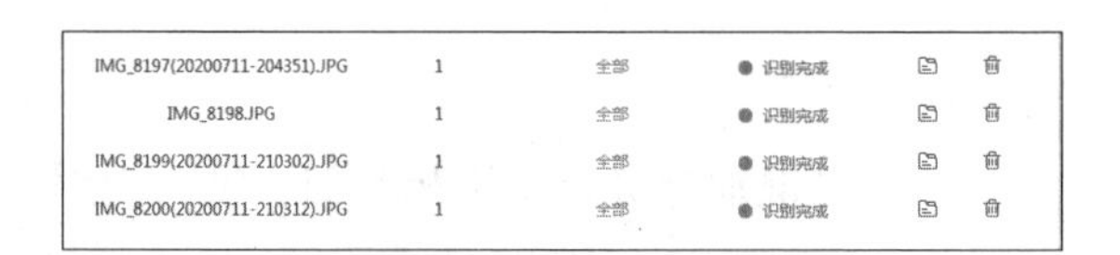

图 1–58　识别完成

（2）单张快速识别

单张快速识别的方法与极速识别相似，参考极速识别操作方法即可。（见图 1–59）

图 1-59 单张快速识别

（3）图片转 Excel

该操作方法与上述相同，唯一区别在于生成的文件格式为 Excel 表格。（见图 1-60 和图 1-61）

图 1-60 图片转 Excel

图 1-61 生成 Excel 表格

（4）PDF 文档识别

该功能可实现 PDF 文档转换为 Word 格式或者 TXT 格式，操作方法与上述相似。（见图 1-62）

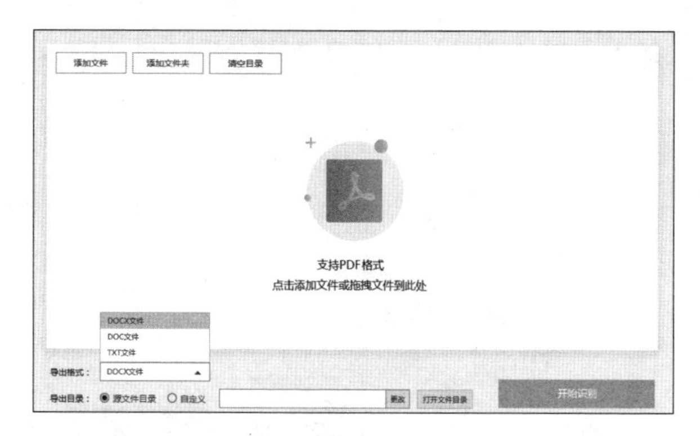

图 1-62　PDF 识别

（5）多国语言识别

该功能可识别图片中的外语，并且导出 Word 文档或者 TXT 文档。首先选择要识别的语种，其余操作与上述相似。（见图 1-63）

图 1-63　多国语言识别

（6）图片局部识别

图片局部识别可选择图片中的一部分进行识别，而非整张图片识别。（见图 1-64）

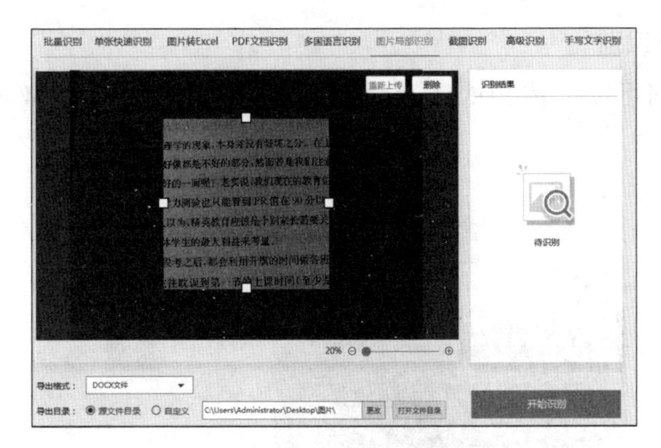

图 1-64　图片局部识别

（7）截图识别

按 Alt+F 键可进行截图。（见图 1-65）

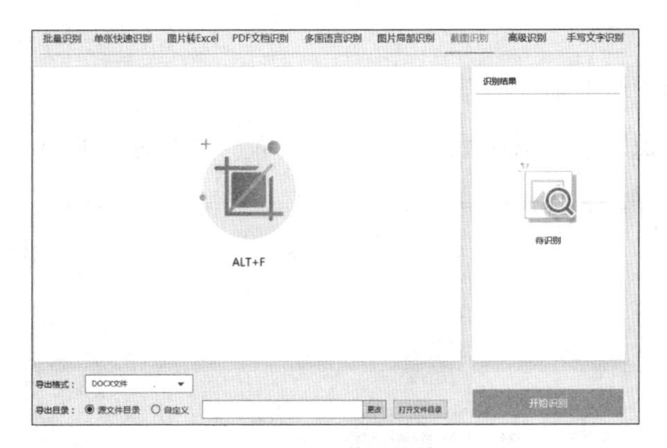

图 1-65　截图识别

用鼠标选中所要识别的部分，即可对该部分进行识别。（见图 1-66）

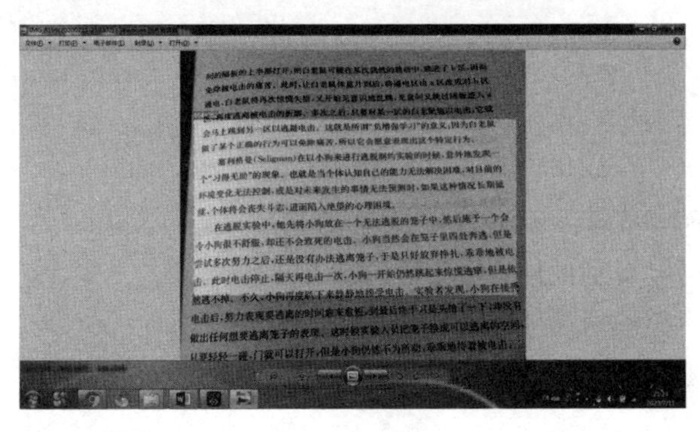

图 1-66　截图

（8）高级识别

高级识别可以上传 PDF 或者图片，生成转为图片或者 Word 文档格式。（见图 1–67）

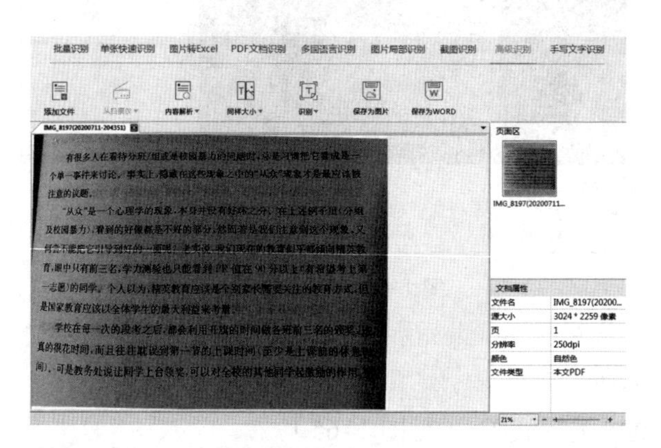

图 1-67　高级识别

（9）手写文字识别

手写文字识别可以识别无规则、字迹潦草、模糊的字体。（见图 1–68）

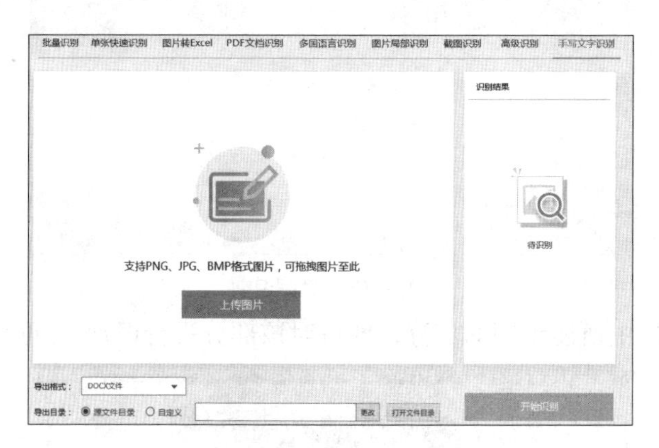

图 1-68　手写文字识别

功能三：票证识别。

票证识别可以识别证件。（见图 1–69）

图 1-69　票证识别

根据要求上传图片，一键识别即可。（见图 1–70）

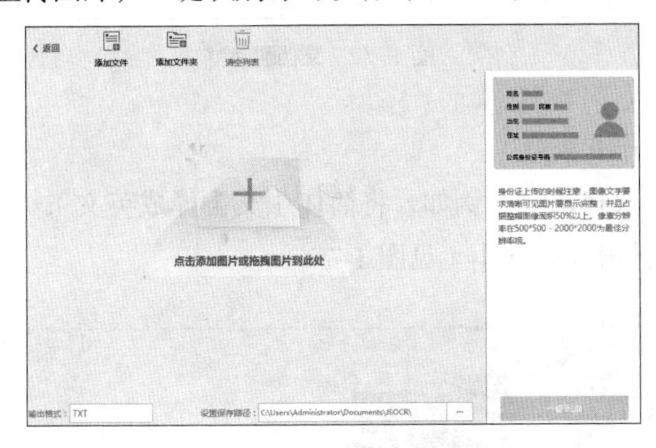

图 1-70　上传票证照片、识别票证

功能四: 语音识别。

根据格式要求，上传音频即可识别，并导出文本格式。（见图 1–71）

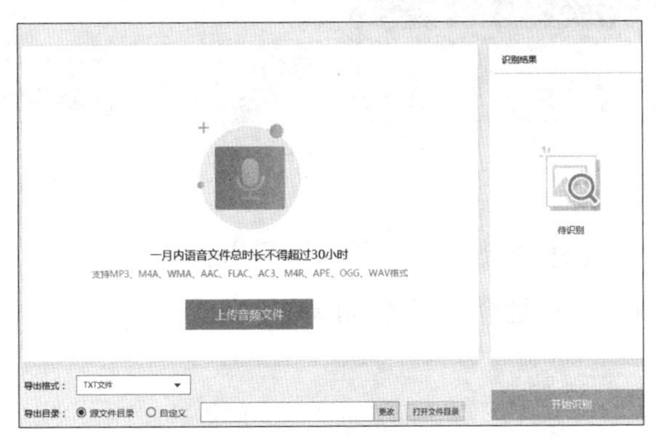

图 1-71　语音识别

功能五：文档翻译。

可将多种类型的文件进行翻译。操作方法类似，以【图片翻译】为例。（见图 1–72）

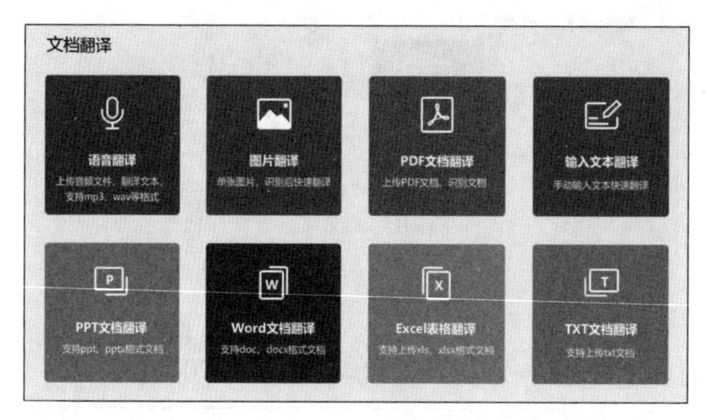

图 1–72　文档翻译

图片翻译操作方法：

上传图片，选择语言（例如，将简体中文翻译成英文），设置导出格式和导出目录，点击【开始翻译】。（见图 1–73）

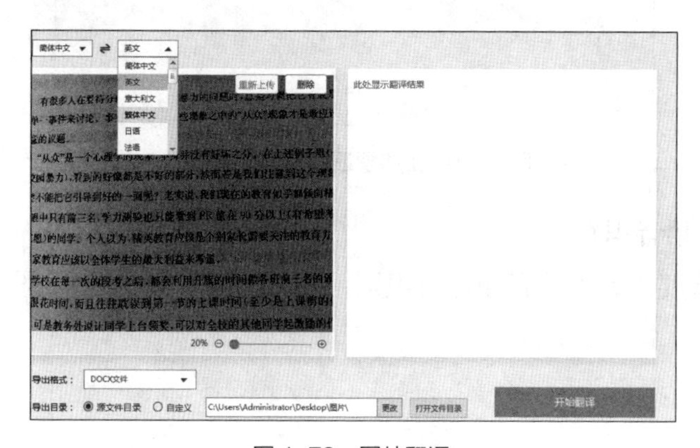

图 1–73　图片翻译

完成后，导出翻译结果（机器翻译结果有许多不足，导出后一般需再进行人工校准）。其余七种翻译与图片翻译操作类似，参考以上操作即可。（见图 1–74）

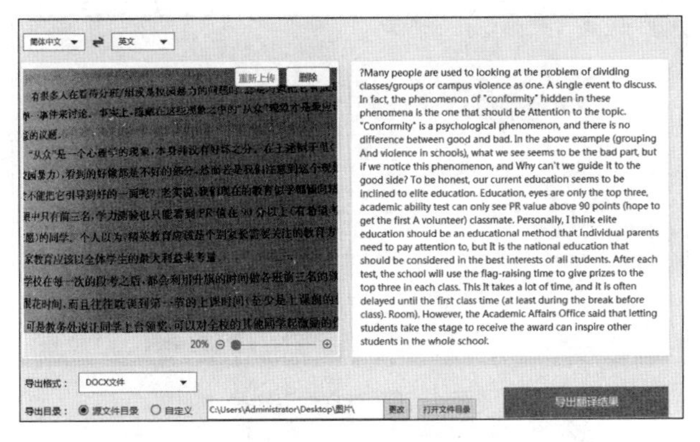

图 1–74　图片翻译完成

捷速 OCR 文字识别软件的功能比较强，覆盖面比较广泛。但是像这一类文字识别软件都需要用户注册会员，若没有成为其会员，仅有试用的机会；成为会员后可以使用全部的功能。读者可以根据自身情况进行选择。

（五）语音输入文本

目前电脑和手机上最主流的打字法毫无疑问是拼音打字，但随着语音识别技术的快速发展，语音输入也备受青睐，在微信、QQ 等软件中应用广泛，既方便了不愿打字想直接说话的信息发送者，又方便了想直接看文字的信息接收者。

搜狗输入法

打开搜狗输入法的网页（网址为 http://pinyin.sogou.com/），点击【立即下载】。（见图 1–75）

图 1–75　搜狗输入法网页

选择保存路径。（见图 1–76）

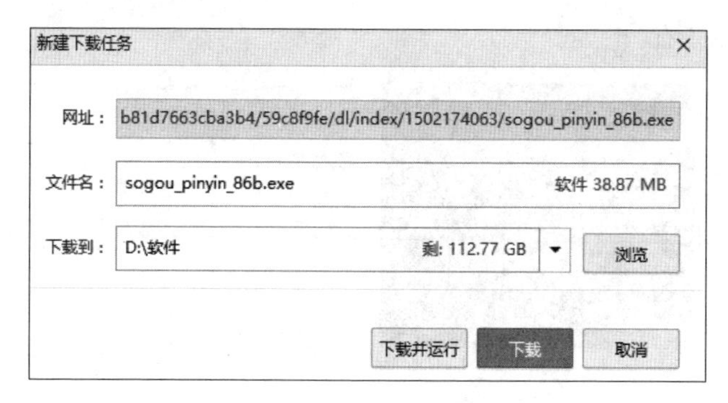

图 1-76　选择保存路径

打开软件安装向导，选择“自定义安装”，选择安装位置，点击【立即安装】。（见图 1-77）

图 1-77　安装向导

安装完成后，选择【语音输入】。（见图 1-78）

图 1-78　语音输入

输入语音，点击【完成】即可。（见图 1-79）

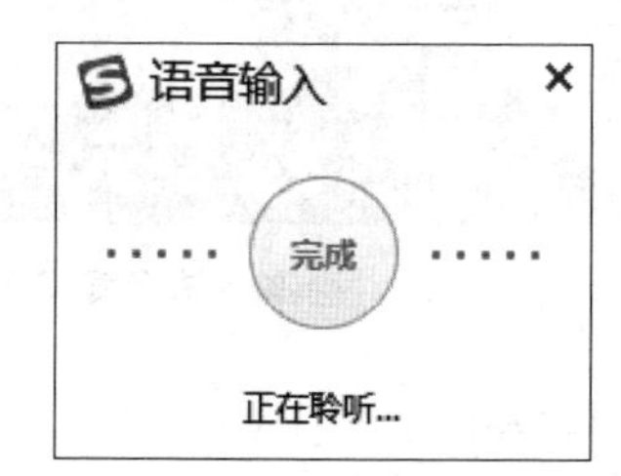

图 1-79　输入语音

除此之外还有讯飞语音输入法、智能 360 等语音输入工具。

二、丰富多彩的艺术字效果

（一）艺术字在线生成器

艺术字是经过专业的字体设计师艺术加工的汉字变形字体，字体特点符合文字含义，具有美观有趣、易认易识、醒目张扬等特性，是一种有图案意味或装饰意味的字体变形。艺术字能从汉字的义、形和结构特征出发，对汉字的笔画和结构做合理的变形装饰，书写出美观形象的变体字。在版面的布局和设计中，往往会使用艺术字，那么如何便捷地获取艺术字效果呢？我们可以采用艺术字在线生成器。以下是编者推荐的一款在线艺术字生成器。

1. 字体种类

QT86 的网址为 http://www.qt86.com/。该生成器拥有 378 种艺术字体，191 种花体字体，以及 20 种常用字体。用户可以根据自己的需求选择不同的字体。（见图 1–80 ～图 1–83）

图 1–80　QT86 生成器标志及导航栏

图 1–81　艺术字体

图 1-82　花体字体

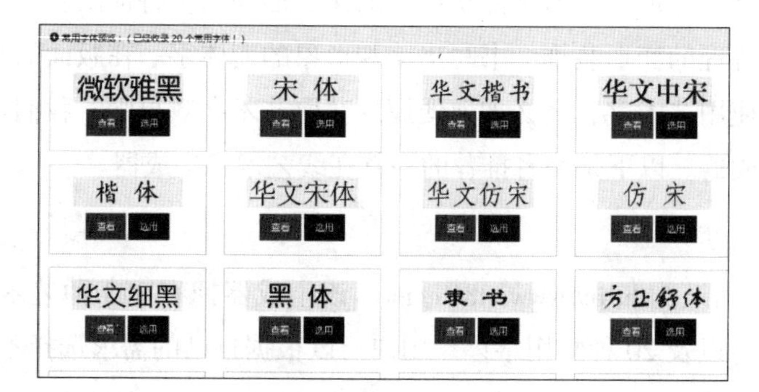

图 1-83　常用字体

2. 艺术字的生成

在导航栏中选择“艺术字体”（“花体字体”或者“常用字体”）。（见图1–84）

图 1-84　导航栏选择字体

在艺术字体控制台中输入文字。（见图 1–85）

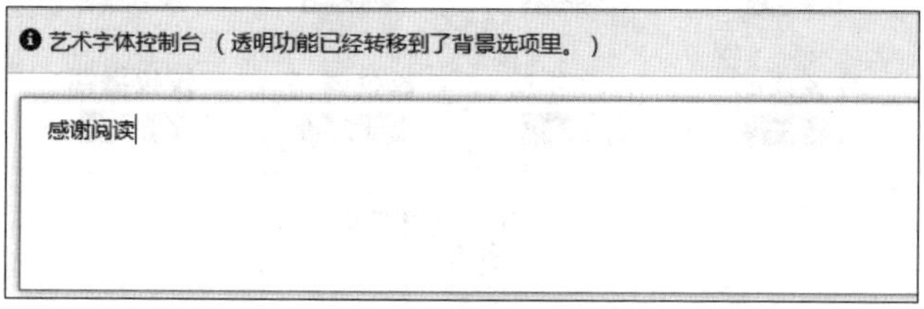

艺术字体控制台（透明功能已经转移到了背景选项里。）

感谢阅读

图 1-85　输入文字

设置字体、字号大小、字色、背景。（见图 1-86 ～图 1-89）

图 1-86 选择字体

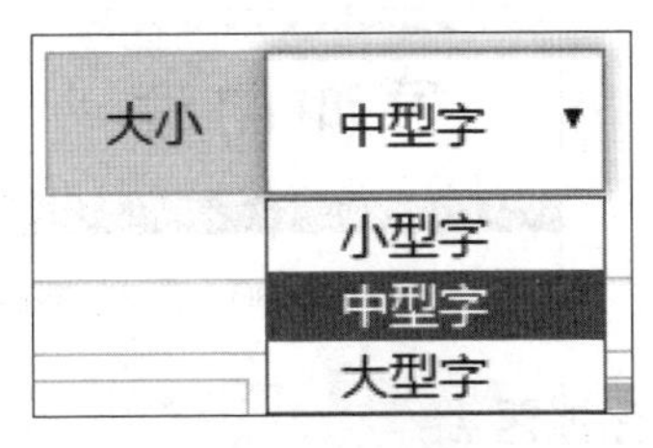

图 1-87 选择字号大小

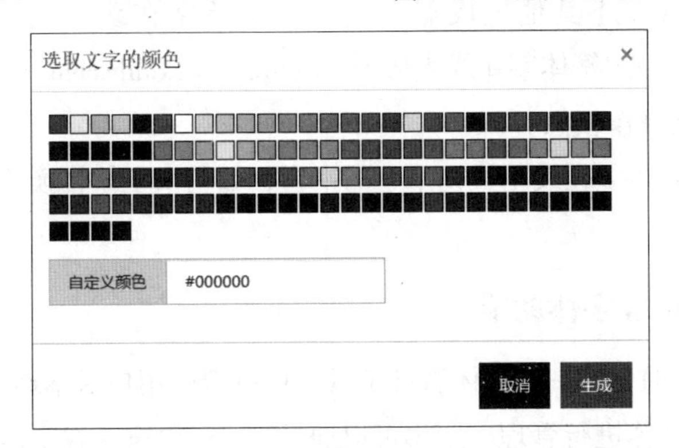

图 1-88 设置字体颜色

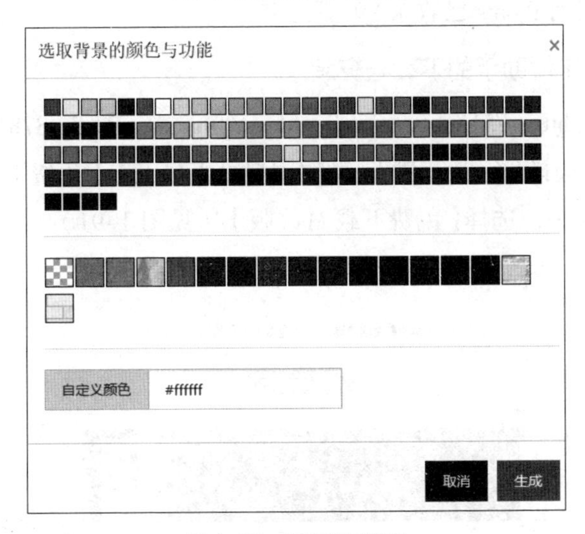

图 1-89 设置背景颜色

设置完成后，点击【生成】，会出现你所生成的艺术字，可以进行预览、更改字体、下载艺术字。（见图 1–90）

需注意的是，在线生成的艺术字为图片格式，无法直接修改，需要设置好参数保证清晰度。

图 1–90　预览、更改字体、下载艺术字

3. 其他生成器

导航栏中点击【其他生成器】，选择“毛笔字在线生成器”（http://www.zhenhaotv.com/）或“篆体字在线生成器”（http://www.dullr.com/）。这两个网站的操作与 QT86 网操作相似。

此外，还有很多在线生成艺术字的平台，如艺术字体转换器、第一字体转换器等。

（二）iFonts 字体助手

iFonts 字体助手是一款字体管理工具，可以帮助用户对本地字体进行管理，也可以对网络字体进行管理。用户可以通过 iFonts 快速寻找字体，并且一键点击应用字体，目前 iFonts 已收录 991 款字体。

1. iFonts 字体助手的下载与安装

打开网址 https://51ifonts.com/clientdown?from=ifonts&fk=8781，即可进入 iFonts 的官网，选择【免费下载】，微软用户可直接点击【免费下载】；苹果用户可以点击下拉箭头，选择【免费下载 Mac 版】。（见图 1–91）

图 1–91　软件下载

下载完成后，双击该图标，进行软件的安装。（见图 1–92）

图 1–92 安装应用

对软件的安装路径等进行设置，完成后点击【一键安装】。（见图 1–93）

图 1–93 安装设置

2. iFonts 字体助手的使用

步骤一：打开软件。

打开软件后，选择登录方式，进行登录。（见图 1–94）

图 1-94　登录软件

步骤二: 认识界面。（见图 1-95）

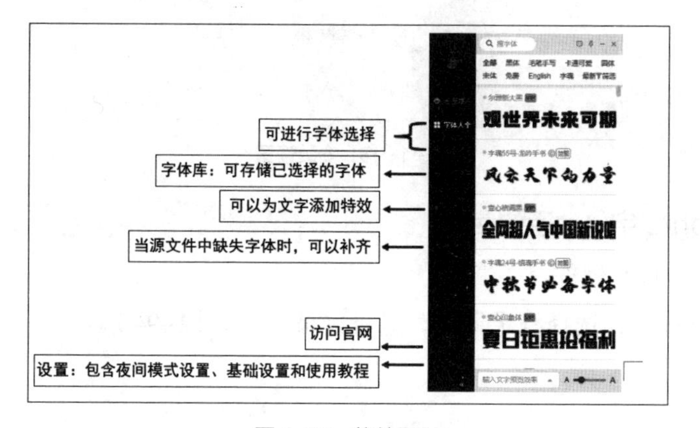

图 1-95　软件界面

步骤三: 使用软件。（见图 1-96）

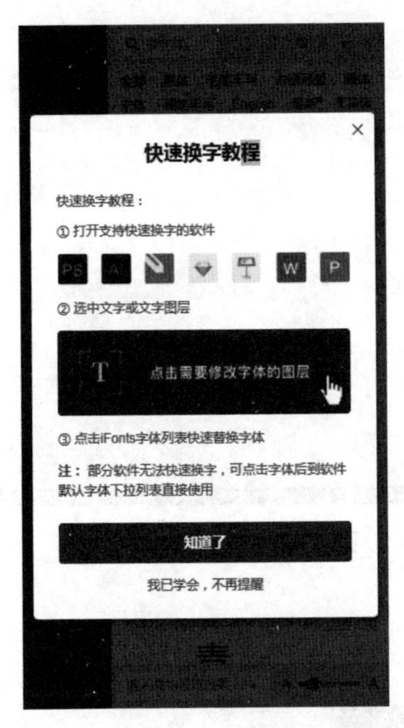

图 1-96 快速教程

当选择一种字体时，会出现快速换字的软件及简单的教程。支持快速换字的软件有：Photoshop（PS）、Adobe Illustrator（AI）、Sketch、Word、PPT 等。（见图 1–97）

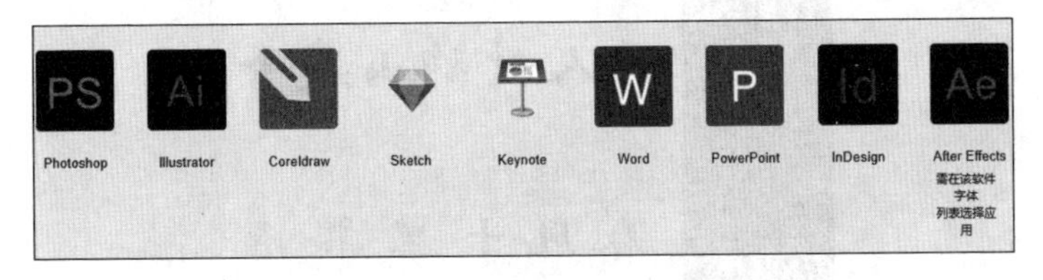

图 1-97 支持的软件

iFonts 的使用，在每一款软件中的操作方法都类似，分成三步：

①打开支持快速换字的软件；

②选中文字或者图层；

③选择 iFonts 中的字体进行快速替换。

编者以 PPT 中的操作为例。首先，打开 PPT，选中需要替换的文字。（见图 1–98）

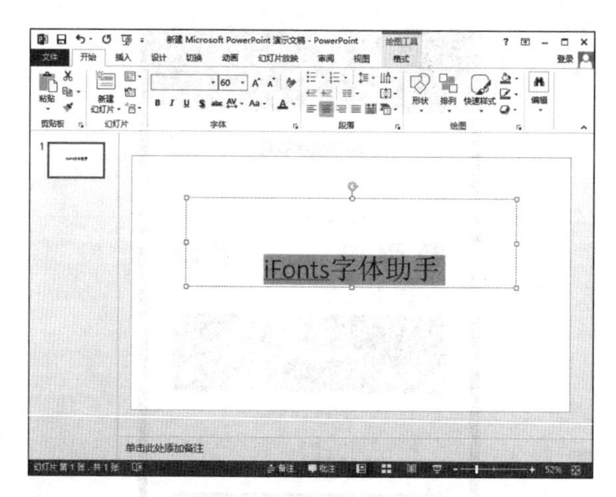

图 1–98　选中 PPT 中的文字

选择需要的字体。（见图 1–99）

图 1–99　选择字体

单击字体后，PPT 中的文字就会自动改变。其他支持的软件也采用这种方法。（见图 1–100）

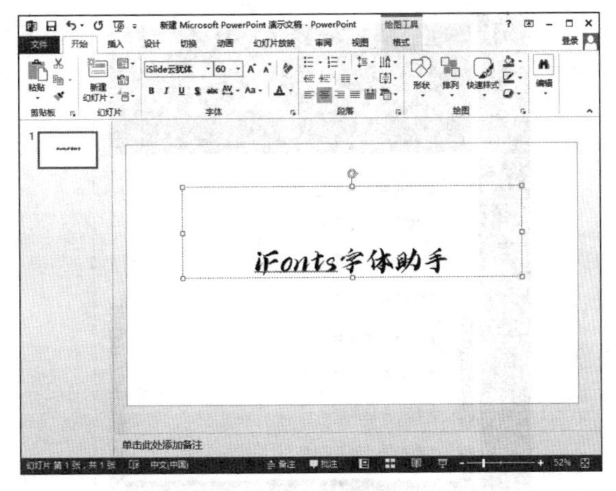

图 1-100　完成效果

软件中字体特效的使用与替换字体稍有区别，以在 PPT 中添加文字特效为例：

选择一种特效，当鼠标单击该特效时，会出现字体选择和文字输入框。（见图 1-101）

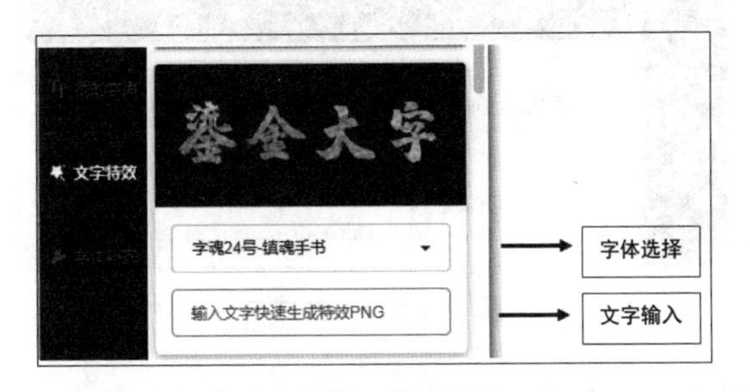

图 1-101　文字特效

下拉字体选项箭头，可选择所需的字体。（见图 1-102）

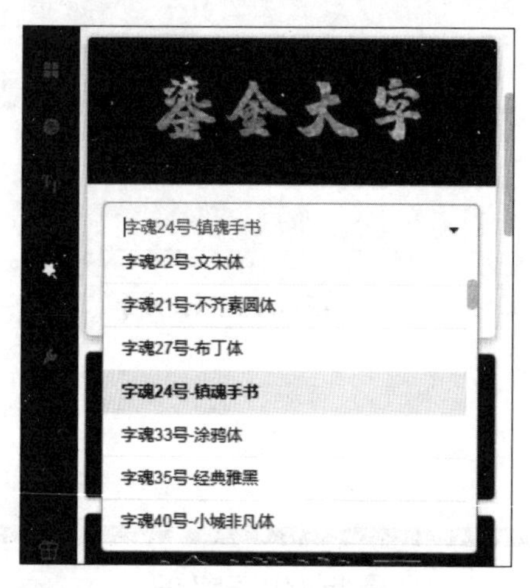

图 1-102　字体选择

在文字输入框中输入所需文字，即可生成特效文字。（见图 1-103）

图 1-103　特效文字

将生成后的特效文字拖曳到 PPT 中即可。（见图 1-104）

图 1-104　拖曳文字

三、神奇的特殊字符

（一）公式编辑器

MathType 是一款专业的数学公式编辑器，兼容 Word、Excel 等 700 多种程序，用于编辑数学试卷、图书、报纸、论文、幻灯演示等文档，轻松输入各种复杂的数学公式和符号。

1. MathType 的下载与安装

首先进入 MathType 的官网（http://www.mathtype.cn/），选择【下载】。（见图 1-105）

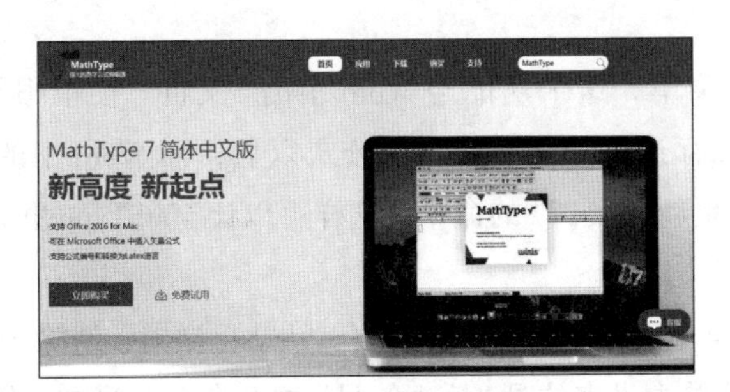

图 1-105　MathType 官网

选择适合你的电脑的版本进行下载。(见图 1-106)

图 1-106　下载页面

2. MathType 的界面与使用教程

(1) MathType 的界面

MathType 编辑界面的菜单功能与 Word 中的菜单非常相似。(见图 1-107)

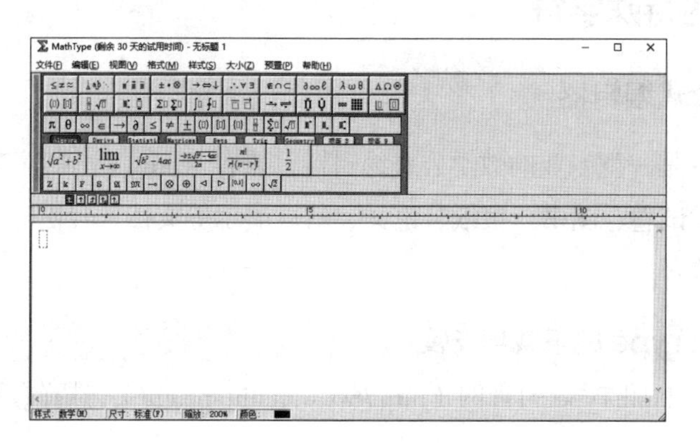

图 1-107　MathType 的界面

①“文件”菜单。这个功能与 Word 中的“文件”菜单很类似，有新建、打开、关闭、保存这些功能。当编辑公式以后，而 Word 中的公式没有更新时，还有一个“更新到文档”的命令，这样可以让 MathType 里面的公式更新到 Word 文档中。

②“编辑”菜单。这个菜单中有复制、粘贴、撤销、清除等基本操作命令。我们使用这个菜单中最多的是“插入符号”这个命令，当在编辑界面中找不到我们需要的符号时就会使用这个命令，在这个命令里面有很多符号可以供我们

选择使用。

③“视图”菜单。这个菜单主要控制 MathType 的界面设置，可以在这个菜单里面设置缩放比例，是否显示某一行的符号栏，等等。

④“格式”菜单。这个菜单主要控制公式的对齐方式，以及公式的颜色和行距，字母之间的间距大小也是在这个菜单中进行设置的。

⑤“样式”菜单。在这个菜单中你需要明白你编辑的公式中，每个部分分别属于什么，是属于变量还是函数还是文本等等，而在这个菜单中也可以设置这些样式的字体，是正体还是斜体，是加粗还是不加粗，是 Times New Roman 字体还是 Symbol 字体，等等，但是一般都会有固定的要求。

⑥“大小”菜单。顾名思义，在这个菜单中可以设置公式的整体大小，也可以设置字号的大小。

⑦“预置”菜单。一些比较高级的功能，像设置某些符号的快捷键、恢复出厂设置等就是在这个菜单中进行设置的。

版面的上方是供你选择的公式和符号，可以点击鼠标进行选择。（见图 1–108）

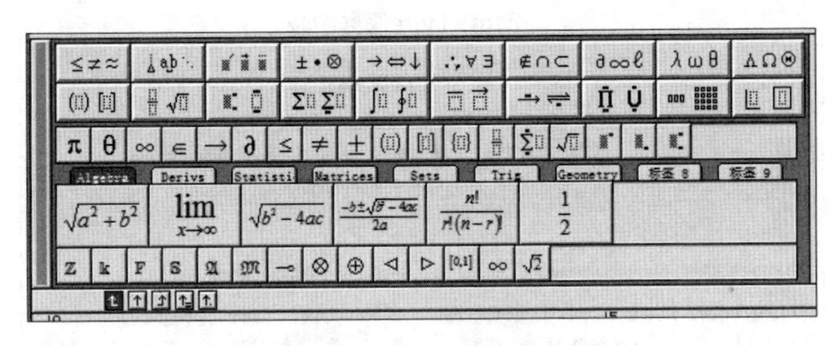

图 1–108 公式与符号

版面的下方是编辑区，在这里进行编辑。（见图 1–109）

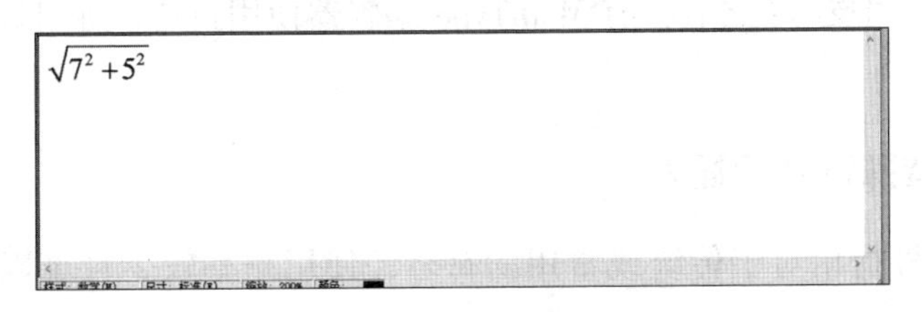

图 1–109 编辑区

（2）MathType 的使用教程（见图 1-110）

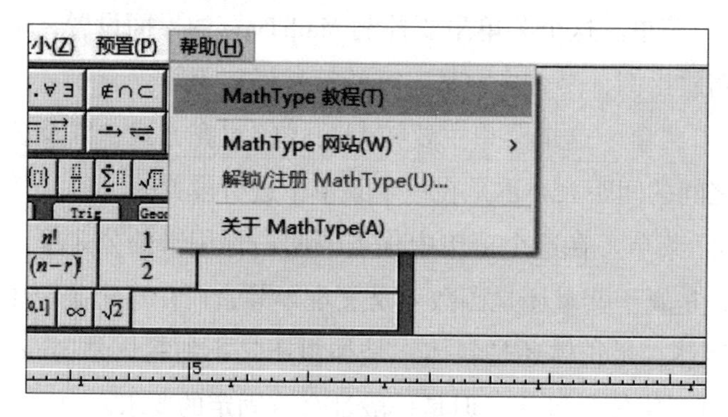

图 1-110　MathType 的使用教程

MathType 这个软件的使用可以从它的官网上进行学习。在界面的“帮助”菜单中有一个“MathType 教程”选项。

点击该选项可进入 MathType 的官网，在 MathType 服务中心选择“使用技巧”。（见图 1-111）

图 1-111　MathType 服务中心

进入“使用技巧”之后会有 MathType 编辑器使用技巧，你可以进行搜索和学习。

（二）特殊符号的插入

特殊符号指相对于传统或常用的符号，使用频率较少且难以直接输入的符号，比如数学符号、单位符号、制表符等。下面，我们主要来介绍一下在 Word 中及利用输入法插入特殊符号的方法。

1. Word 中特殊符号的插入

打开 Word 界面，在功能区中选择【插入】。(见图 1–112)

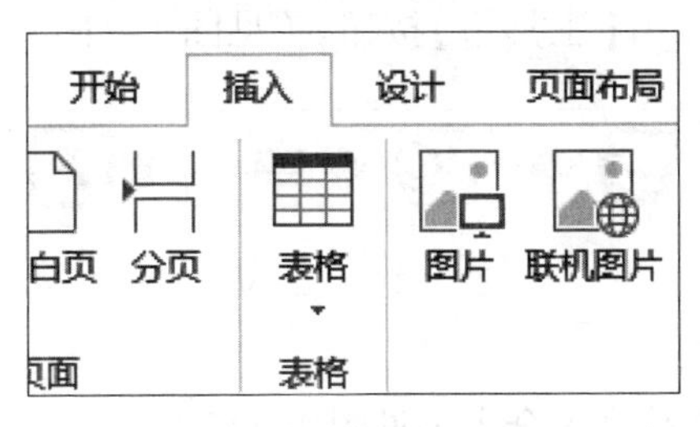

图 1-112　插入

在符号栏中选择【符号】。(见图 1–113)

点击【其他符号】。(见图 1–114)

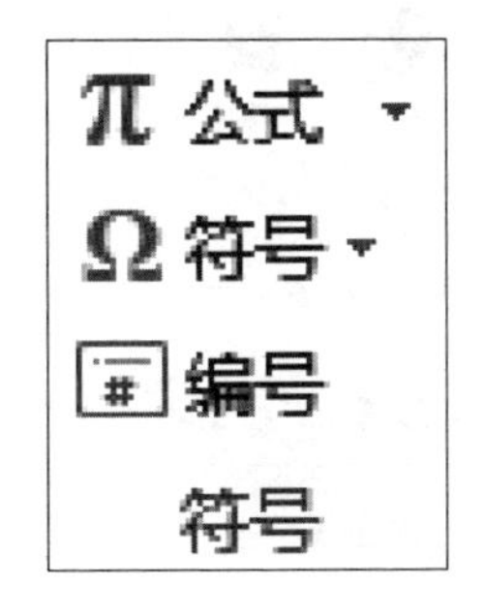

图 1-113　选择符号

图 1-114　其他符号

在这里你可以选择你需要的特殊符号，选择符号，点击【插入】即可。(见图 1–115)

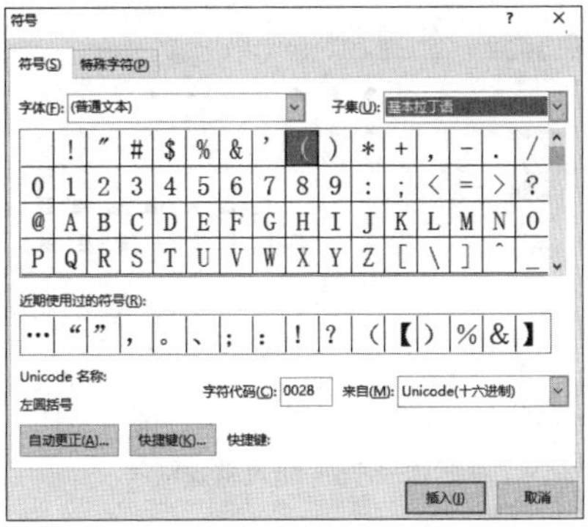

图 1-115　插入特殊符号

2. 利用输入法插入特殊符号

这里以搜狗输入法为例。

在搜狗输入法中点击【工具箱】按钮。(见图 1–116)

图 1-116　工具箱

在工具箱中选择【符号大全】。(见图 1–117)

图 1-117　符号大全

在符号大全中你可以选择需要的特殊符号进行插入。(见图 1–118)

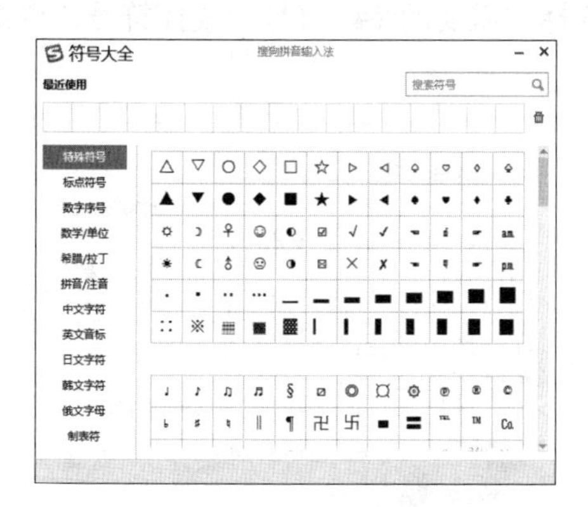

图 1-118　插入特殊符号

四、多变的文本素材

（一）PDF 文本素材转换

在 PDF 文本素材的转换中，我们常用到的一款软件叫作 Adobe Acrobat Professional。

Adobe Acrobat Professional 软件可以使商业人士可靠地创建、合并和控制 Adobe PDF 文档，以便轻松且更加安全地进行分发、协作和数据收集。

1. Adobe Acrobat Pro DC 版的下载与安装

这里编者下载的是 Adobe Acrobat Pro DC 版。进入其官网（https://acrobat.adobe.com/cn/zh-Hans/free-trial-download.html）中，进行软件的下载安装。（见图 1-119）

图 1-119　Adobe Acrobat Pro DC 官网

2. Adobe Acrobat Pro DC 中 PDF 文本素材转换

在“文件”菜单中选择“打开”，打开需要转换的 PDF 文本。（见图 1-120）

图 1-120　打开 PDF 文本

打开后，选择“导出到”。在这个选项中，可以根据需求选择导出不同的格式。（见图 1-121）

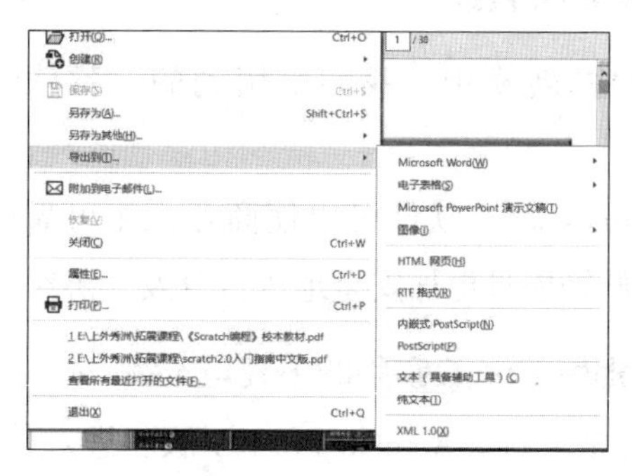

图 1-121　导出到

若选择“Microsoft Word”，则 PDF 会以文本格式（后缀名为“.doc”）保存，根据电脑中 Word 的版本，来选择导出的格式。然后选择保存路径及文件名即可保存成功。（见图 1-122 和图 1-123）

图 1-122　转换为 Word 格式

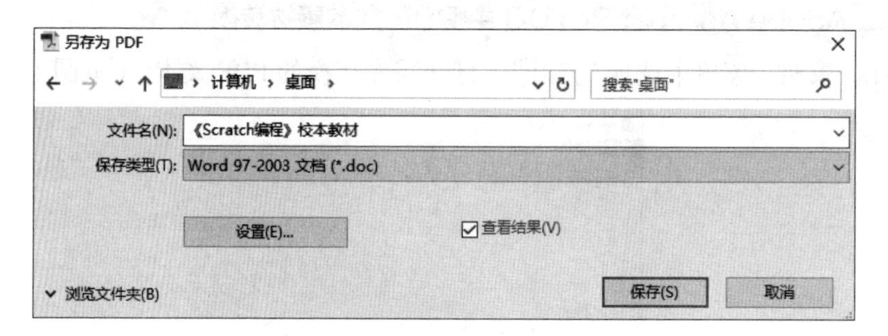

图 1-123　选择保存路径、文件名及类型

其他格式的导出方法与上面相同。

（二）PDF 文件的分割与合并

在工作生活中，可能会涉及 PDF 文件的整体操作，如 PDF 文件的分割与

合并。就此，将介绍两种工具供读者参考使用。PDF 分割是指从 PDF 文件提取指定页面或将每一页拆分为不同的 PDF 文件。PDF 合并是指将多个 PDF 文件合并为一个 PDF 文件，自由排序，一键合并。

1. 永中 PDF 在线工具集及其使用

永中 PDF 在线工具集具有强大的 PDF 文档转换处理能力，操作简单，能实现 PDF 文档与 Word、Excel、PPT、图片的高质量、高速、高效的互转，所有功能免费开发，并且为文档提供了安全保障，具有用户云端存储的功能。打开网址 https://pdf.yozocloud.cn/p/home，登录使用。（见图 1–124）

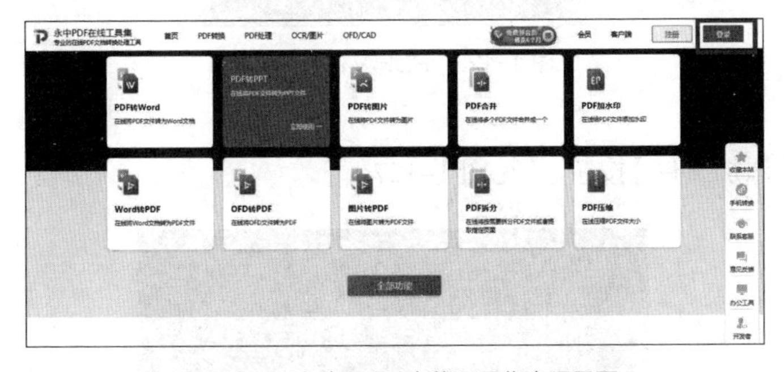

图 1–124　永中 PDF 在线工具集官网界面

单击右上角的【登录】按钮，可以用微信或者手机号登录，无须注册。（见图 1–125）

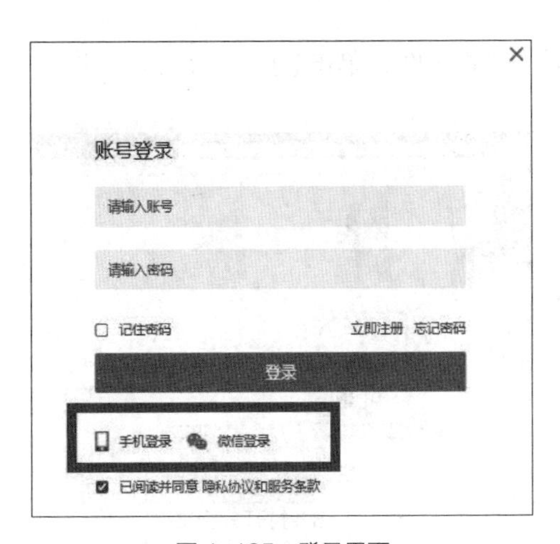

图 1–125　登录界面

操作一：PDF 文件分割。

若要进行 PDF 文件的分割，则选择 PDF 拆分。（见图 1–126）

图 1–126　PDF 文件拆分选项

单击【添加文件】按钮。（见图 1–127）

图 1–127　添加文件按钮

选择所需分割的 PDF 文件，单击【打开】按钮。（见图 1–128）

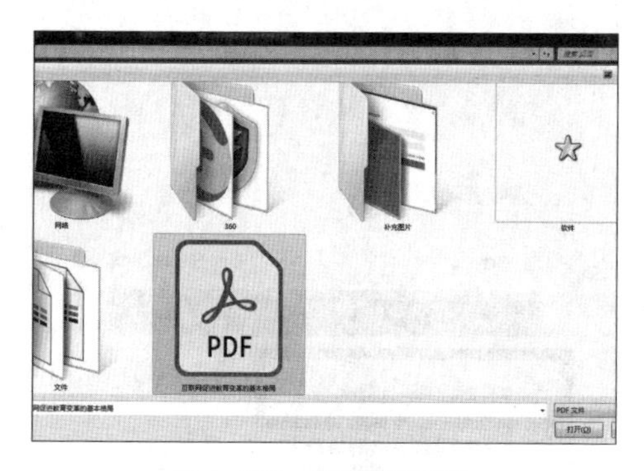

图 1–128　打开分割文件

可选择“自定义拆分”或者“固定拆分”。（见图 1–129）

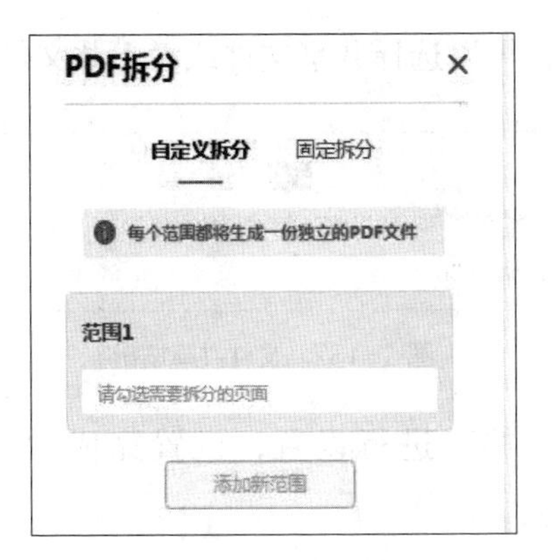

图 1-129 拆分选择

“自定义拆分”：根据需求选择拆分的页面，在范围中勾选页面；若要生成多份文件，可进行“添加新范围”操作。每个范围都会生成一份独立的 PDF 文件。选择完成后单击“开始转换”。（见图 1-130）

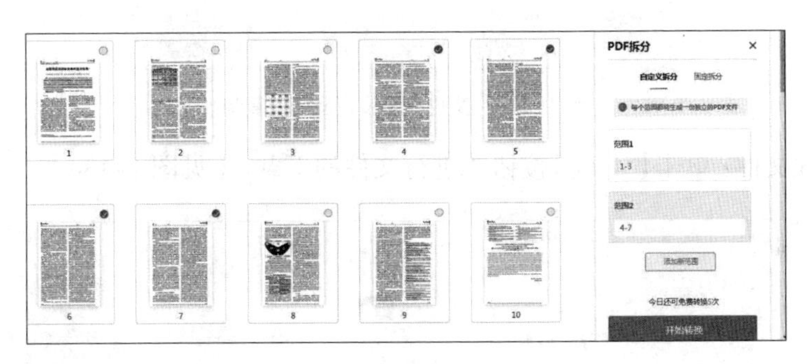

图 1-130 自定义拆分

转换完成后，可单击【查看文件】，进入云端——“优云文档”进行共享或下载。（见图 1-131）

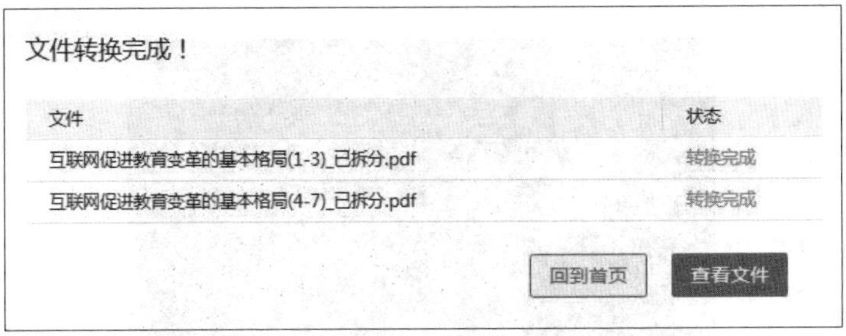

文件转换完成！

文件	状态
互联网促进教育变革的基本格局(1-3)_已拆分.pdf	转换完成
互联网促进教育变革的基本格局(4-7)_已拆分.pdf	转换完成

回到首页　查看文件

图 1-131 完成转换、查看文件

在“优云文档”中，可以选择共享文件或者下载文件。（见图 1–132）

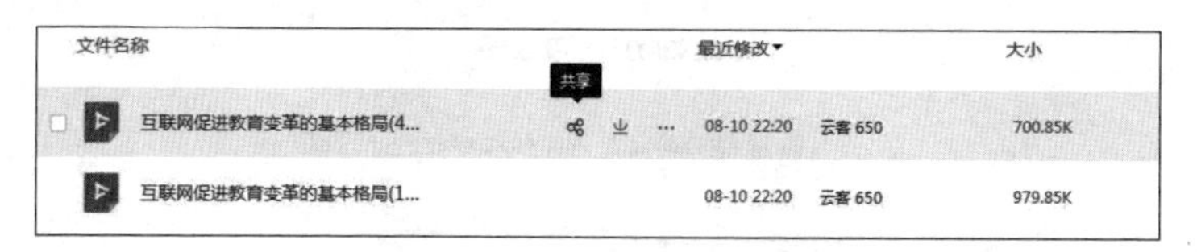

图 1-132 文件共享按钮

共享文件：对文件共享进行设置，设置完成后复制链接即可。（见图 1–133）

图 1-133 文件共享设置及链接复制

下载文件：单击【下载】按钮，进行文件的下载。（见图 1–134）

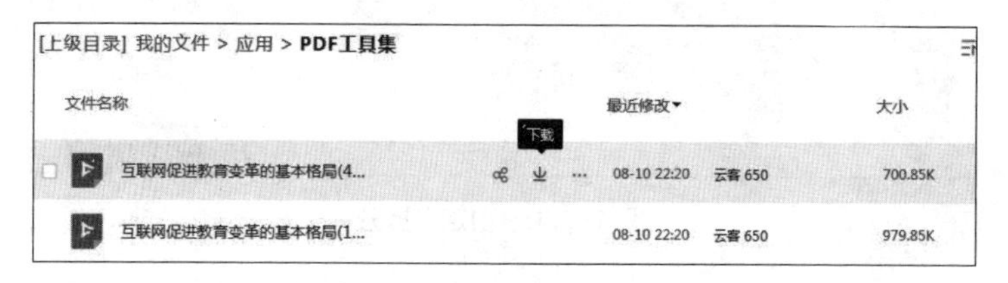

图 1-134 文件下载按钮

填写文件名、选择保存路径，点击【下载】，完成文件的下载保存。（见图 1–135）

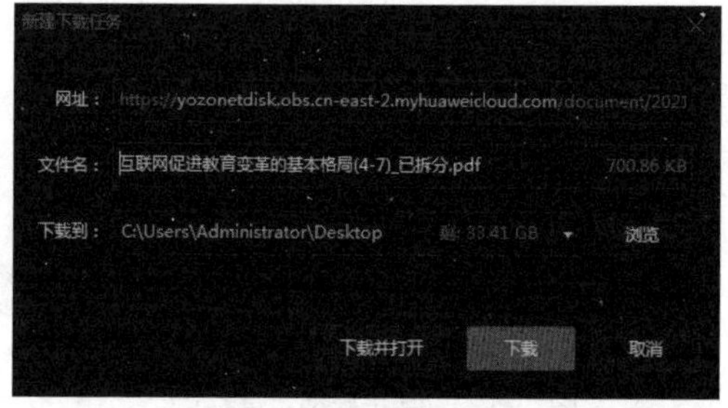

图 1-135 文件下载设置

操作二：PDF 文件合并。

若要进行 PDF 文件的合并，则在首页中选择“PDF 合并”。（见图 1–136）

图 1–136　PDF 文件合并选项

单击【添加文件】按钮。（见图 1–137）

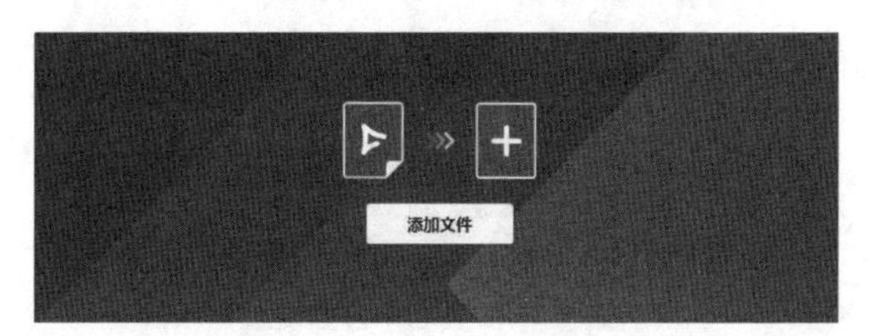

图 1–137 【添加文件】按钮

选择所需合并的所有文件，单击【打开】按钮。（见图 1–138）

图 1–138　选择、打开合并文件

文件完成添加后，可点击箭头按钮进行顺序的调整，点击“×”按钮可删除该文件。（见图 1–139）

图 1-139 PDF 文件顺序调整

在 PDF 合并设置中，需要为新生成的文档设置新的 PDF 文件名；若漏选了 PDF 文件，可点击【添加文件】，进行添加。设置完成后，单击【开始转换】。（见图 1-140）

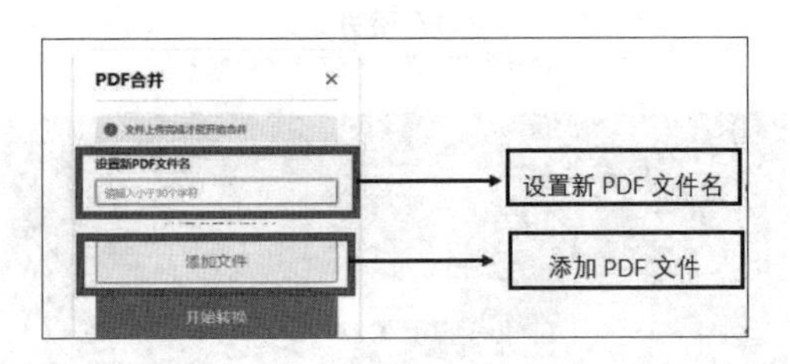

图 1-140 PDF 合并设置

同样的，在转换完成后，可单击【查看文件】，进入云端——“优云文档”进行共享或下载。（见图 1-141）

图 1-141 完成转换查看文件

文件的共享、下载，与 PDF 文件分割中所述相同，相关操作请参考上述方法。

以上内容是永中 PDF 在线工具集中的 PDF 文件分割与合并相关操作教程，该工具集中还有很多 PDF 文件的转化处理功能，读者可自行探索、了解、使用。

2. PDF 转换器及其使用

PDF 转换器为用户提供一站式的 PDF 转换服务，集合数十种 PDF 产品，提供免费人工转换和多样化的离线软件下载服务。在此工具中，由于软件下载使用需要进行购买，而在线转换是免费提供的，因此下文仅提供在线转换的操作方法。

在浏览器的地址栏中输入网址 http://pdfdo.com/，即可进入首页，使用 PDF 转换器。（见图 1–142）

图 1–142　PDF 转换器首页

单击“PDF 在线转换”，可使用相关功能。（见图 1–143）

PDF在线转换 ▾　文档在线转换 ▾　软件产品 ▾　下载试用　注册码　联系我们 ▾

转PDF	PDF导出	PDF合并分割	PDF加密解密	PDF编辑	其他PDF操作
Word转PDF	PDF 转 Word	PDF合并	PDF解密去除限制	PDF替换文字	PDF旋转页面
Excel转PDF	PDF 转 Excel	PDF分割	PDF加密	PDF添加水印	PDF页面缩小
PPT 转PDF	PDF 转 PPT	PDF提取页面		PDF添加页码	PDF提取图片
图片 转PDF	PDF 转 网页	PDF删除页面		PDF添加文字	PDF添加图片
网页 转PDF	PDF 转 图片	PDF页面拼接		PDF删除文字	制作PDF文档
Text 转PDF	PDF 转 图片PDF	PDF页面剪切		PDF链接删除/修改	图片转文字
Xps,Epub转PDF	PDF转文本文件				

图 1–143　PDF 在线转换

操作一：PDF 文件分割。

单击“PDF 在线转换”中的“PDF 分割”。（见图 1–144）

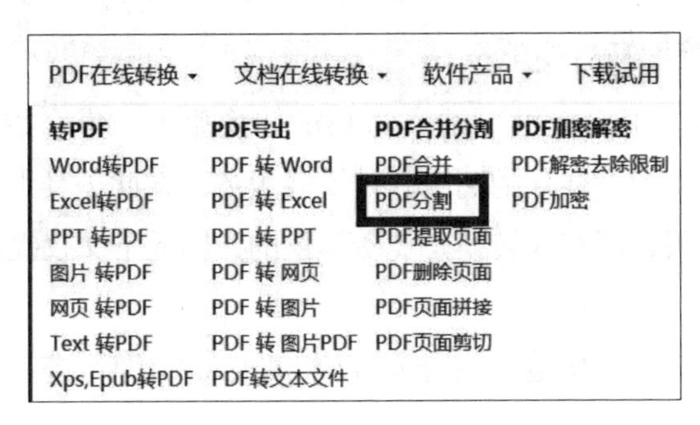

图 1-144　PDF 分割按钮

点击【选择文件】按钮。（见图 1–145）

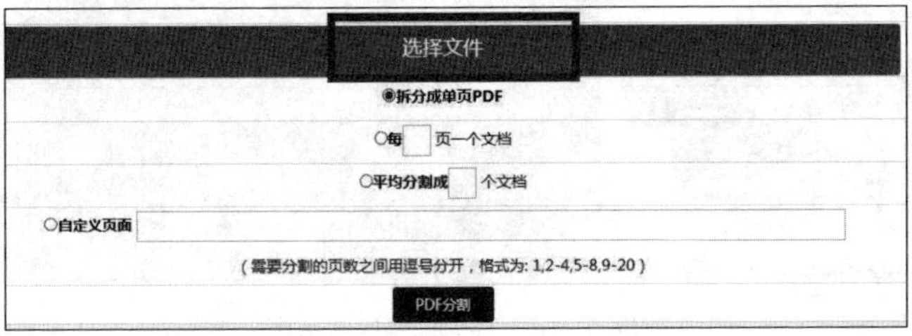

图 1-145　选择文件按钮

选择需要分割的 PDF 文件，单击【打开】。（见图 1–146）

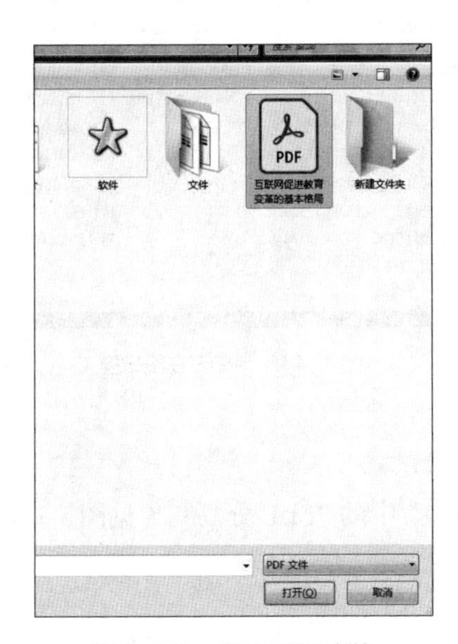

图 1-146　打开 PDF 文件

根据所需，设置文档分割要求。此转换器中文档分割共有四种设置：拆分成单页 PDF、分割成等页数的文档、根据个数均分文档、自定义页数（可不均分）。设置完成后单击【PDF 分割】按钮。（见图 1-147）

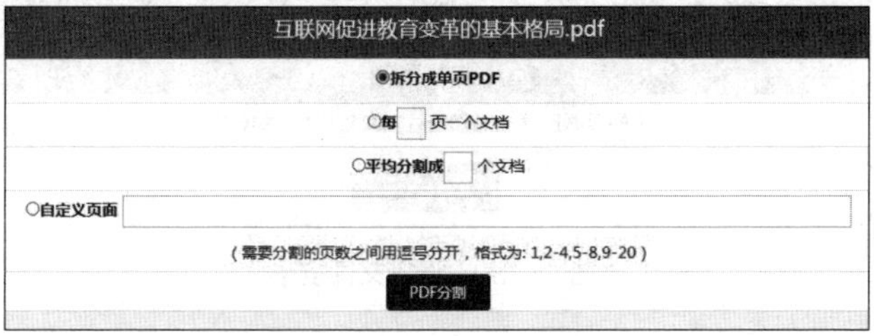

图 1-147 文档分割设置

分割完成后，单击【下载全部文件】，可实现文件的下载。单击下面的“_1”“_2”“_3”可实现文件的浏览。（见图 1-148）

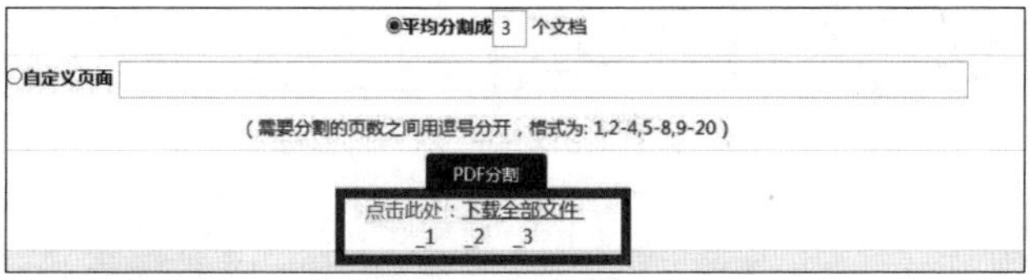

图 1-148 文件浏览、下载

操作二：PDF 文件合并。

单击“PDF 在线转换”中的“PDF 合并”。（见图 1-149）

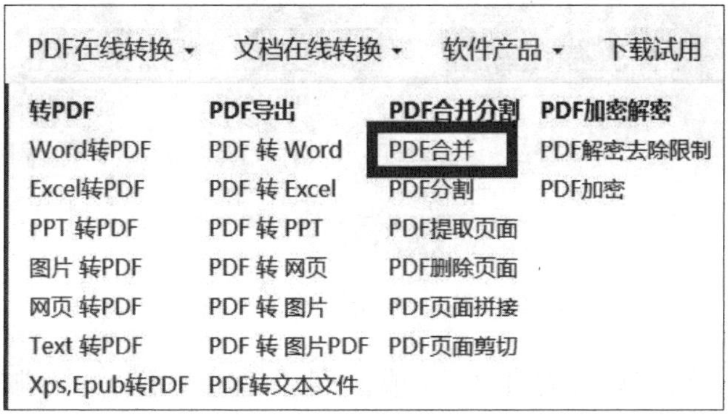

图 1-149 PDF 合并按钮

单击【选择文件 一次可选择多个文件】按钮，进行文件的添加。（见图1-150）

图 1-150 选择文件按钮

选择多个文件后，单击【打开】。选择文件之前务必根据所需排列文件顺序。（见图 1-151）

图 1-151 打开多个文件

设置生成文件的尺寸。设置完成后，单击【合并 PDF】。（见图 1-152）

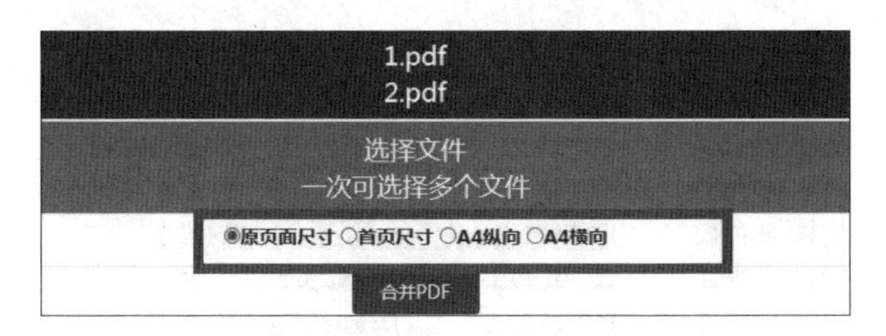

图 1-152 设置所生成文件尺寸

合并完成后，单击【打开文件】或【下载文件】按钮，均可进行文件的浏览和下载。（见图 1-153）

图 1-153　文件完成合并

进入浏览、下载界面后，滚动鼠标，可进行浏览；单击【下载】按钮可进行下载。(见图 1-154)

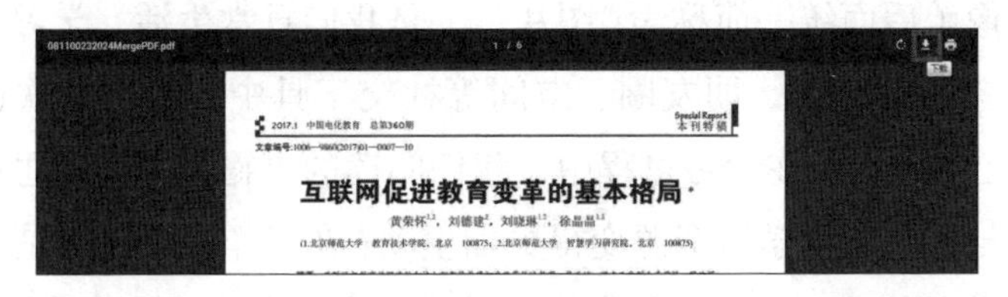

图 1-154　文件浏览、下载

在下载界面中，输入文件名，选择保存路径，单击【下载】。(见图 1-155)

图 1-155　下载设置

第二章

图形图像素材的获取与编辑

图形图像（后面统一简称为“图片”），是我们日常生活、学习和工作中必不可少的元素。在微博、朋友圈、空间等社交工具中，我们喜欢通过文字图片来表达自己的心情；在学习过程中，我们阅读的书籍、制作的思维导图等都有图片的参与，它使得学习资源变得更加生动；在工作中，无论是 PPT 汇报演示、Word 工作总结，还是动画制作等，图片都能为你的文件增添色彩。好的图片能锦上添花，而将好的图片经过加工转换为自己的，才是我们获取这张图片的最终目的。所以如何获取图片、编辑图片是我们这章的重点。

要将图片作为素材运用到作品中，图片获取是第一步，图片编辑是其后重要的一步。图片能否成为好的素材，关键就在于对图片的编辑是否合理。我们对图片的编辑离不开图片处理软件，我们需要运用软件中的工具美化图片。图片处理软件有很多，我们可以从普通和专业两个角度进行分类。普通的图片处理软件有 Windows 自带的“画图”软件、美图秀秀、光影魔术手等；专业的图片处理软件有 Photoshop（位图）、CorelDRAW（矢量图）等。值得注意的是：有一款在线软件“图艺图”（http：//www.tuyitu.com/），它相当于是在线的 Photoshop 软件，不仅所具备的功能与 Photoshop 相同，连操作界面也极其相似。（见图 2–1）

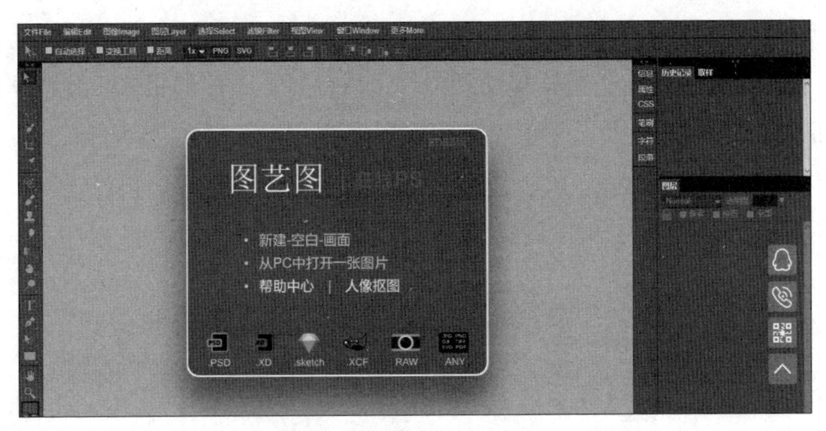

图 2-1 “图艺图”操作界面

众所周知，Photoshop 是一款专业的、功能齐全的图片处理软件，具有强大的修饰功能。但是专业软件有一个缺点就是需要的内存占用比较大，下载起来也比较耗时。所以，如果你想要免去安装的过程，可以选择“图艺图”这款在线软件。

一、以图找图

如果你平时要处理一张图片却发现清晰度太低，不符合使用的要求，可以通过搜索引擎提供的识图功能进行检索，得到相同或相似的高清大图。[①] 具备识图功能的搜索引擎很多，在此以 360 识图为例。

步骤一： 打开 360 识图网页。（见图 2–2）

图 2-2 360 识图网页

步骤二： 通过粘贴图片网址、上传图片及拖曳方式定位需要查找的图片。

① 用图请注意版权，按规定使用。

此处以上传图片方式为例。（注意：图片大小不要超过 2MB）点击【上传图片】，打开素材文件。将光标移动到图片上后会显示图片的格式、分辨率及大小等信息。（见图 2–3）

图 2–3　上传图片演示截图

步骤三：查看识图结果。（见图 2–4）

图 2–4　识图结果

步骤四：择优选择识图素材。

点击全部尺寸，可以看到所有识别的相似图片。点击【从大到小】排序，可以找到分辨率最好的素材。（见图 2–5）

图 2-5　识图结果优选

二、图片智能放大

图片放大方法有很多，如 Photoshop、PhotoZoom 和 bigjpg。我们推荐 bigjpg 供大家使用。它使用最新人工智能深度学习技术——深度卷积神经网络，将噪点和锯齿的部分进行补充，实现图片的无损放大。解决了部分软件放大图片后依然存在的模糊感、边缘的重影及噪点。尤其是对动漫、插画图片的放大，无论是色彩、细节、边缘，效果都是更好的。下面介绍下它的具体操作。

步骤一： 打开 bigjpg 网页。

bigjpg 的网址为 https://bigjpg.com。（见图 2-6）

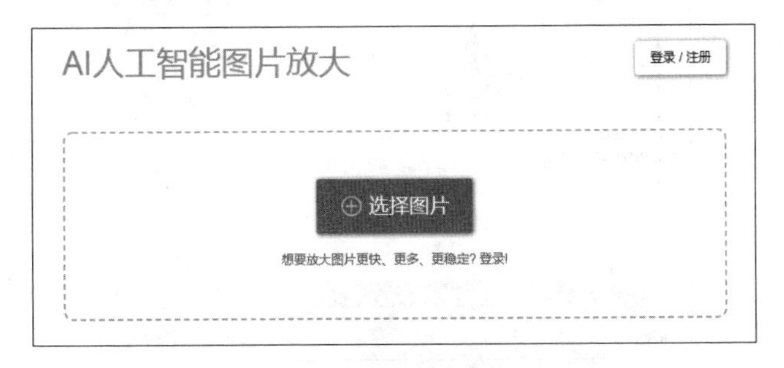

图 2-6　bigjpg 网页截图

步骤二： 点击【选择文件】，上传需要放大的图片素材。

目前可以上传最高 3000 × 3000 分辨率、10MB 以下的图片。（见图 2-7）

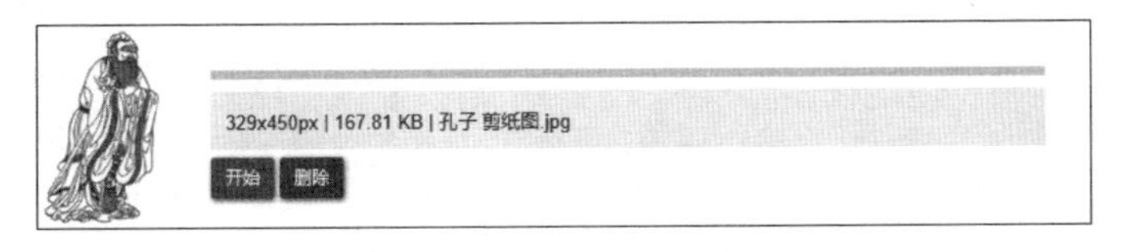

图 2-7　上传图片显示截图

步骤三：点击【开始】，进入放大配置窗口，设置图片类型、放大倍数和降噪程度。

此处，我们将原始素材做了 4 倍放大，最高降噪。（见图 2–8）

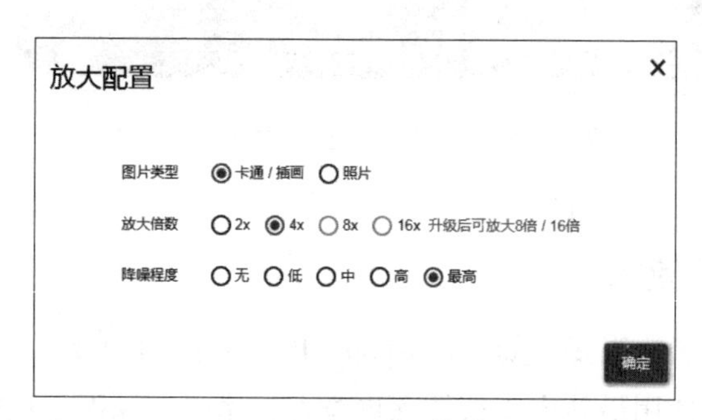

图 2-8 放大配置设置

点击【确定】，开始放大处理。

步骤四：放大完成后，点击【下载】。

设置保存路径和文件名称，点击【保存】。（见图 2–9）

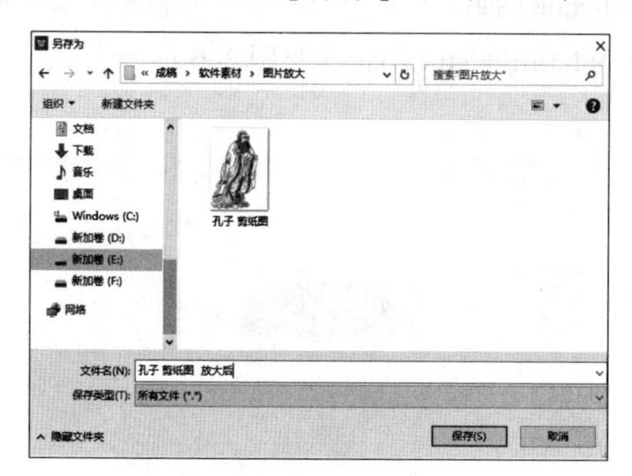

图 2-9 存储路径设置

放大前后图质量对比见图 2–10。

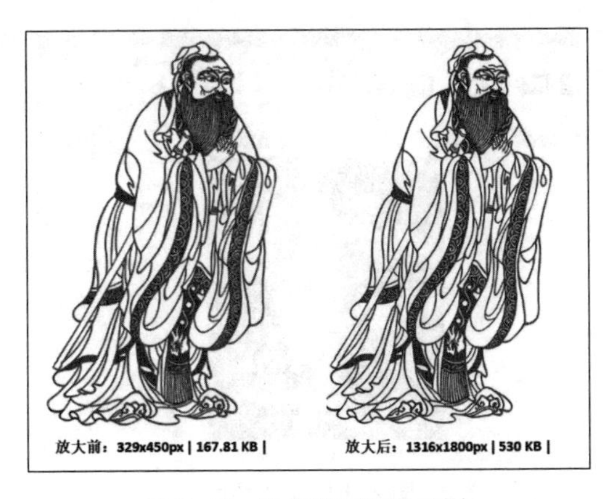

图 2-10　放大前后图质量对比

三、PPT 中的图片裁剪

裁剪是最常见的一种图片处理，很多图片都需要经过裁剪操作以后才能符合我们的使用目的。

以下以“百合花 . jpg”的图片裁剪为例。

步骤一： 插入图片，选择“来自文件的图片”，点击【插入】。（见图 2-11）

图 2-11　插入图片

步骤二： 单击此图片，选择“格式”选项卡，点击【裁剪】按钮，开始裁剪。（见图 2-12）

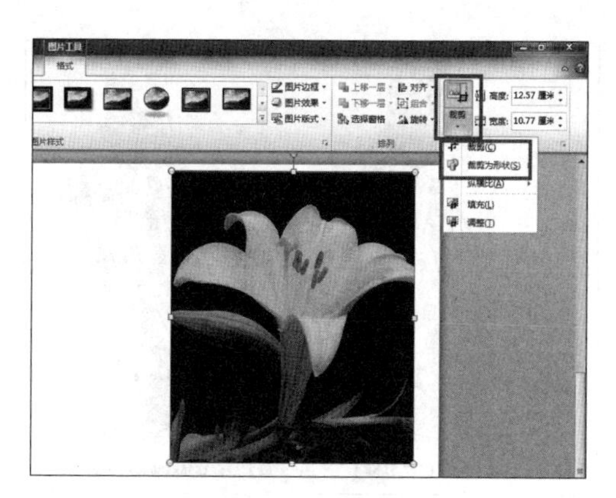

图 2-12　插入图片

裁剪分为普通裁剪、裁剪为形状两种。我们先来看普通裁剪。通过调整选框来选定裁剪区域，选定后单击幻灯片空白处。（见图 2-13）

图 2-13　普通裁剪

再来看裁剪为形状。单击【裁剪】按钮下的【裁剪为形状】。在这里，我们选择基本形状中的心形图样。（见图 2-14 和图 2-15）

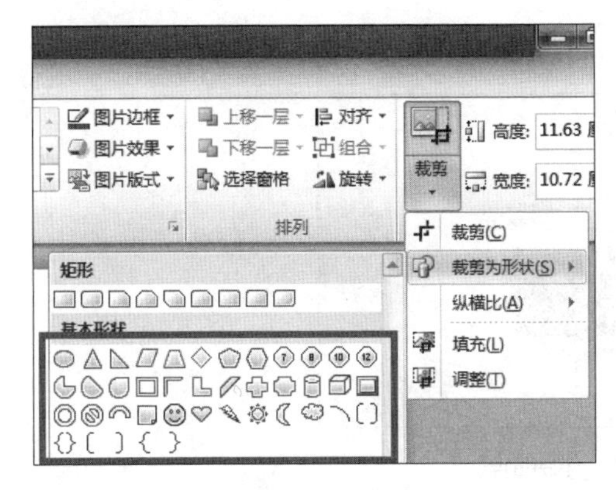

图 2-14 裁剪为形状

图 2-15 心形图样

关于 PPT 裁剪，这里还需要说明一点：在裁剪过程中，还可以自行设置纵横比，也可以选择填充式裁剪还是调整式裁剪，这些 PPT 都自带说明。

四、去水印

网上的一些图片素材会有水印，如千库网、我图网等。如果我们只做“拿来主义”，一方面会影响图片的可观性和完整性，另一方面还存在侵权的风险。接下来我们将介绍一款去水印的小软件——Teorex Inpaint 6.2。图 2–16 是未去水印前的图片，现在我们要做的是去除左下角的“新浪娱乐”图标。（见图 2–16）

图 2-16 指环王剧照 .jpg

步骤一：启动软件，打开图片，选择文件，点击【打开】。（见图 2–17）

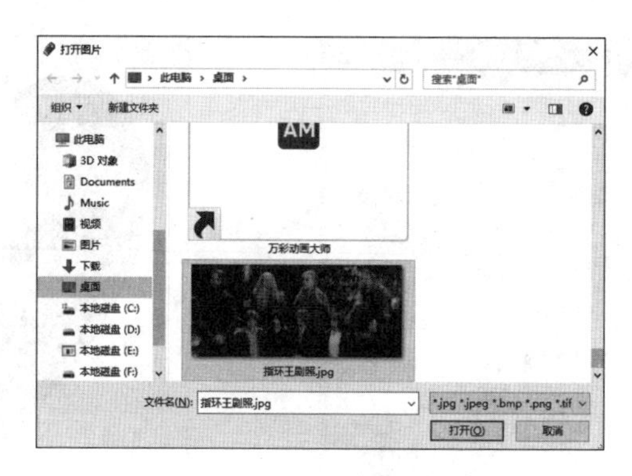

图 2-17　打开图片

步骤二: 图片打开时默认是放大状态，点击工具栏上的“1 ： 1”图标，可显示图片的实际大小。

左下角的“新浪娱乐”图标是我们要去除的。(见图 2-18)

图 2-18　缩放比例“1 ： 1”

步骤三: 点击左边工具箱中的“移除区”(红色圆圈)。

看左下角提示：用鼠标涂抹来选择图像上不想要的物体或水印。(见图 2-19)

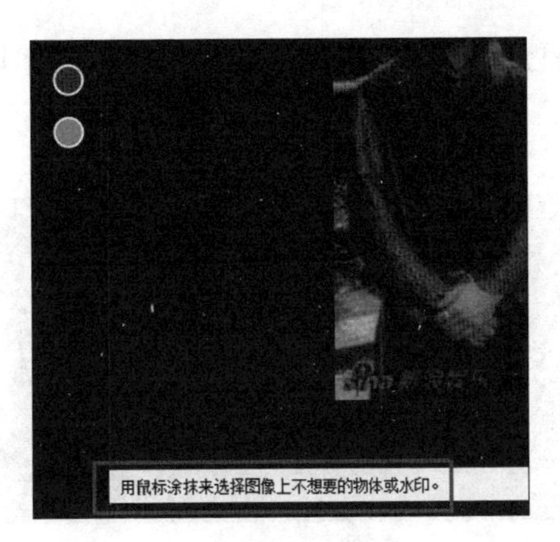

图 2-19　移除区

步骤四：在涂抹之前，可设置"移除区"的魔术笔大小，以便涂抹更精确。这里设置为"40"。（见图 2-20）

图 2-20　魔术笔大小

步骤五：开始涂抹"新浪娱乐"图标。

按住鼠标左键涂抹水印。（见图 2-21）

图 2-21　涂抹结果

步骤六：如果不满意，点击工具栏中的"✖"重涂；如果满意，点击"▶"按钮，开始处理图像。（见图 2-22）

图 2-22　处理图像

步骤七: 处理图像完成后，软件会自动处理去除水印。（见图 2–23 和图 2–24）

图 2–23 去除水印

图 2–24 去水印后

步骤八: 选择菜单栏“文件”选项，点击【另存为】，弹出对话框，输入文件名保存。

用这款软件不仅可以简单去除水印，也可以去除其他东西。大到一棵树、一个人，小至人物脸上的雀斑，等等。除了“移除区”，还有其他的工具能实现对图片的编辑，这需要大家自己去操作尝试。

五、抠图

“抠图”是图片处理中另一种最常见的操作，它能将图片中需要的部分精确地提取出来，如飞在天上的汽车、躺在云上的人等等。我们可以通过 PPT、Remove.bg，甚至是 Photoshop 这类专业的图片处理软件实现。

（一）PPT 中的图片背景去除

这个例子的目的是将“男孩 .jpg”图片的背景去除。（见图 2–25）

图 2-25　男孩 .jpg

步骤一： 新建 PPT，在幻灯片中插入图片"男孩 .jpg"。

步骤二： 为了更清楚地区分图片背景与幻灯片背景，将幻灯片背景设置为其他颜色。（见图 2-26）

图 2-26　修改幻灯片背景颜色

有两种方法可以去除背景：

①双击图片，激活图片格式菜单，在左侧出现【删除背景】按钮。（见图 2-27）

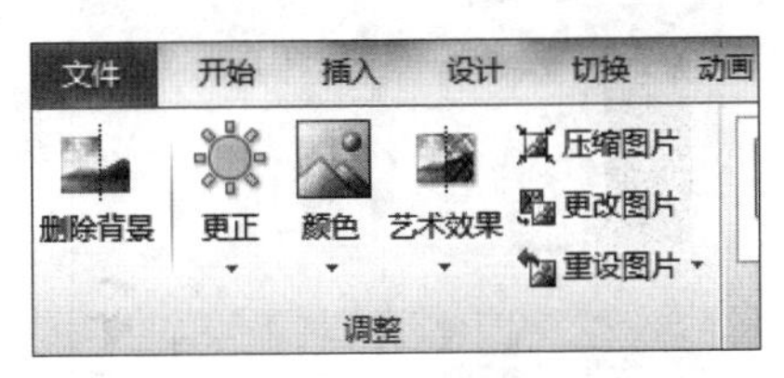

图 2-27　删除背景

单击【删除背景】，开始选择区域。选择的区域范围要包含全部的图像内容，否则不仅是背景，没包含的图像也会被删除。这里我们需要选择全部。（见图 2-28）

图 2-28　选择区域

点击【保留更改】，完成删除背景操作。（见图 2-29）

图 2-29　删除背景后

②双击图片，激活图片格式菜单，在“颜色”菜单下有“设置透明色”选项。（见图 2-30）

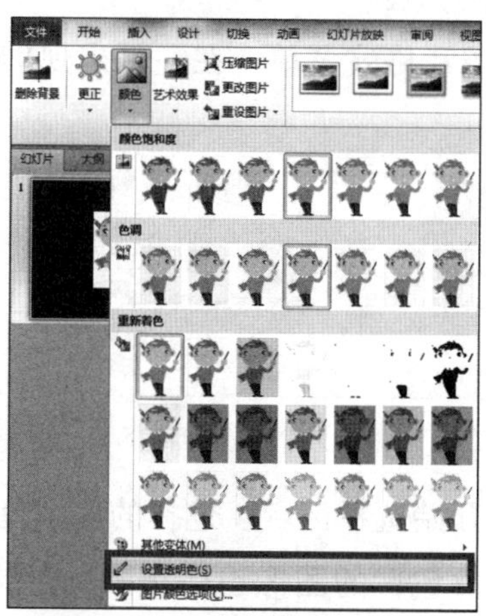

图 2-30　设置透明色

设置透明色的原理是：单击当前图形中的像素时，该特定颜色的所有像素都会变得透明。在“男孩 .jpg”图片的背景处单击，背景颜色被除去。（见图 2-31）

图 2-31　设置透明色后

这两种 PPT 去背景的抠图操作都属于一键抠图，这样的操作虽然快捷方便，但是很容易抠图不精确。

（二）remove. bg 智能抠图

remove.bg 基于 Python、Ruby 和深度学习技术开发而来，提供网页版和电脑版客户端。它通过强大的 AI 人工智能算法自动识别出前景主体与背景图，并将它们分离开来，实际效果非常不错。

步骤一：打开 remove.bg 网页（网址 https://www.remove.bg/zh）。（见图 2-32）

图 2-32　remove.bg 网站界面

步骤二：点击【上传图片】或拖曳、粘贴图片网址，上传需要抠图的素材。此处，我们以【上传图片】方式打开背景颜色较多的婴儿照片素材。（见图 2–33）

图 2–33 上传图片

步骤三：可在右侧点击【下载】预览图，此图像素为 400 × 266。高清大图下载需要注册登录并付费。（见图 2–34）

图 2–34 已消除背景预览

步骤四：图片编辑。点击已消除背景图的右上角【编辑】按钮，可实现抠图后背景的智能替换，还可以点击【擦除 / 恢复】按钮进行细节的再加工。（见图 2–35）

图 2-35　擦除 / 恢复功能

①设置背景虚化强度，强度是逐渐增加的，此处选择第 2 种虚化效果。在左侧可以看到原图背景保留的虚化效果。（见图 2-36）

图 2-36　背景虚化

②在下方照片和颜色功能区，点击选择智能更换背景后的效果图。（注意：合成时间较慢）（见图 2-37）

图 2-37　智能更换背景

③点击【下载】—【下载图片】，设置文件名和保存路径。（见图 2–38）

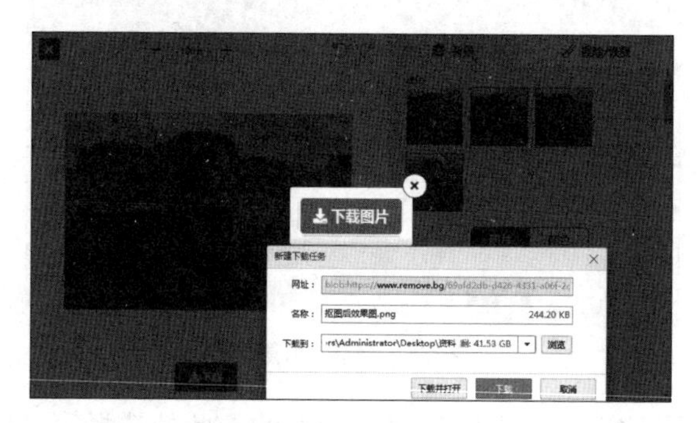

图 2–38　下载图片

④也可以用预设的颜色做背景的填充。（见图 2–39）

图 2–39　颜色填充背景

六、图片变换

现成图片往往不是最理想的，如果你想修改它的大小，改到自己想要的尺寸，这时又该怎么操作呢？图片变换分为两种：一种是改变图片的大小；一种是改变图片的方向。

以下介绍如何在 PPT 中实现图片变换。

步骤一： 点击“插入”—“图片”—“插入图片”—“汽车图片 .jpg”。（见图 2–40）

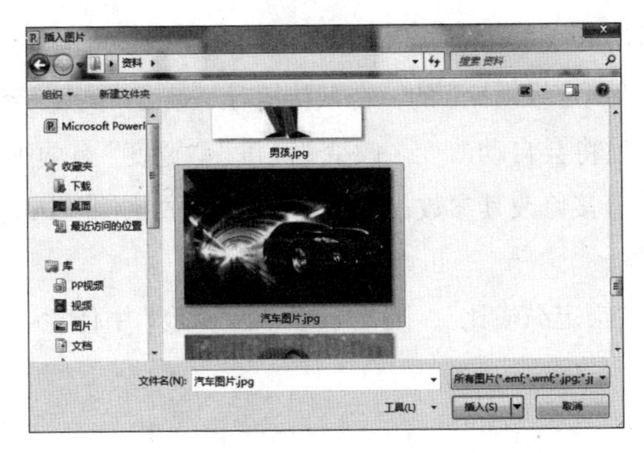

图 2–40　插入图片

步骤二: 点击“图片” — “格式” — “大小”。(见图 2–41)

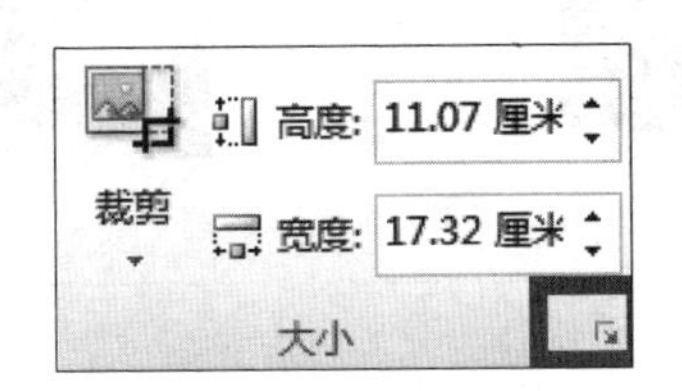

图 2–41　大小设置

步骤三: 打开“设置图片格式”，在“大小”这一功能中可对图片的尺寸、方向进行设置。(见图 2–42)

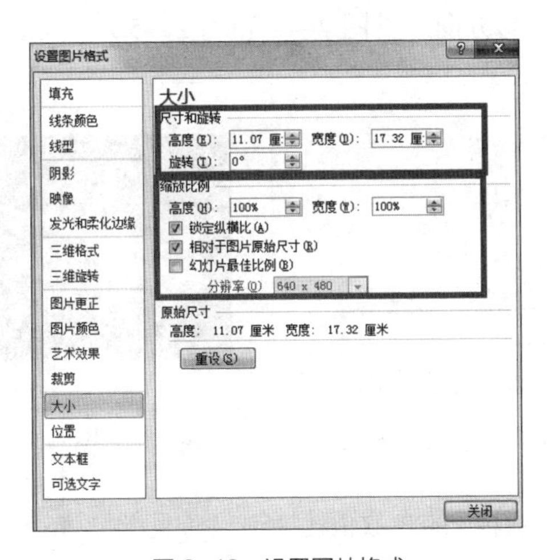

图 2–42　设置图片格式

（1）改变图片尺寸

图片默认是“锁定纵横比”的，在默认情况下改变“高度”和“宽度”中任意一项参数，另一项将会自动改变。改变“高度”“宽度”有两种方法：一种是在“尺寸和旋转”中直接修改其参数；另一种是在“缩放比例”中改变其比例，如从100% 改到 150% 等。

如果不勾选“锁定纵横比”，则“高度”或“宽度”中任意一项参数修改，另一项都不会改变。（见图 2–43）

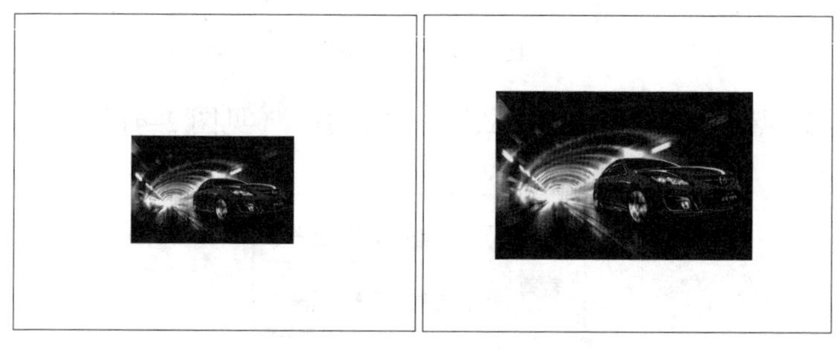

图 2-43　缩放前后

（2）改变图片方向

在“尺寸和旋转”中亦可改变图片方向。在“旋转”中输入 –360° ～ 360°（正为顺时针，负为逆时针），就能旋转图片。也可以自己在缩放点和旋转点上操作来改变图片大小与方向（见图 2–44 和图 2–45）

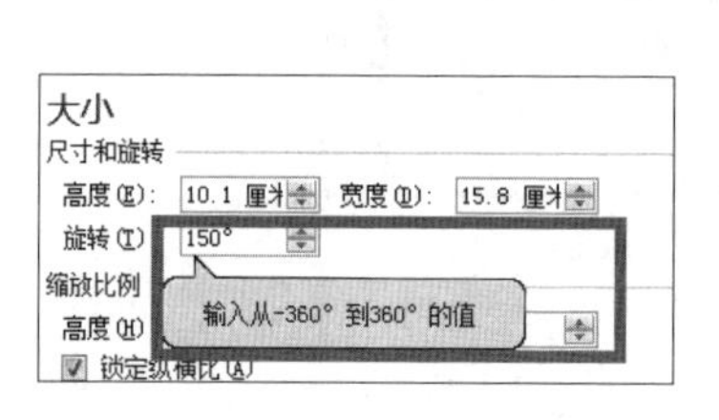

图 2-44　设置旋转参数

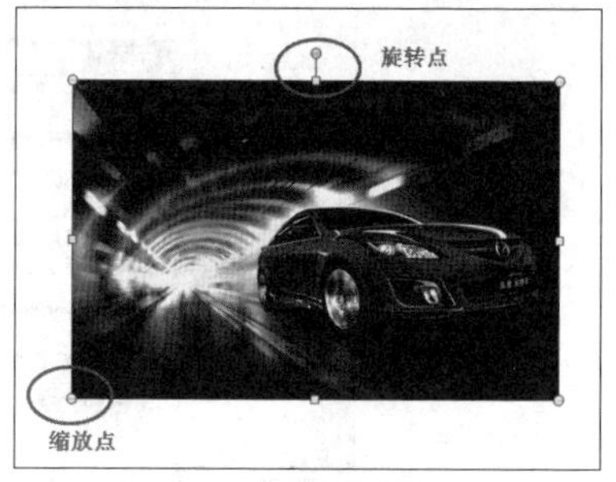

图 2-45　旋转点和缩放点

在这里，设置“旋转”的参数值为 150° 。（见图 2–46 和图 2–47）

图 2-46 旋转前

图 2-47 旋转后

除了可以在“大小”这一功能选项卡中实现二维旋转，在“三维旋转”中还能实现三维旋转。可以在“预设”中直接旋转模型，也可以自己对 X、Y、Z 三个轴进行参数设置。（见图 2-48）

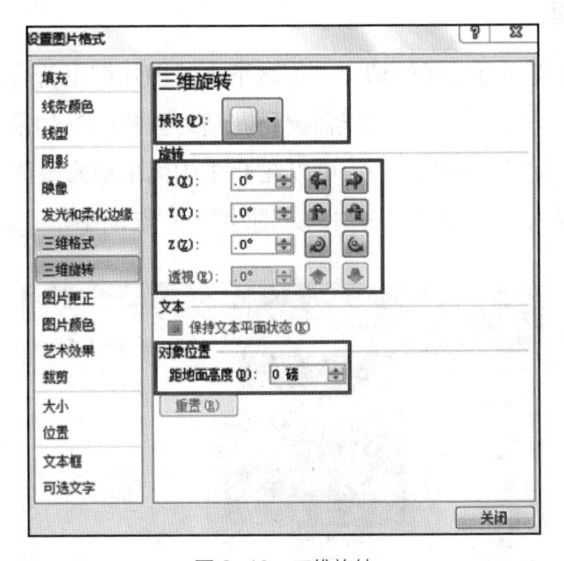

图 2-48 三维旋转

在旋转中，有几个旋转点比较特殊，PPT 中专门罗列出了这些旋转点，方便用户使用。点击“图片” — “排列” — “旋转”，其他旋转选项就是我们一开始讲的普通旋转设置。（见图 2-49）

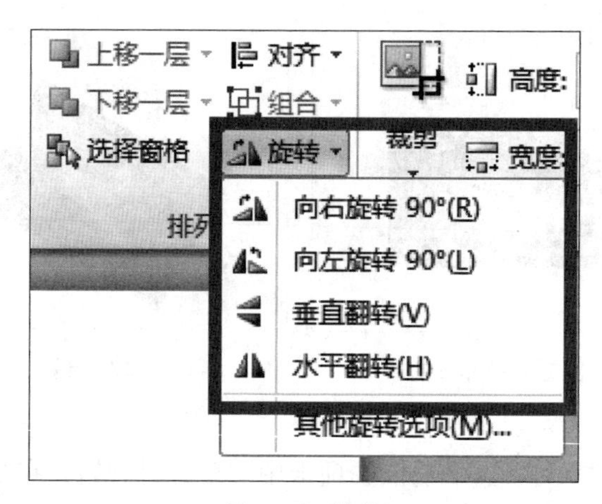

图 2-49 旋转

七、颜色调整

大家有没有遇到过这样的情况，下载下来的图片都挺符合心意的，就是图片的颜色不太令人满意，这个时候需要再花精力去找吗？如果只是对颜色不满意，那么这里教大家一个小技巧，可以在 PPT 中简单地修改图片的颜色。

步骤一：“插入”—“图片”—“插入图片”—“红动中华 .jpg”。（见图 2-50）

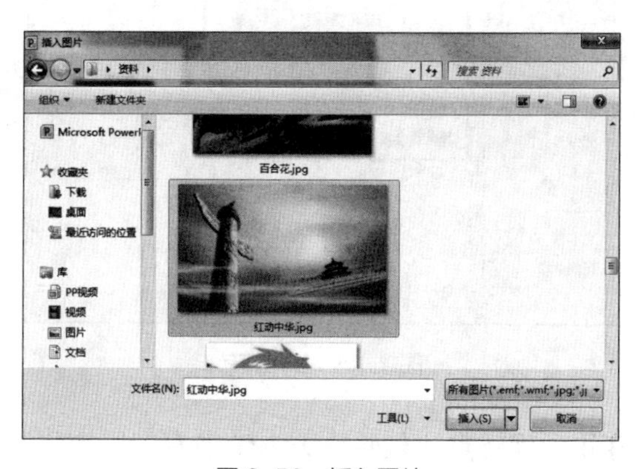

图 2-50 插入图片

步骤二：双击图片—“格式”菜单栏—“颜色”下倒三角。

对颜色的调整分三种：颜色饱和度、色调及重新着色。可以直接点击现有的颜色调整方案来对图片进行颜色调整，如果想要自己设置颜色选项，直接单

击【图片颜色选项】。(见图 2-51)

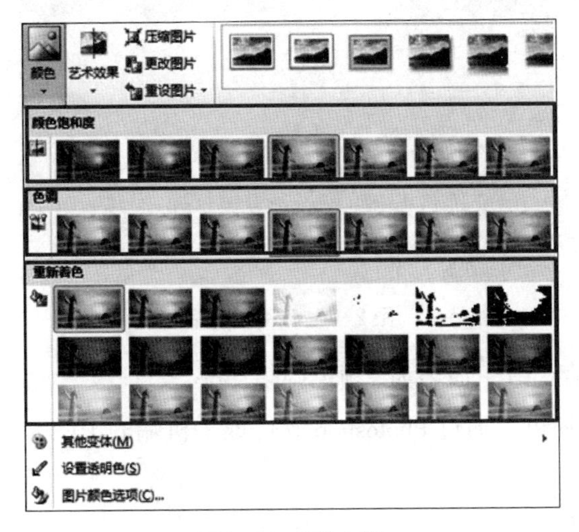

图 2-51　颜色调整

在这里，编者设置的参数为：颜色饱和度 66%，色调温度 7200，重新着色选择“橙色，强调文字颜色 6 浅色”。(见图 2-52)

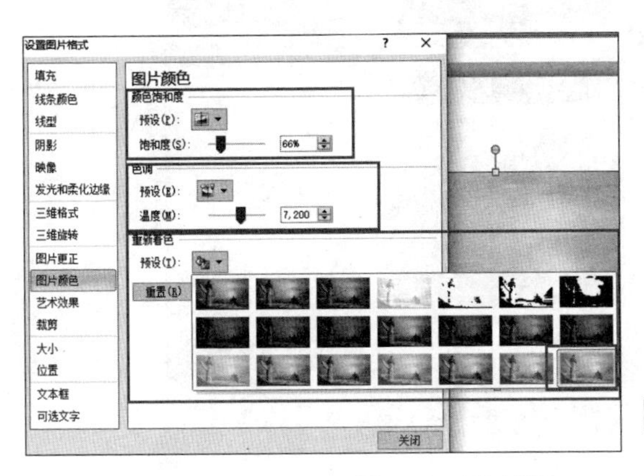

图 2-52　图片颜色

图片颜色调整后呈现最终效果。(见图 2-53)

图 2-53　颜色调整后

步骤三: 保存 PPT，命名为“颜色调整 .pptx”。

颜色的调整还可以通过 Photoshop 软件或手机端的美图秀秀等 APP 实现。

八、艺术效果

除了颜色调整，在 PPT 中同样还可以对图片进行艺术效果设置。

步骤一: 点击“插入”—“图片”—“插入图片”—“日落 .jpg”。(见图 2-54)

图 2-54　插入图片

步骤二: 双击图片—“格式”菜单栏—“艺术效果”下倒三角。

可以直接点击现有的艺术效果来为图片添加艺术效果。在这里，选了“胶片颗粒”。(见图 2-55 和图 2-56)

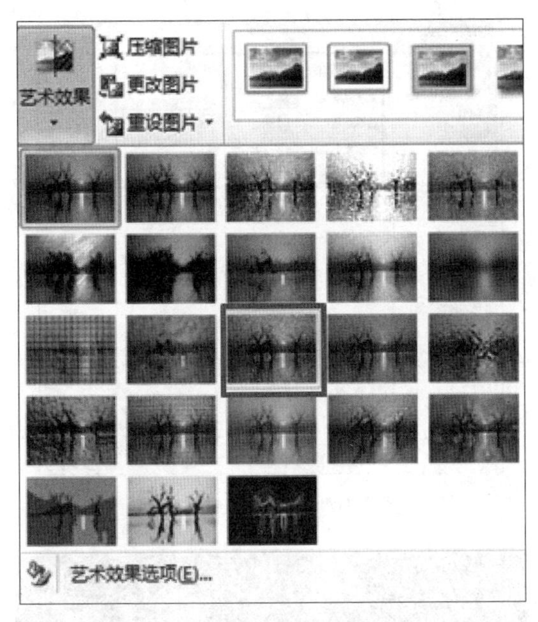

图 2-55 艺术效果

图 2-56 “胶片颗粒”艺术效果

如果想要自己设置，可直接单击“艺术效果”选项，在选择艺术效果样式后，修改参数，直至满意。（见图 2-57 和图 2-58）

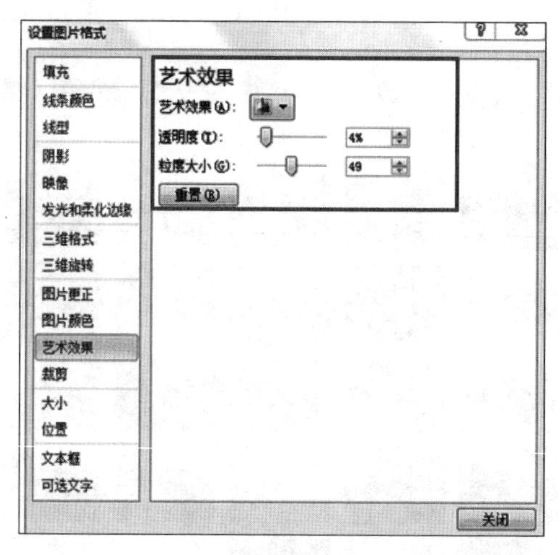

图 2-57　艺术效果参数设置

图 2-58　艺术效果添加后

步骤三：保存 PPT，命名为“艺术效果 .pptx”。

九、位图转矢量图

计算机中的图可以分为两种：一种是位图，即由一个个点（像素）构成的图，这种图放大的原理是构成图的像素点放大，放大时当然会失真；另一种是矢量图，这种图是由“几何对象”构成的，比如一个矢量的圆可以理解成由点坐标、半径长度、填充颜色、圆周颜色构成的一个组合对象，无论放大多少位都不会失真，所以就产生了一种放大图像不失真的方法，即把原来的位图转为矢量图。这里介绍 Vector Magic 的使用。

步骤一：下载软件与运行，软件下载地址链接为 http://www.downxia.com/downinfo/300581.html，如果软件提示未注册，请解压激活工具进行注册，运行一次即可。（见图 2–59）

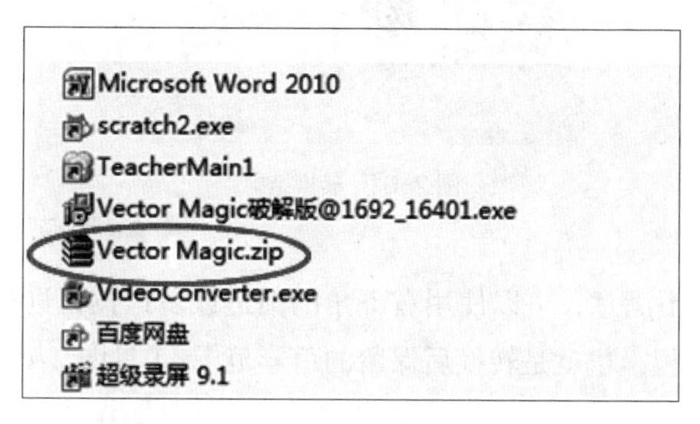

图 2-59　压缩文件

步骤二：打开要处理的图像，可以直接拖放图像，可以在右侧打开图像，并支持粘贴板中的内容，也可以批量进行处理。（见图 2–60）

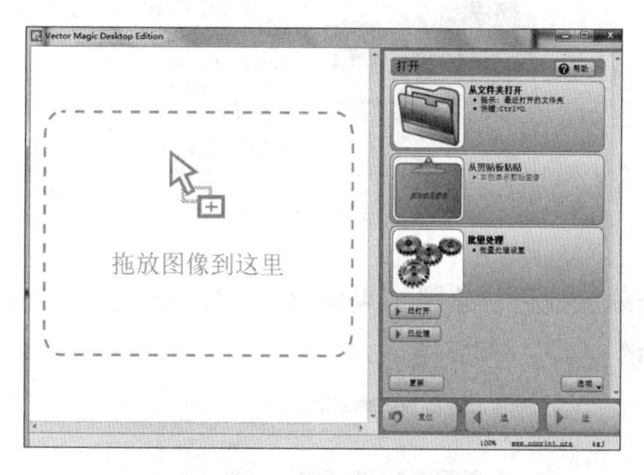

图 2-60　打开图像

步骤三：可以使用全自动功能，观察转换结果。（见图 2–61）

图 2-61 转换结果

步骤四：如不满意，可以使用右下角的前进或后退按钮进行细节设置，最重要的是调整色板，也就是转换后保留的色彩范围。（见图 2-62）

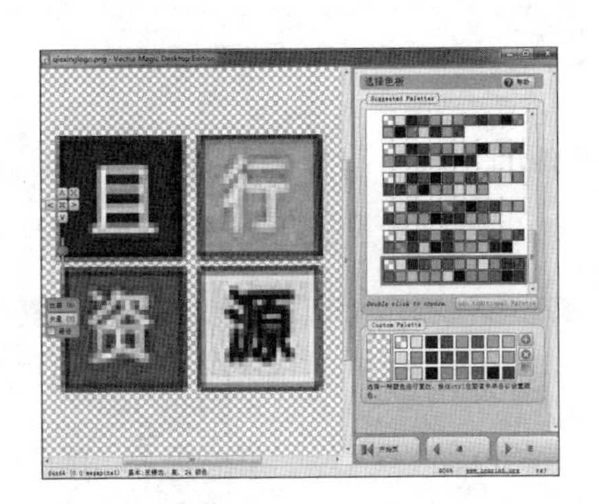

图 2-62 调整色板

步骤五：处理完成后，建议结果保存为 EMF 格式，这种格式可以直接在 PPT 中进行再加工处理。（见图 2-63）

图 2-63 保存结果

步骤六：在多次右键单击取消组合后，图形会被分解为多个对象，利用PPT中的填充、轮廓、编辑顶点功能进行再加工。（见图2-64和图2-65）

图2-64　分解对象

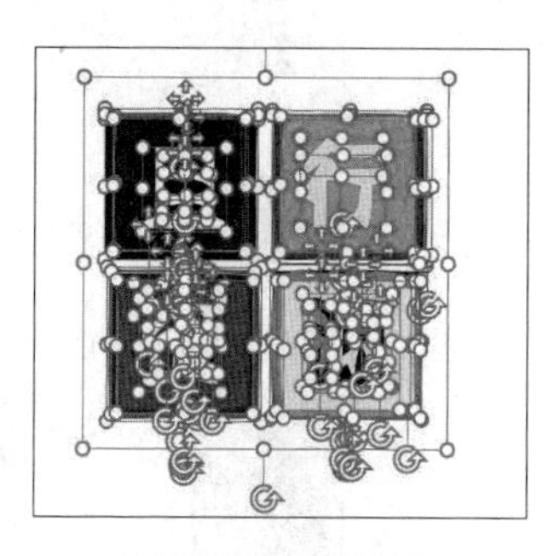

图2-65　加工对象

十、图表制作

平时使用PPT讲解一些数据时，往往以图表的形式更为简洁有效，需要时可以在PPT中插入图表，也可以在线做图表，PPT中的图表可以与Excel的数据相关联，做到实时修改更新数据。在线制图可以免去安装软件的步骤，直接完成图表的制作。

（一）PPT中插入Excel图表

1. 选择合适的图表类型

打开PPT，插入图表，选择合适的图表类型。

本例中以某三个品牌电脑的每季度销量为例，选择簇状柱形图，可比较不同品牌间的差距。（见图2-66和图2-67）

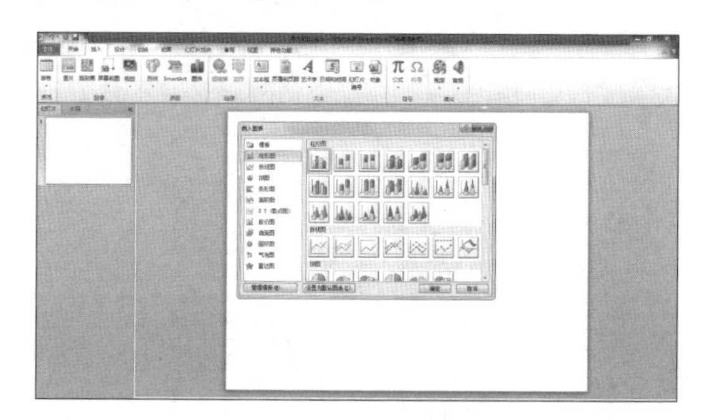

图2-66　插入簇状柱形图

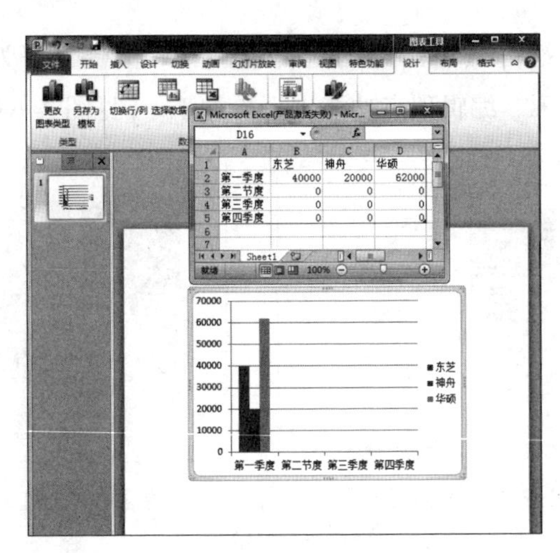

图 2-67　图表数据

2. 美化图表

步骤一： 双击【图表标题】，修改图表的名称。

步骤二： 双击图表的空白区域，可以打开设置“图表区”格式的窗口。（见图 2-68）

步骤三： 单击【图表选项】，可修改图表的背景颜色。

步骤四： 将“图表选项”修改为“坐标轴选项”，可调整纵坐标的最大、最小值及坐标值间隔。（见图 2-69）

步骤五： 其余选项均对应不同位置的参数设置。

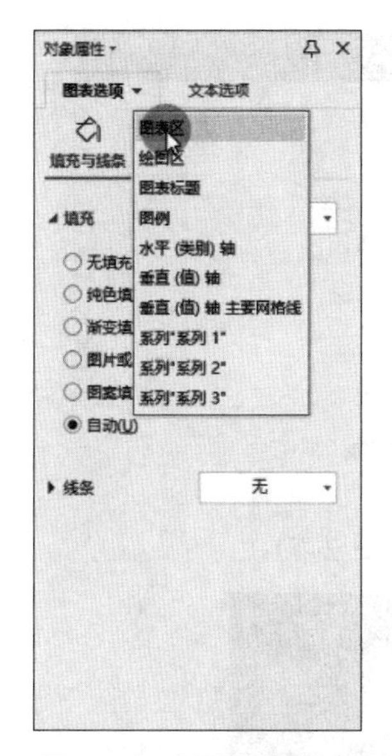

图 2-68　设置图标区格式

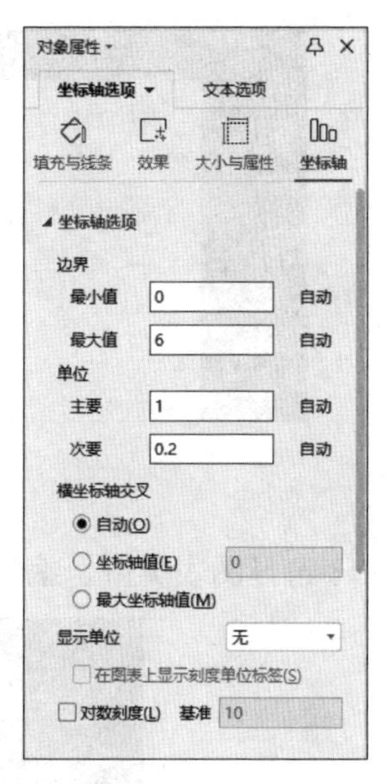

图 2-69　设置坐标轴格式

（二）在线制作图表

如今对图表制作的要求越来越高，简单的 PPT 图表已满足不了用户的需要，无论是数据分析、图表类型还是美化排版，想要用 PPT 制作出良好的效果，需要积累不少的模板及数据分析技巧。有一些设计网站发现了用户的痛点，开发出在线制作图表的功能，在线提供大量的图表类型、优美的排版及优秀的数据分析方式。在此介绍常用的网站——图表秀。

1. 新建图表

在图表秀（https://www.tubiaoxiu.com）中可以选择新建图册（功能与 PPT 相似）也可以选择新建图表。这里只介绍新建图表功能，其他功能待读者自己探索。

步骤一: 新建图表，创建符合自己需求的图表，并准备好需要分析的数据。（见图 2-70）

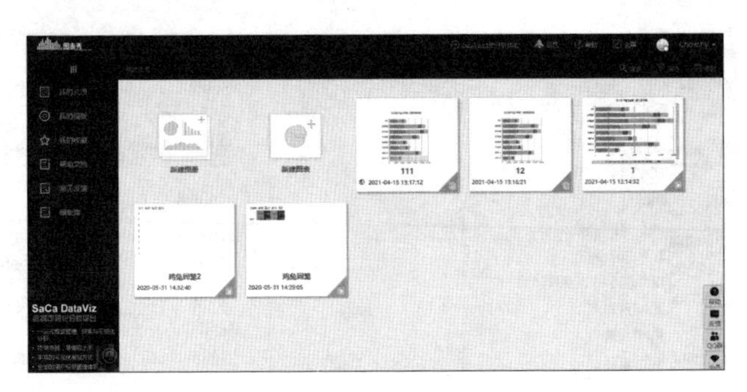

图 2-70　新建图表

步骤二：选择图表类型、编辑数据。（见图 2-71）

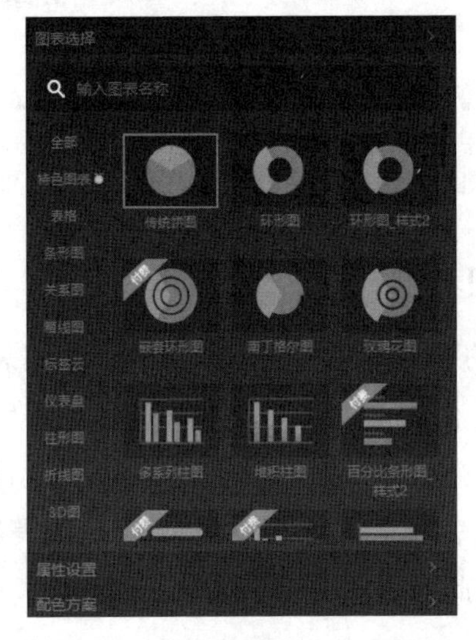

图 2-71　选择图表类型和编辑数据

步骤三：手动输入或上传数据文件。在点击编辑数据按钮后，右侧会出现数据表区域，在此可选择手动修改数据表内容，或者将存有数据的 Excel 文件上传至网站，由网站自动分析生成图表。（见图 2-72）

图 2-72　手动输入或上传数据文件

步骤四：修改图表属性，美化图表。

每种图表的属性都不一样，修改美化需要知道每个参数对应的是哪个部分，才能更好地完成美化，以堆积条形图为例，逐个分析每个参数所对应的部分。（见图 2-73）

图表数据

选择数据源：

Excel数据源

尝试上传Excel、CSV文件吧！ 选择文件

	A	B	C	D	E	F
1		图书	家居厨具	家用电器	手机数码	服装
2	东北	522	1036	1043	744	6
3	华东	1566	3031	3372	2607	11
4	华中	329	593	633	446	2
5	华北	1528	4176	4441	3322	20
6	华南	337	525	711	795	3
7	西北	229	611	515	495	4
8	西南	710	1221	1231	986	5
9						
10						
11						
12						

图表显示不对？用一下数据匹配功能吧！

导出数据　数据匹配　确定

图 2-73　修改图表属性

（1）值域漫游器

可以在图表中增加 X 轴和 Y 轴的控件，操控这些控件可以让图表仅显示你需要看到的部分数据。（见图 2-74）

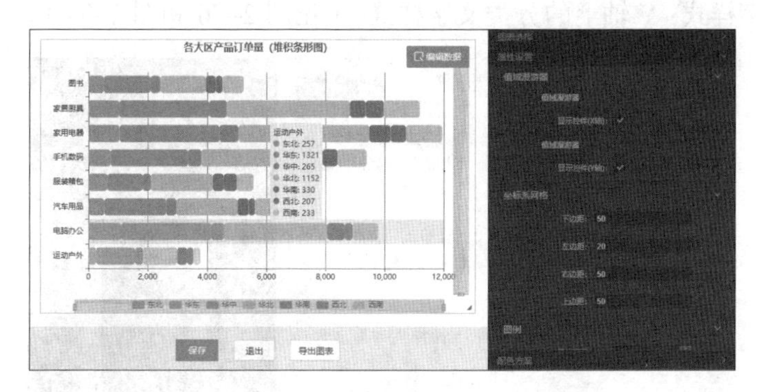

图 2-74　值域漫游器

（2）坐标系网络

设置图表与页面边缘的距离，左右上下边距均可设置。

（3）图例

图例代表了图表内色块的分类，可调整的参数有图例的高度、宽度、对齐方式等。（见图 2–75）

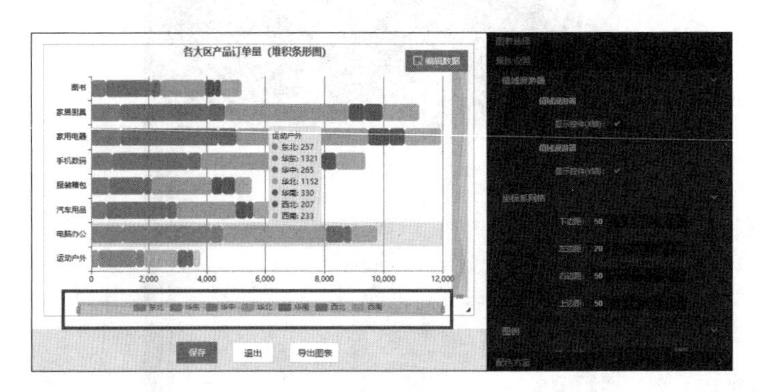

图 2–75 调整图例

（4）堆积条形图

堆积条形图区域的设置参数较多。

①条形间距：每行图块之间的距离。

②圆角半径：每个图块都是矩形，调整圆角半径可以调整每个图块的边角弧度，使其变成圆角矩形。

③普通标签：每个图块都代表一个数据，此标签可选择显示或隐藏这些数据，以及这些数据放置的位置。

④文字样式：Y 轴上的分类文字样式。（见图 2–76 和图 2–77）

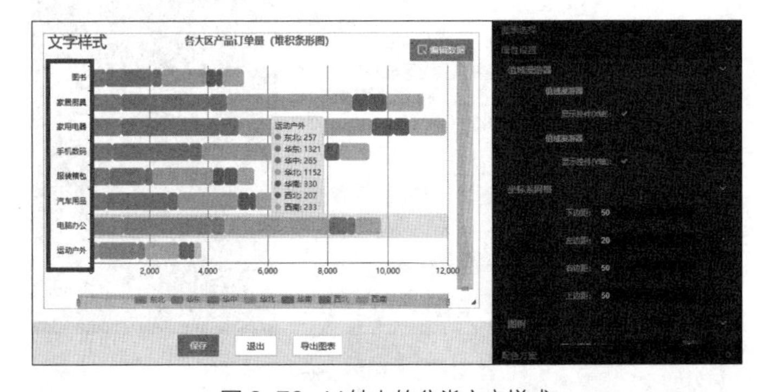

图 2–76 Y 轴上的分类文字样式

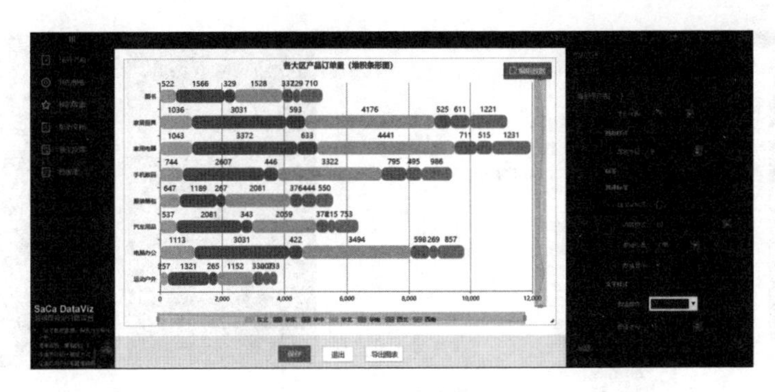

图 2-77　调整效果

（5）标题

为图表添加标题，可以设置标题文本的对齐方式、字体颜色、字号。

（6）提示框

对图表数据添加提示性文字，提示类型分为轴、类目两种。（见图 2-78）

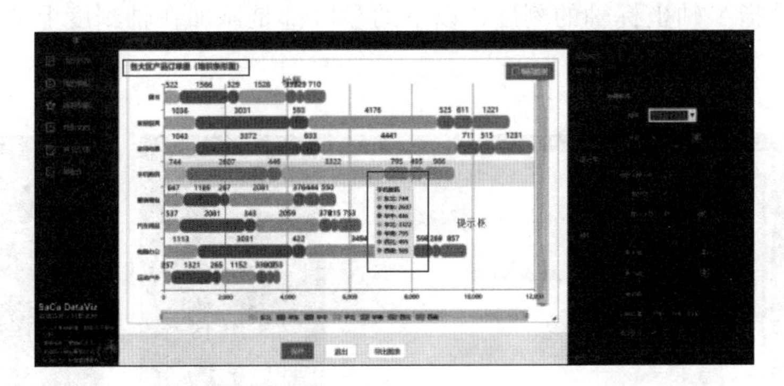

图 2-78　提示框

（7）X 轴

X 轴的最大、最小值可以更改，分割段数指的是整个区域分的段数，名称样式是指 X 轴上“轴名称”的文本样式。（见图 2-79）

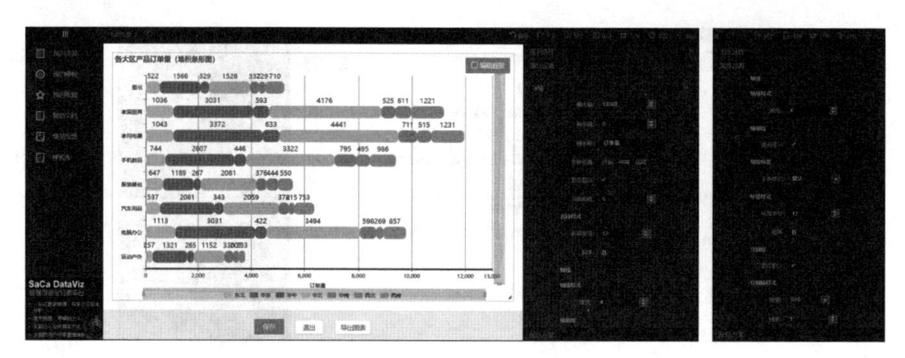

图 2-79　X 轴上“轴名称”的文本样式

（8）Y 轴

框选区域内是 Y 轴参数影响的区域，轴反转是将 Y 轴类别从下到上变为从上到下，轴名称可以给 Y 轴命名，名称样式是修改 Y 轴名称的文本样式，轴刻度是指 Y 轴坐标轴的刻度，以下的参数都是添加在轴刻度上的。（见图 2-80）

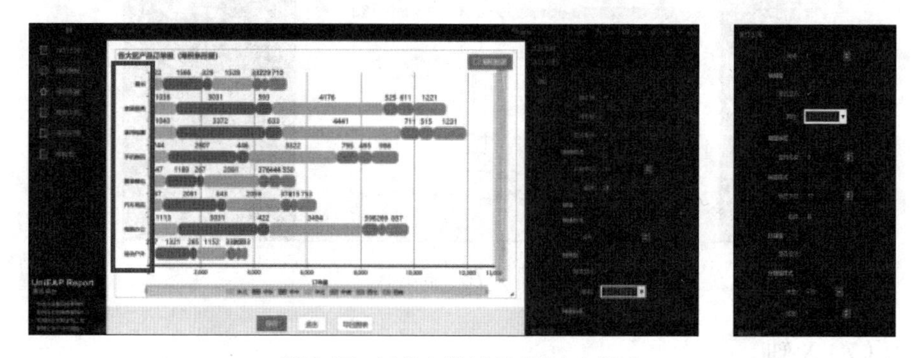

图 2-80　Y 轴上“轴名称”的文本样式

2. 扫描二维码观看动态图表

在图表秀的网站上可以生成动态的图表展示，保存后分享就可以生成二维码，供移动端的客户观看。

步骤一：新建图册，插入图表。（见图 2-81）

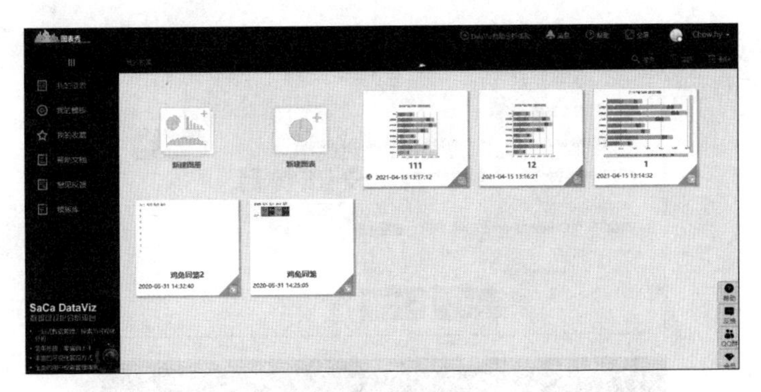

图 2-81　新建图册

步骤二: 保存图册并分享图册。(见图 2–82)

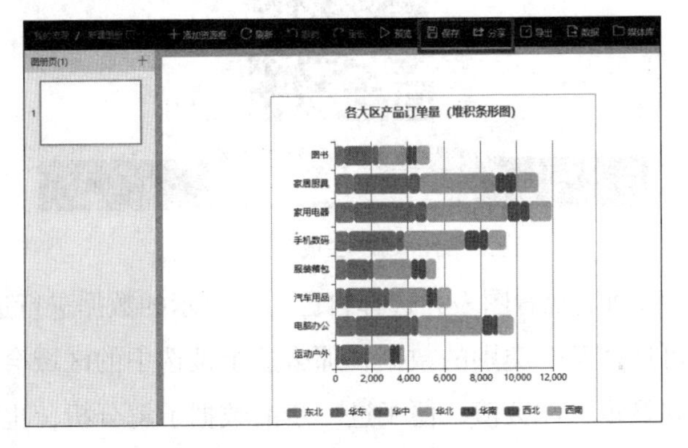

图 2-82　保存并分享图册

步骤三: 选择分享方式。(见图 2–83)

编者在此选择了分享至微信，于是跳出了二维码，可用微信扫描，观看动态图表。

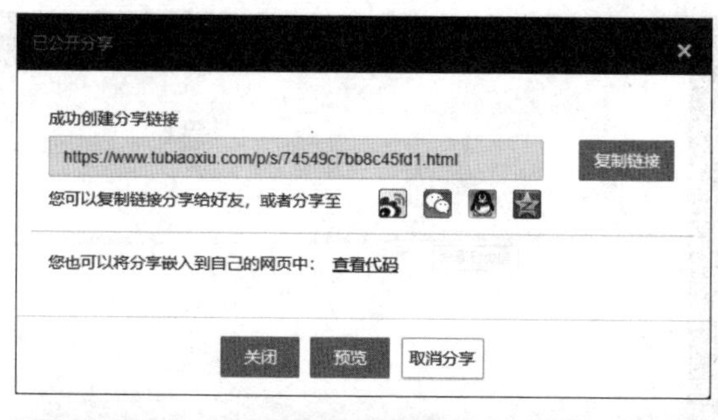

图 2-83　生成二维码

步骤四：上移动端观看图表并选择自己需要显示的数据进行进一步分析。

在移动端可选择某个类别的数据，那么这个被选中的区域会显示，其他区域将会隐藏，并显示具体数值，便于进一步的数据了解分析，也突破了设备局限，让观看者都能参与图表的分析。（见图 2-84）

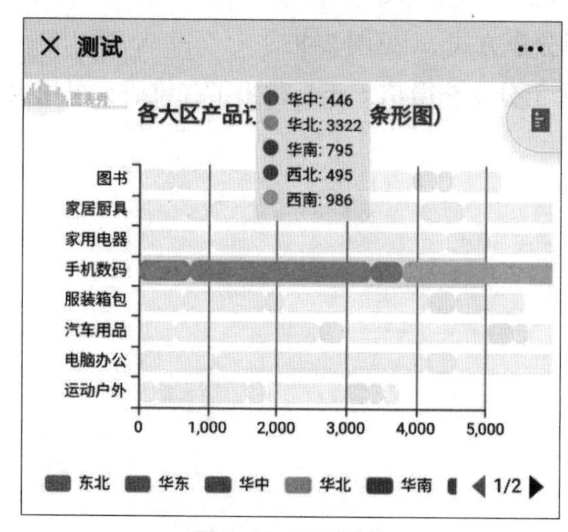

图 2-84　观看图表

十一、GIF 动图制作

（一）在线网站制作 GIF

很多用户平时制作动图的机会不多，为此去下载安装专业的制图软件比较费时费力，也需要对软件安装有一定了解，需要学习成本。相比之下，在线制图不用安装软件，显得十分必要。有许多网站提供在线制作 GIF 图的功能，但有些网站会有不必要的广告，编者在此使用“我拉网”（http://gif.55.la），此网站是微软中国区的合作伙伴。

步骤一：打开网站，确定需要制作的内容。单击【选择图片】按钮，弹出选择图片的窗口，选择需要呈现的单张图片，点击【打开】。（见图 2-85）

图 2-85　打开文件

步骤二：设定播放速度。网站中可设置每张图片的切换速度，有“正常、快、慢、很慢”四个档次可以选择。（见图 2-86）

图 2-86　设定播放速度

步骤三：点击生成图片动画。需等待几秒，生成 GIF 动图。（见图 2–87）

图 2–87 生成图片动画

步骤四：保存图片文件。生成图片动画后会产生保存图片文件的选项，单击该按钮，选择保存文件的位置，单击【保存】，最终可观看制作完成的动画。

（二）闪字制作

在网页设计和课件制作中，需要用到花哨的字体和闪字效果进行重点突出，以吸引阅读者的注意。用上述动图的制作方法来制作闪字固然可以，但比较费时费力，这里提供一个可以在线制作闪字的网站，在网站上直接生成图片，并保存到电脑上以备使用。

步骤一：打开网址 http://shanzi.godiy8.com/，进入闪字制作页面。

步骤二：输入文字，最多不超过 15 个字。（见图 2–88）

图 2–88 输入文字

步骤三：选择喜欢的闪字样式，点击【生成闪字】按钮，预览图片。（见图 2–89）

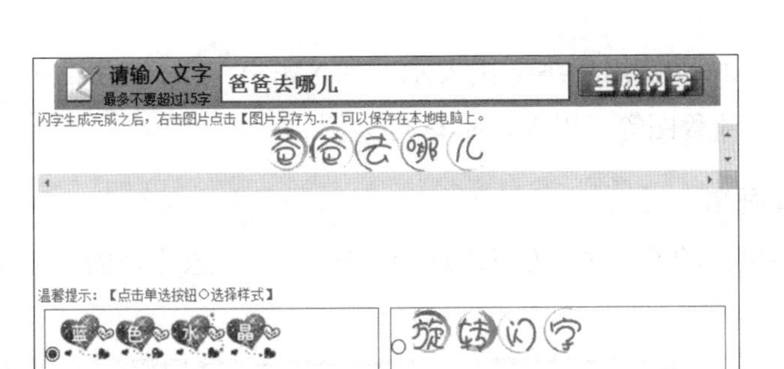

图 2-89 预览图片

步骤四: 右击图片，点击【将图片另存为】，选择图片保存的位置。(见图 2-90)

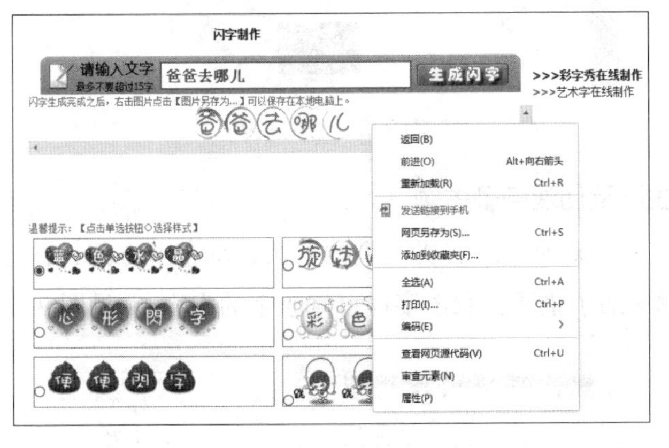

图 2-90 保存图片

十二、结构图制作

大学生、教师、公司职员等在写论文、报告等文件时，需要梳理思路。通过流程图可以很好地梳理自己的思路，而在讲述时通过流程图的展示，也能更好地表达讲述者的意图。流程图可通过软件和 PPT 的 SmartArt 插件来制作。

(一) 思维导图软件的制作

平时教师在上课时，为了讲清楚课程每单元的学习内容及其内在关系，可以考虑使用思维导图软件进行讲解，好处在于既可分级展示，又可显示各主题之间的关系。例如，AfterEffect 软件的学习，分为基础、进阶、高级三种知识难度，每个种类都有不同程度的软件知识需要掌握，为了让学员在刚开始就明确学习目标，可以使用思维导图展示，如 XMind、MindManager、在线思维导图软件及迅捷流程图等。以 XMind 软件为例。

1. 新建画布

单击菜单栏的“文件”按钮，选择“新建”，挑选适合的模板风格。（见图 2–91）

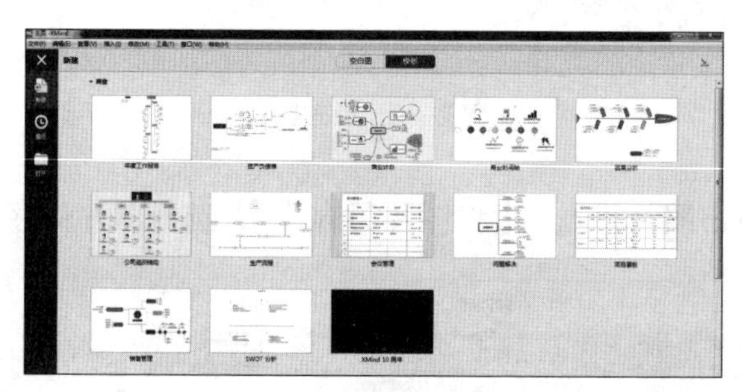

图 2-91　挑选模板

2. 输入主题及创建各子主题

在画布上可以添加自己需要的主题个数，画布上方的【子主题】按钮可以为选中的主题添加子主题，双击字样可修改字的内容。（见图 2–92）

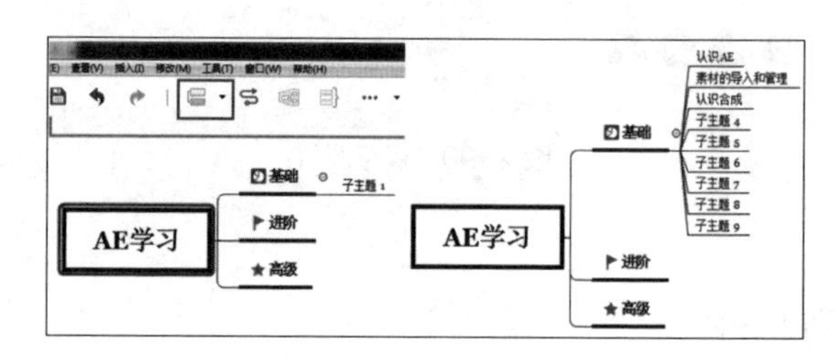

图 2-92　子主题按钮

画布上方的主题按钮可以为选中的主题添加同级主题。（见图 2–93）

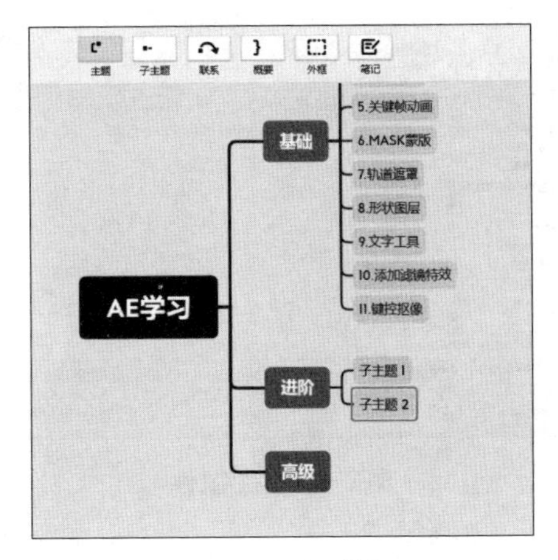

图 2-93　主题按钮

3. 折叠伸展各级主题

将鼠标放在父主题和子主题之间的折叠按钮上，可以将子主题折叠起来，分级展示知识要点。（见图 2–94）

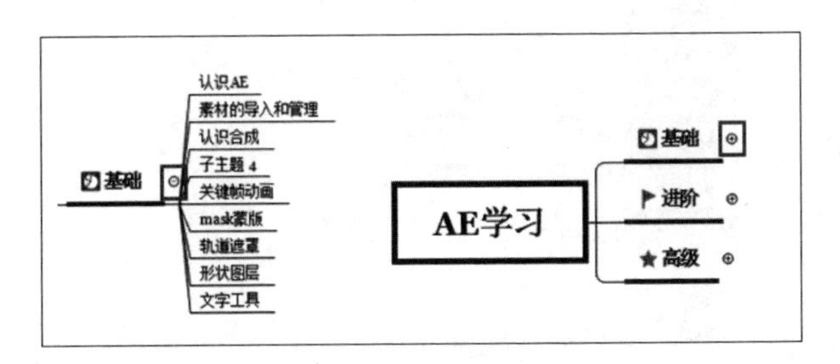

图 2-94　折叠按钮

4. 保存成品

点击【保存】按钮，可储存 XMind 文件，当使用 XMind 软件再次打开时，可以再次编辑结构图内容。（见图 2–95）

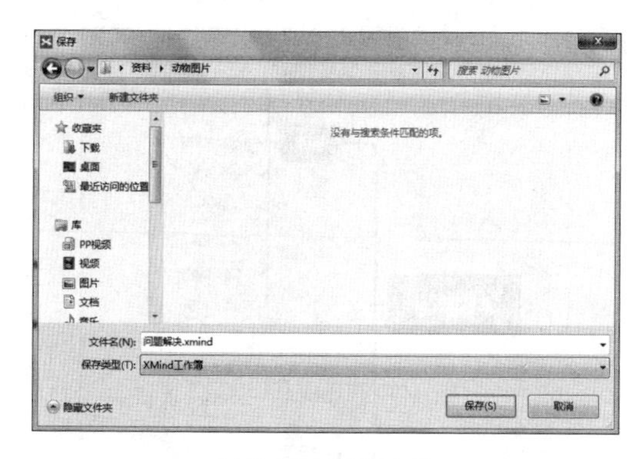

图 2-95 保存文件

5. 导出成其他格式

思维导图还可以导出成图片、Word、Excel 等文件格式，便于在其他文字图片处理软件中使用。（见图 2–96）

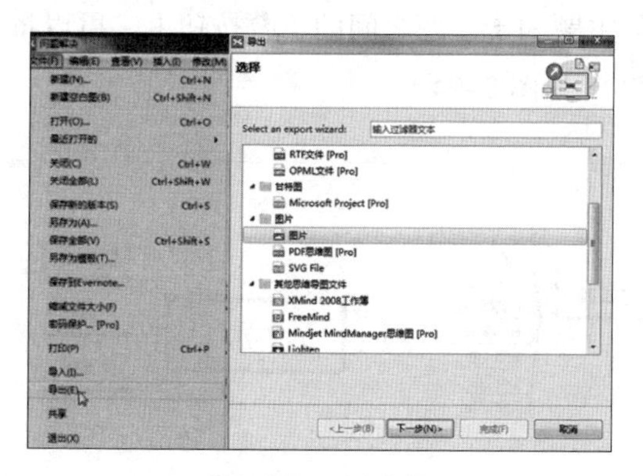

图 2-96 导出文件

（二）PPT 中的 SmartArt 插件

结构图还可以在 PPT 中制作，PPT 软件为用户提供了 SmartArt 这个插件，可以满足不同人群对结构图的需要，制作过程如下。

步骤一： 点击“插入”选项卡中的 SmartArt 按钮，选择符合需要的结构图类型。（见图 2–97）

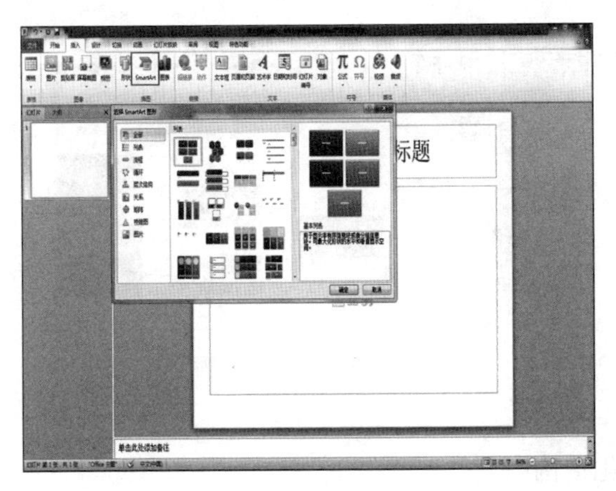

图 2-97　SmartArt 按钮

步骤二: 打开文本窗格，输入各级主题文字。

选中结构图，菜单栏会新出现“设计”和“格式”两个选项卡，打开“设计”选项卡的“文本窗口”，能够弹出键入文字的对话框，每级选项卡对应一个主题，在对话框中输入文字内容，结构图中也会相应更新输入的文字内容。（见图 2-98）

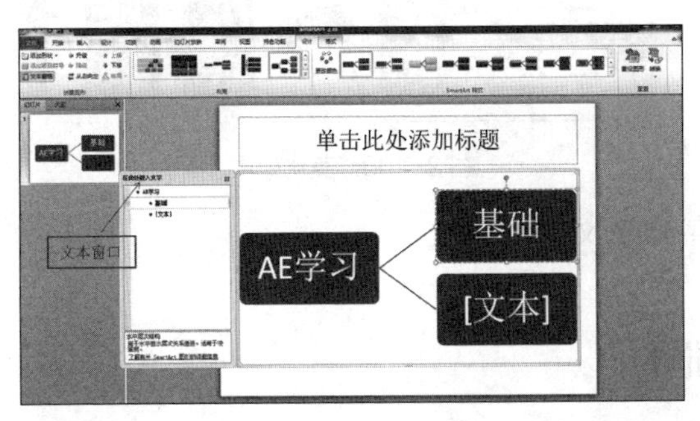

图 2-98　输入文字

步骤三: 给对象添加子主题。

在文本窗格中选中某个主题，再点击【添加形状】按钮，会在这个主题的下方新建一个子主题，“素材的导入和管理”属于“基础”的子内容，可先选中“基础”，点击【添加形状】，会在“基础”的子集中出现一个新的主题，可在文本窗格中修改具体文字内容。（见图 2-99）

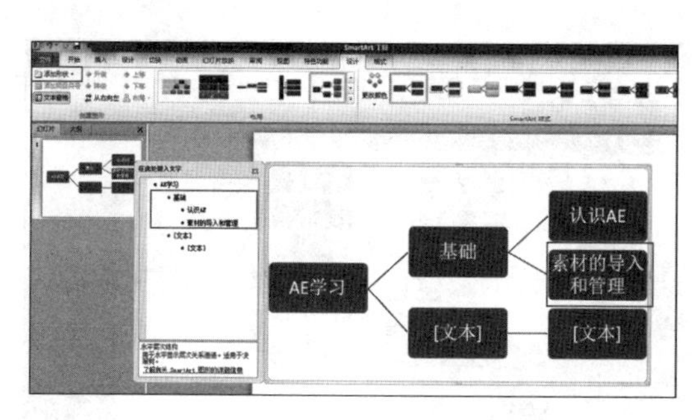

图 2-99　添加子主题

步骤四：美化结构图。

在设计选项卡中可以修改结构图的立体效果、背景颜色、字体效果等。点击【更改颜色】按钮可以修改结构图的背景色，在右边的预设框中可选择结构图呈现的立体效果。（见图 2-100）

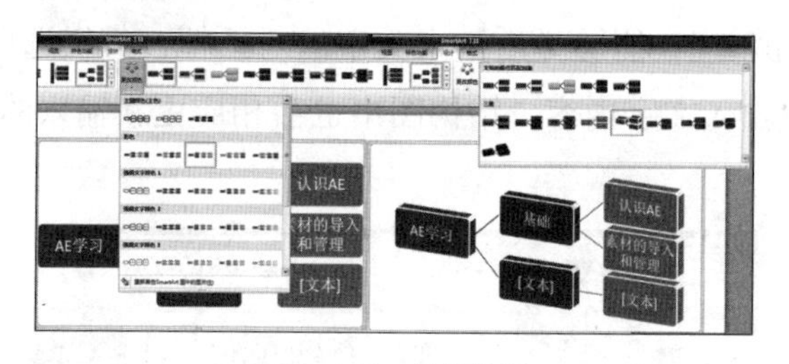

图 2-100　美化效果

步骤五：保存 PPT 文件。

十三、在线制图

一般我们做海报、做网页横幅广告（banner）都会使用 Photoshop 软件进行设计，Photoshop 软件需要学习一段时间才能上手设计出不错的海报作品，对于新手和急用海报的人来说，有一定的难度和滞后性，而在线的设计网站提供了各大设计师完成的模板，只需修改其中的文案就可以使用，但要注意版权问题，有一些海报需要购买版权才能进行商用。以下介绍两个常用的在线海报制作网站：图怪兽、图司机。

（一）图怪兽

图怪兽网是一个在线设计海报、公众号首页等图片的网站，上手简单，成品效果好，只需改动其中的文字即可制作出成品，且大部分的内容可用于商用，每日可免费下载打印版图片 1 张。

步骤一：打开网站首页，寻找自己需要制作的图片类型和样式，如新媒体、电商主图、平面印刷等。（见图 2–101）

图 2–101 网站首页

步骤二：在线编辑模板。找到想要使用的模板后，点击其右上方的【在线编辑】，打开设计页面。（见图 2–102 和图 2–103）

图 2–102 在线编辑

图 2–103 设计页面

步骤三：更改模板中的文字与图片。

将模板中不需要的文字与图片删除，页面左侧提供了文字、图片、表格、图表等素材，鼠标移动到素材界面上，会显示可否商用，确保不会有版权问题。（见图 2–104 和图 2–105）

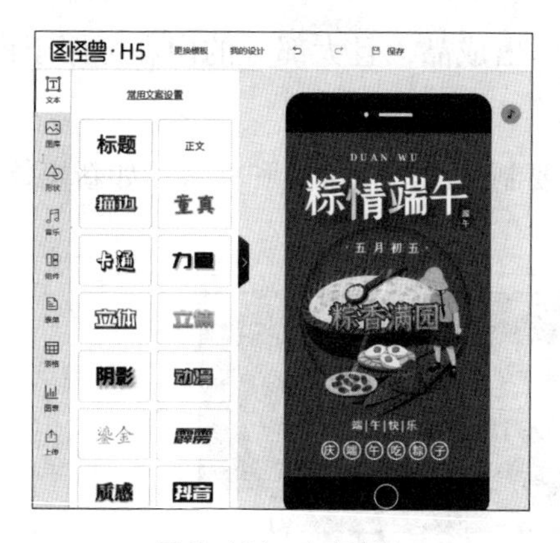

图 2-104　文字素材

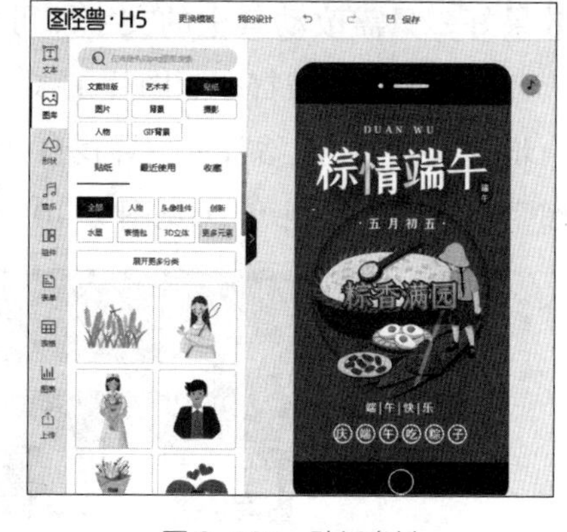

图 2-105　贴纸素材

步骤四: 修改添加的素材属性。在图中添加想要的文字和图片素材后，选择它们，页面右侧会出现修改属性的模块，在这个模块中可以进行裁剪、翻转图片、调整不透明度等操作，也可以对背景画布的大小进行调节，文字对象还可以修改字体和大小、颜色等，使最后的成像效果达到完美。（见图 2-106）

图 2-106　成像效果

步骤五: 下载图片。在登录后，每位用户每天可以免费下载 1 次图片，可选择清晰度和是否要打印，若打开打印的选项，将保存尺寸较大的图片，也可以选择下载到电脑还是手机。（见图 2-107）

图 2-107　下载图片

（二）图司机

图司机网站的在线制图界面跟图怪兽比较相似，只是分类更加简洁，同样提供模板，也可以自行设计。

1. 打开网站、选择模板（见图 2-108）

图 2-108　网站首页

2. 修改文字、修改背景色

模板中有已存在的文字，双击文字区域即可修改，页面右侧可修改文字的字体、字号、颜色、对齐方式等。（见图 2-109）

图 2-109　修改文字样式

点击修改画布属性，可以点击画布尺寸框，选择背景，对背景色进行修改，如果已有颜色不符合审美要求，也可以自己打开框选的图标，用拾色器修改颜色。拾色器修改颜色时，会提供该颜色的颜色值。（见图 2-110 和图 2-111）

图 2-110　拾色器

图 2-111　颜色值

修改背景颜色还可以使用背景中的预设颜色，更符合大众的审美。点击背景右侧的色环，能够打开预设颜色的下拉框，颜色按照明度和颜色区域排列，挑选适合的颜色背景。（见图 2-112）

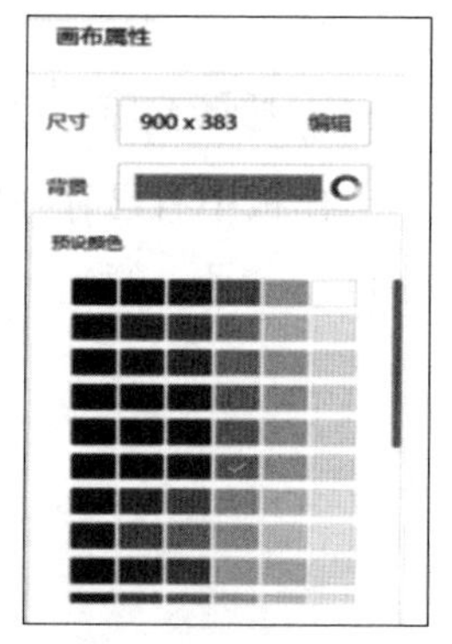

图 2-112　预设颜色

3. 添加文字、素材

在网页页面左侧，有添加素材的列表，可以从中选择需要的内容，编者选择了描边文字进行编辑，选择样式后双击输入文字，在页面右侧的文本模块可以修改字体和颜色。（见图 2-113 ～图 2-115）

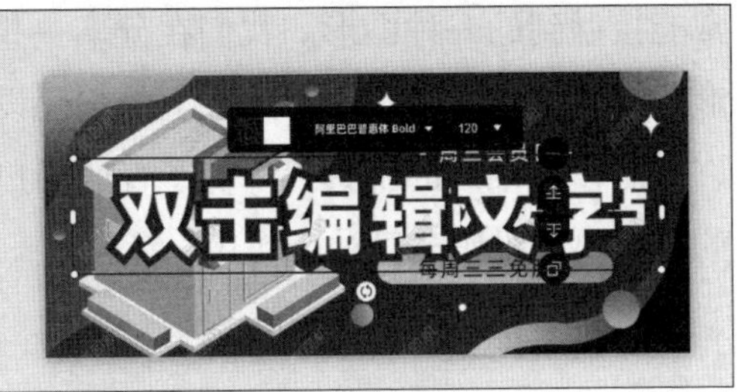

图 2-113 编辑文字

图 2-114 修改字体

图 2-115 添加素材

4. 无水印下载

点击网页右上方的【无水印下载】按钮，即可收获自己设计的图片。

十四、二维码在线制作

二维码又称二维条码，常见的二维码为快速反应代码（QR code，QR 全称 quick response），是一种近几年来移动设备上十分流行的编码方式，它比传统的条形码（bar code）能存储更多的信息，也能表示更多的数据类型。二维码在我们的生活中无处不在，新冠肺炎疫情防控期间每个人都要申请的健康码，还有平时进行移动支付时用的付款码，添加微信好友时用的二维码，都是我们常常能接触到的一种图形。我们在分享一些复杂信息的时候，可以采取二维码的形式编码信息，让观看者用手上的扫码设备扫描后观看，如今市面上也涌现出许多制作二维码的工具，降低了普通用户制作二维码的难度，其中具有代表性的是草料二维码，简洁、实用、免费。

1. 打开网站

草料二维码生成器可以对文本、网址、图片、音视频、名片、微信、表单等进行编码，可以实现随时查询下载内容，方便快捷。（见图 2–116）

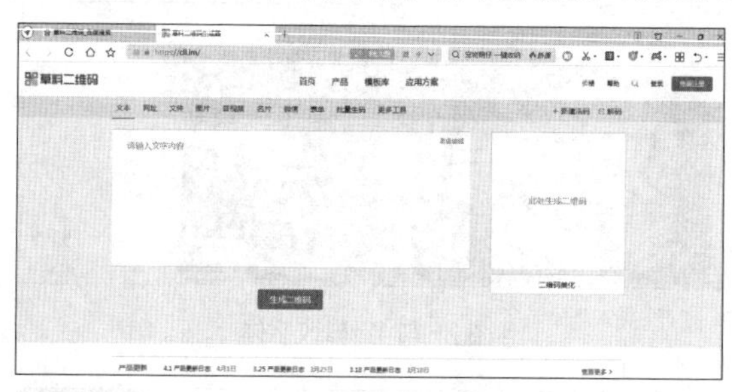

图 2–116　网站首页

2. 选择需要编码的内容类别

假如编者需要分享一张图片，可以选择图片类型，点击【上传图片】，在弹出的窗口内选择需要编码的图片，也可以在此基础上添加图片、音视频、表单等内容。（见图 2–117 和图 2–118）

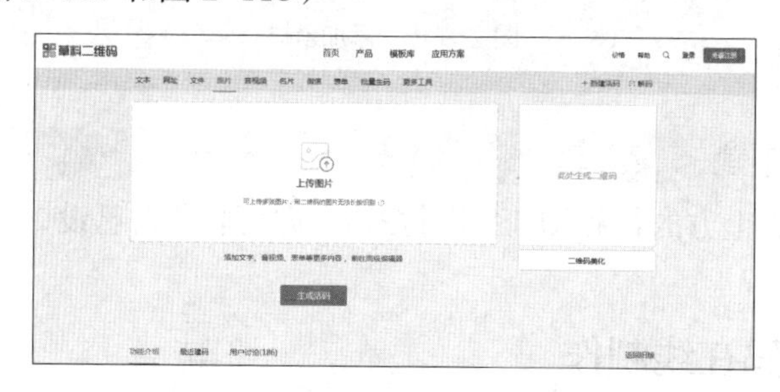

图 2–117　上传图片

图 2-118　添加内容

3. 生成二维码

点击【生成活码】，在网页右侧会生成相应的二维码。（见图 2-119 和图 2-120）

图 2-119　生成器界面

图 2-120　生成二维码

4. 美化二维码

在生成的二维码上可以添加自己的 logo（标志），也可以更改二维码的样式，点击【二维码美化】，在弹出的窗口中选择更改二维码的颜色、文字、外框、码点等。（见图 2–121 ～图 2–124）

图 2–121　美化模板

图 2–122　添加文字

图 2–123　修改外框

图 2-124　修改码点

点击【其他设置】，可以设置二维码的排版打印方式，便于在广告页上印刷二维码。（见图 2-125）

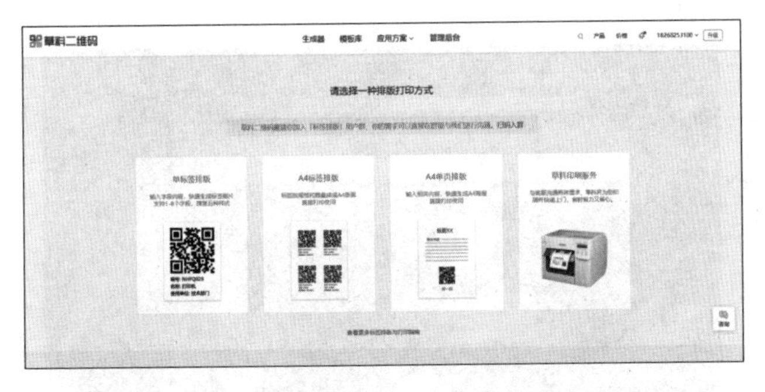

图 2-125　打印方式

5. 保存图片

点击【保存图片】按钮，能够保存 PNG 格式的二维码图片，点击【下载其他格式】，可自行选择下载的二维码格式，便于下一步的应用。（见图 2-126）

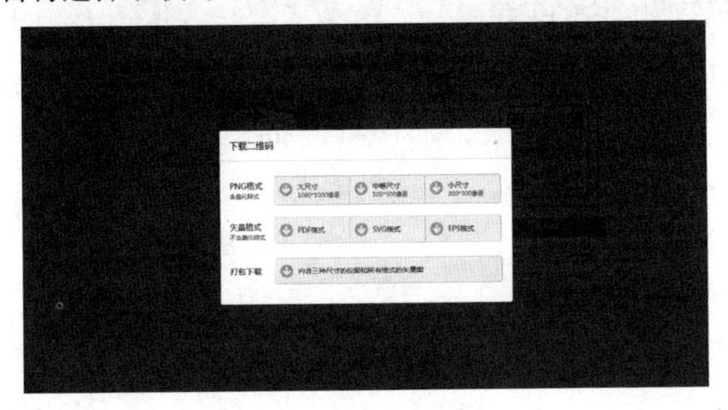

图 2-126　下载格式

十五、图片色值提取

每个颜色都有自己的色值，不同的显示器对颜色的精准度表现不太一样，有的屏幕不能很好地还原本来的颜色，新手在做设计时，也常常掌握不好高级的配色。这些问题配色网站都能解决，color hunter 网站（网址：http://www.colorhunter.com/）给出了很多配色方案，这是一个高级的以色系搜索图片的搜索引擎，它有两个功能：一个是可以分析出图片的主体色调，另一个是通过上传图片的主体颜色搜索出同一色系的图片。比如我们想在一张图片上面加文字，那么这个文字要用什么颜色好呢？这个网站，就能给出满意的答案。

1. 打开网站首页

进入网站首页，首先看到的是网站给出的预设配色方案，每个颜色显示色值。（见图 2–127）

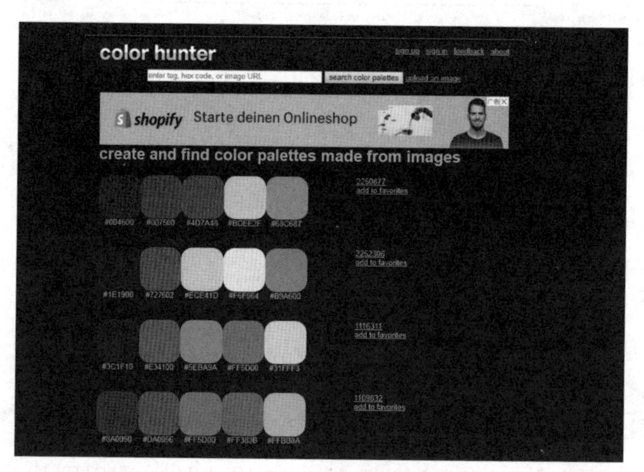

图 2–127　颜色色值

2. 分析已有图片中的配色

点击【upload an image】按钮，调用出上传图片的选框。点击选框边的【浏览】按钮，选择要分析的图片。（见图 2–128 和图 2–129）

图 2-128 选择图片

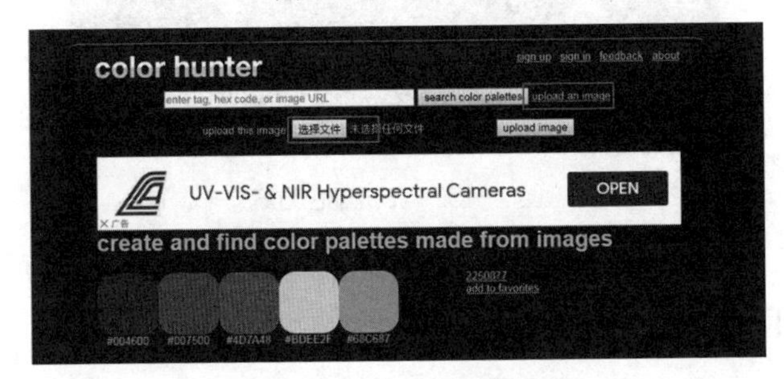

图 2-129 分析配色

点击【upload image】按钮，上传图片进行颜色分析。（见图 2-130 和图 2-131）

图 2-130 上传图片

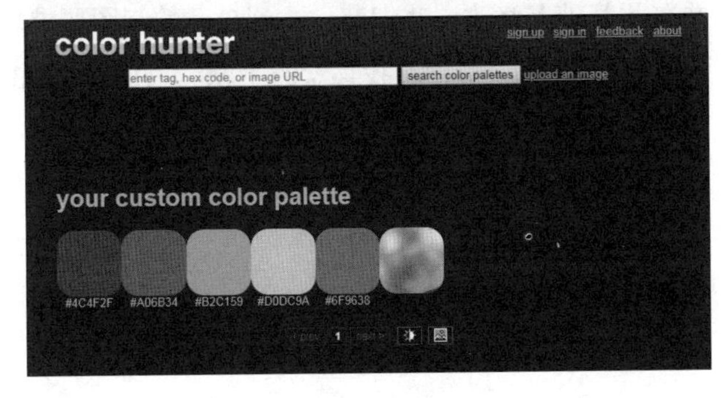

图 2-131 分析结果

3. 根据图中颜色，选择常用的配色方案

分析出图片中的颜色后，可以复制这些颜色的色值，应用在自己的配色中。另外，选择某个颜色，会打开跟这个颜色常用在一起的配色方案，以供拓展选择。（见图 2-132）

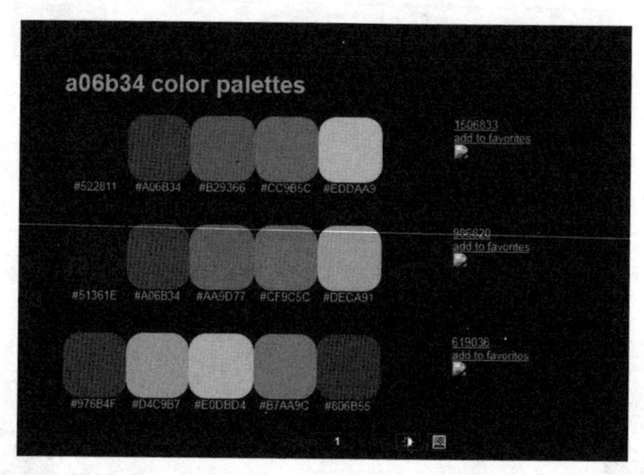

图 2-132 形成配色方案

十六、PPT 配色

经常要做 PPT 的人，最头疼的可能不是内容本身，而是 PPT 的排版，配色又是排版中比较重要的内容，好的配色可以第一时间引起观看者的注意，在此，可以选择 PPT 中提供的预设模板，也可以自己设计，自己设计配色方案时，就可以用到上述的图片色值提取方法。

（一）PPT 设计主题

PPT 提供的很多主题，是已经搭配了颜色和文字字体的一些既定样式，可以直接使用，并在此基础上修改一些细节，达到自己的制图要求。

步骤一： 打开“设计”选项卡，寻找喜欢的主题。（见图 2-133 和图 2-134）

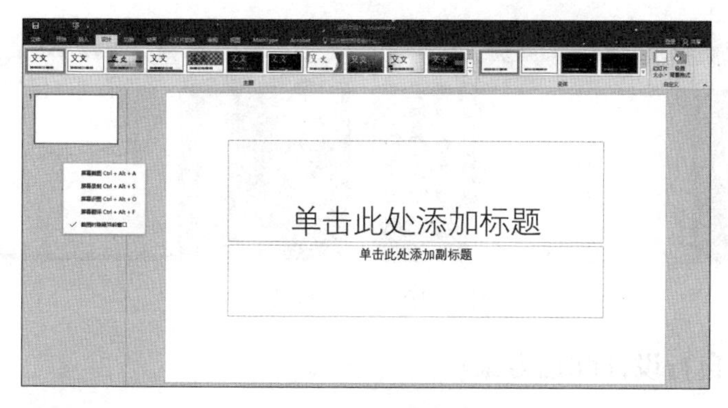

图 2-133　选择主题

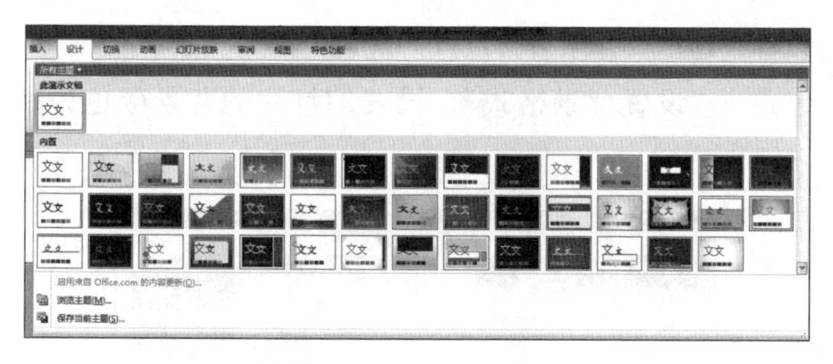

图 2-134　主题样式

步骤二：修改主题中的细节，包括配色、字体、效果、背景样式。

修改完成后，不仅首页的细节会改变，之后新建的幻灯片的版式、配色等都会根据设定改变，这样做出的 PPT 可以保证不在设计方案上出问题。（见图 2-135 ～图 2-137）

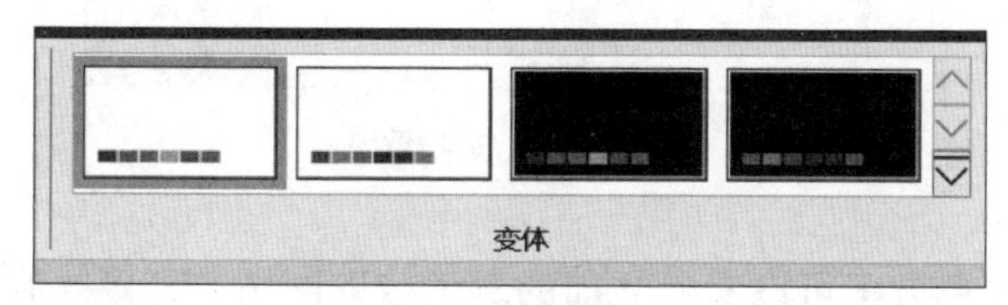

图 2-135　主题细节

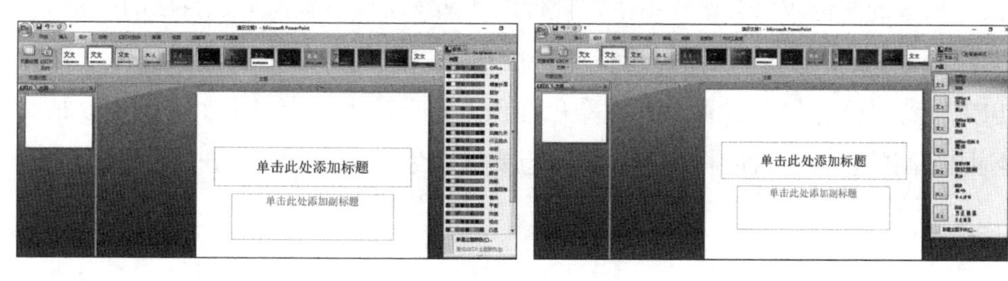

图 2-136　配色和字体

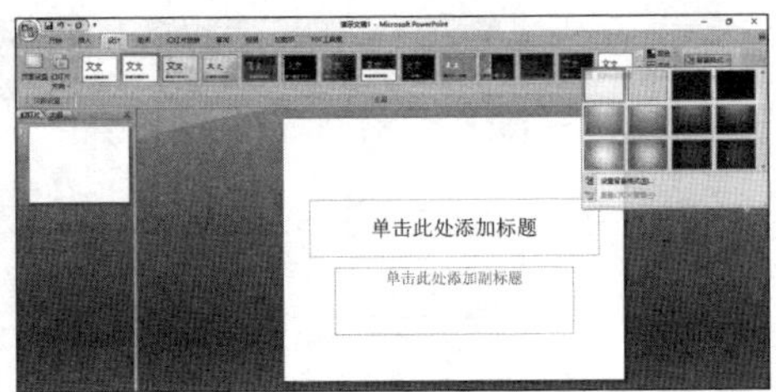

图 2-137　效果和背景样式

（二）自行设计配色方案

软件自带的预设方案毕竟有限，有些内容不适合用已有的预设来做，这时就需要自行设计，这里仅介绍自行设计的配色方法，其余功能待用户自行探索。

步骤一：点击“设置背景格式”，设置幻灯片的背景颜色为纯色。（见图 2-138）

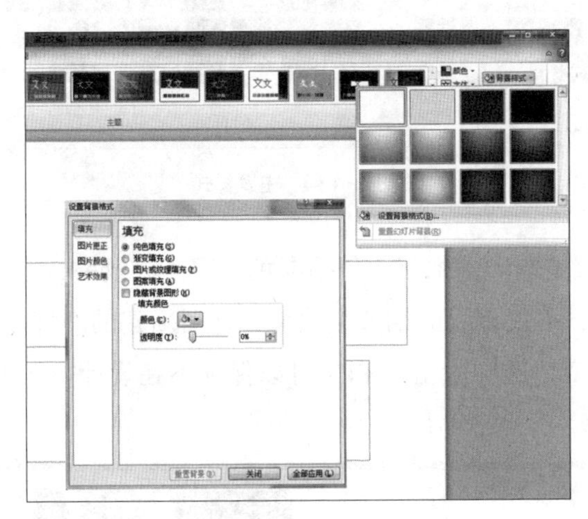

图 2-138　纯色效果

步骤二：配色方案可以参考之前的颜色拾取网站，直接复制一套配色的色值，出来的配色效果会比较不错，自行设计熟练了以后就能形成自己的风格了。

打开 color hunter 网站，选择一种配色方案，复制某个颜色的色值，打开 PPT 中背景颜色纯色设置的其他颜色选项，在选项中的十六进制选框中，粘贴刚刚复制的色值，就能将背景设置为想要的颜色了。（见图 2-139 ～图 2-141）

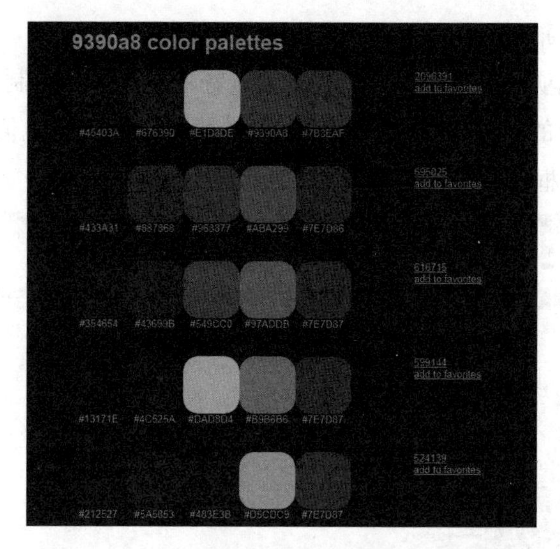

图 2-139　选择配色方案

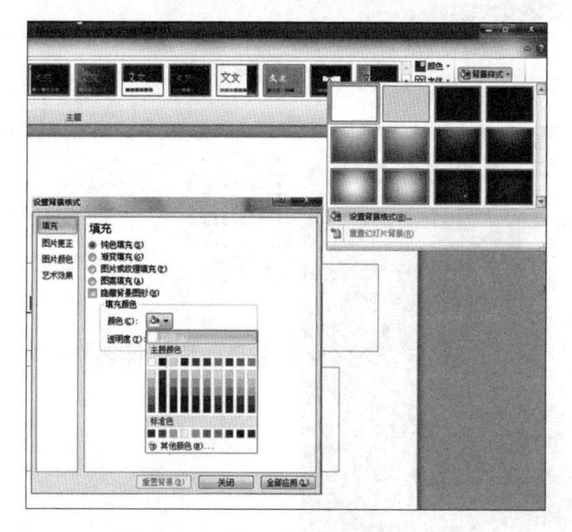

图 2-140　打开背景颜色纯色设置

图 2-141　粘贴复制的色值

步骤三：用插入图形的方法，简单设计一个幻灯片首页。

选择插入选项卡中的插入形状按钮，选择矩形工具，绘制一个矩形，双击矩形，修改矩形的轮廓和填充色，填充色的颜色可以参考色值提取网站配色，在十六进制的选框中粘贴色值。（见图 2-142 ～图 2-145）

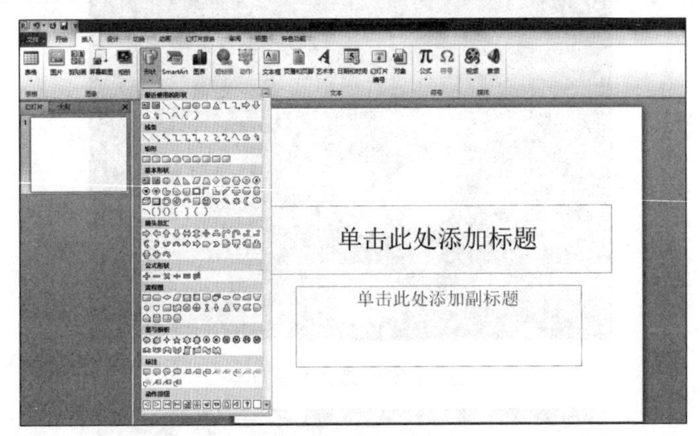

图 2-142　绘制矩形

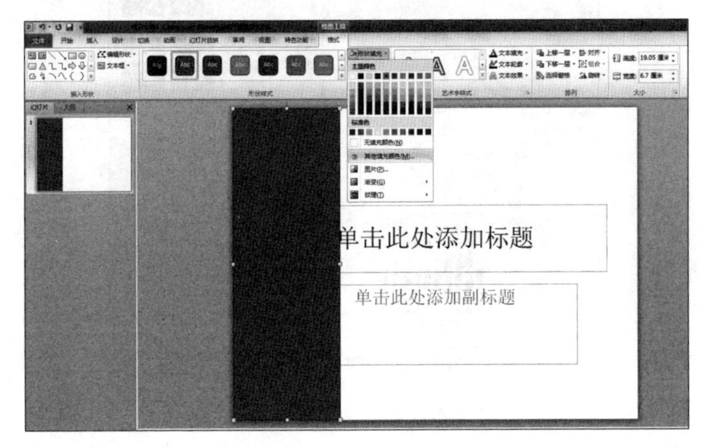

图 2-143　设置形状格式

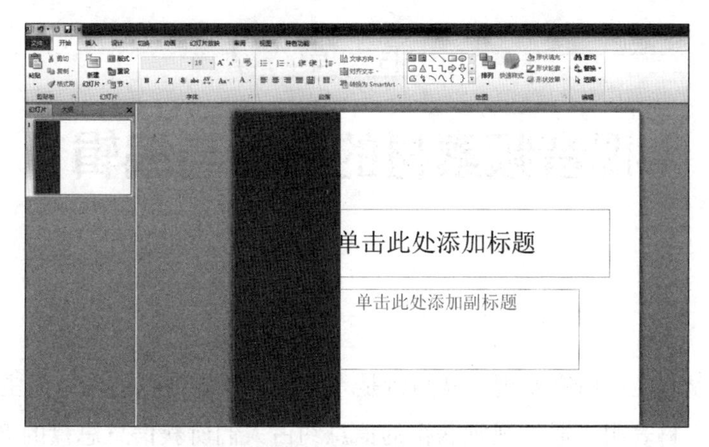

图 2-144 设置背景格式

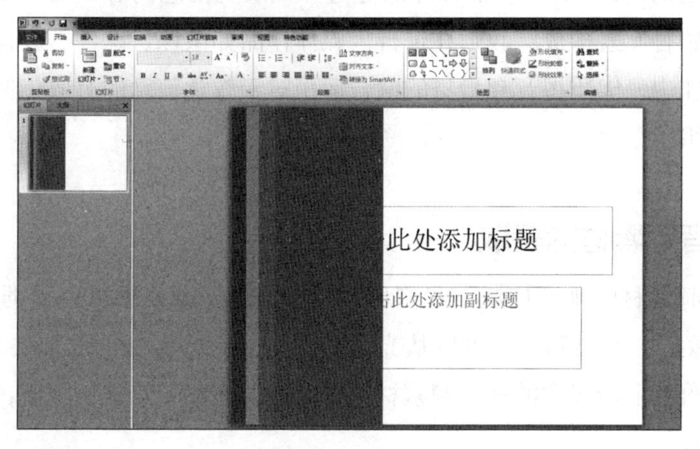

图 2-145 配色效果

步骤四：多次新建矩形，完成自行配色。

通过这一章，我们讲了很多图片的获取与编辑的小技巧。这些小技巧虽然看起来简单，但都是非常实用的。由于条件限制，我们很多技巧的讲解都是点到为止的。这里点到为止，并不是意味着在操作中马马虎虎。要想设计出满意的图片，技巧是必需品，但更多的还是耐心加多练。世上无难事，只怕有心人。

第三章

视音频素材的获取与编辑

科学家们经过研究发现，视与听是人类接收外界信息的两条最主要的生理渠道。有资料表明，通过视觉获得的信息约占人们所获信息总量的 83%，而来自听觉渠道的约占 11%。多媒体作品通过界面展现信息内容，而界面主要由视觉和听觉感官元素构成。教师在进行多媒体作品如微课、课件、教育游戏等的设计与制作中，优质视音频素材的融合运用对于教学信息的有效传递起着至关重要的作用。

一、视音频素材的获取

视音频素材的来源广泛，我们可以从网络上下载，也可以借助手机、DV（数码摄像机）等摄制，还可以从光盘获取。但有些素材的获取要讲究技巧，以最小代价获取最优质的视音频素材，有时甚至还要花点钱去购买，尊重他人的知识产权。

（一）客户端软件下载视音频素材

视频客户端软件可以提升视频的播放速度和视频画面的清晰度，还可以下载多种清晰比的视频。如爱奇艺、优酷、腾讯、CCTV（中国中央电视台）、芒果等都有自己相应的 PC（个人电脑）、平板及手机端的客户端软件。

我们以大型政论专题片《将改革进行到底》第一集《时代之问》视频素材的下载为例，介绍通过客户端软件下载所需视频素材的步骤。

步骤一：确定搜索内容，我们可以在搜索栏中输入相应的内容。（见图 3-1）

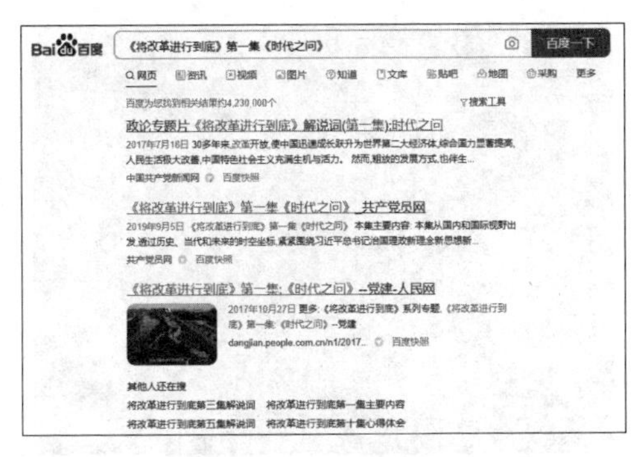

图 3-1　在网页搜索素材

经搜索可得到很多信息，要选取视频素材，但有些是网页直接播放的，并无下载功能，这时候就要选择合适的视频来源。视频的下载源很多，如爱奇艺、央视及芒果等都可以。这里以芒果 TV 客户端软件为例。

步骤二：下载并安装芒果 TV 客户端软件。

步骤三：安装完成后在客户端软件中重新搜索《将改革进行到底》第一集《时代之问》并播放，播放的时候一定要注意选择视频清晰度，一般情况下会有三种，如标清、高清和超清，有时候还会出现分辨率的情况，如 480p、720p、1080p 等。（见图 3-2）

图 3-2　播放效果

随后在右上角点击【下载】按钮，确定下载可以看到下载的速度和位置。（见图 3-3 和图 3-4）

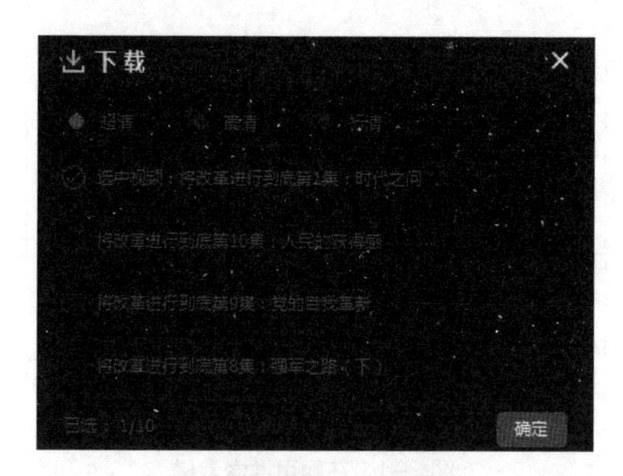

图 3-3　选择下载清晰度

图 3-4　查看下载速度

下载完成后可打开右侧的文件夹图标查看下载后的视频文件。（见图 3-5）

图 3-5　查看下载视频

值得注意的是：第一，下载后的视频往往会存放在软件安装的原始文件夹中，需要通过下载清单查找打开文件夹才可以看到。第二，从有些客户端下载的视频并不是完整的视频，而是多个连续的视频片段，需要后期拼接，如 CBOX 央视影音。第三，可以避免网页版观看的插播广告。第四，有些客户端下载的视频文件格式特殊，如爱奇艺下载的 QSV 格式文件，一般情况下，只有用爱奇艺视频播放器才能播放。这种情况可以借助格式转换工具完成，但耗时耗力。

同理，音频素材也可以借助酷狗、百度音乐、QQ 音乐及网易云音乐等客户端下载。

（二）播放器截取视音频素材

有些时候我们需要从已有的视音频素材中获取部分片段，可利用视频播放器的截取功能实现。大多数视频播放器都具有截取功能，个别播放器还可以完成截取视音频片段的合并，如 QQ 影音播放器。

1. 视音频片段的截取

步骤一: 用播放器打开文件，确定需要截取的片段。（见图 3–6）

图 3–6　播放效果

步骤二: 单击右键,【 转码 / 截取 / 合并 】—【 视频音频截取 】。（见图 3–7）

图 3–7　视频音频截取

步骤三: 在播放器底部会出现截取片段设置区域，可通过调整左右滑块来选取截取片段，还可通过左右三角按钮微调滑块，进行单帧微调。（见图 3–8）

图 3-8　选取截取片段

步骤四： 选取片段后点击【预览】按钮观看，而后点击【保存】，弹出视频 / 音频保存窗口。（见图 3-9 和图 3-10）

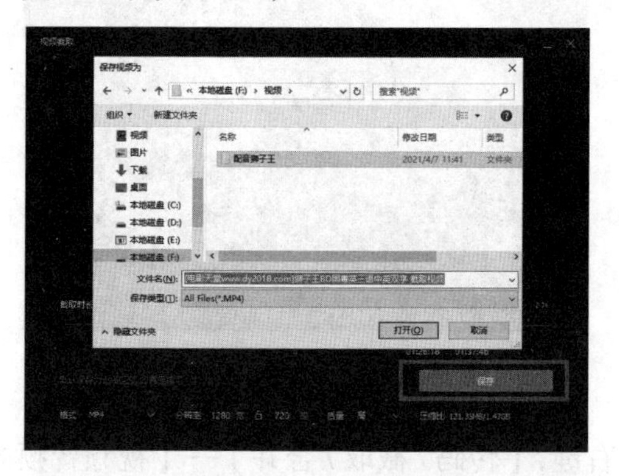

图 3-9　保存按钮

图 3-10　视频 / 音频保存窗口

步骤五： 如果想无损保存视频，按默认选项即可，输入文件名，点击【浏览】按钮选择保存位置确定即可。（提示：更改文件名称的时候一定不要将“.”后面的文档后缀名删除，要不然保存的文件图标会出现异常，正常打开也会受影响，只需要更改“.”前面的文字即可）（见图 3–11）

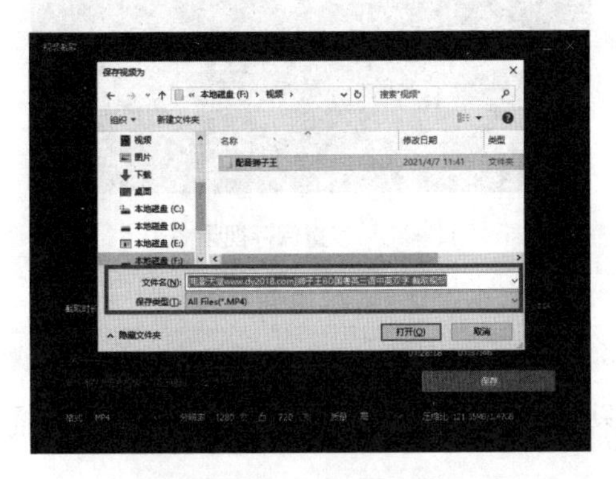

图 3-11　文件保存信息

步骤六： 如果只想保存视频里的音乐，选择“仅音频”中的一种音频格式，确定即可。（见图 3–12）

图 3-12　仅保存音频

步骤七： 如果要对视频进行压缩和转换格式处理，则可选择保存视频，按照需要设置视频宽度和质量，以及选择视频格式，如 WMV、MP4、3GP、AVI、FLV 等等，点击【确定】即可。（见图 3–13）

图 3-13 设置保存视频格式

2. 视音频片段的合并

大多数播放器只有截取而没有合并功能，但 QQ 影音播放器是个例外，具体操作是：

步骤一：用播放器截取视频的方式截取 2 个以上片段，可以是同一视频源，也可以是从不同视频中截取的。

步骤二：截取完成后可重新命名，并用 QQ 影音播放器打开其中一个视频。（提示：如果电脑上有多个视频播放器，则需要选中所需视频，单击右键，在打开方式中选择 QQ 影音播放器）（见图 3-14）

图 3-14 选择 QQ 影音播放器

步骤三：打开视频后右击鼠标，点击【转码 / 截取 / 合并】—【视频合并】，弹出“视频合并”窗口，可看到已打开视频的文件名、大小、时长及分辨率信息。（见图 3-15 和图 3-16）

图 3-15 “视频合并”窗口

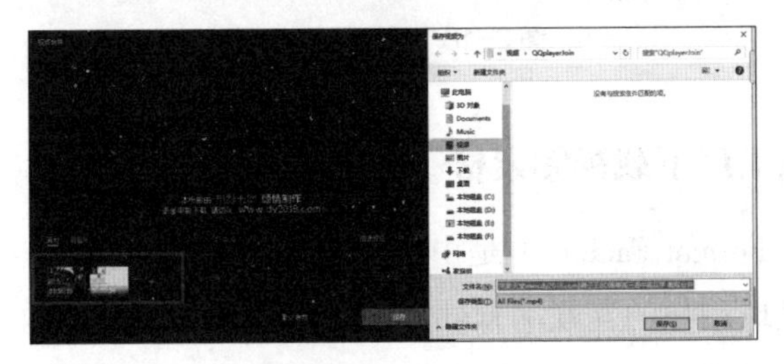

图 3-16 文件信息

步骤四：点击视频合并窗口的【添加文件】按钮，添加需要合并的视频片段。（见图 3-17）

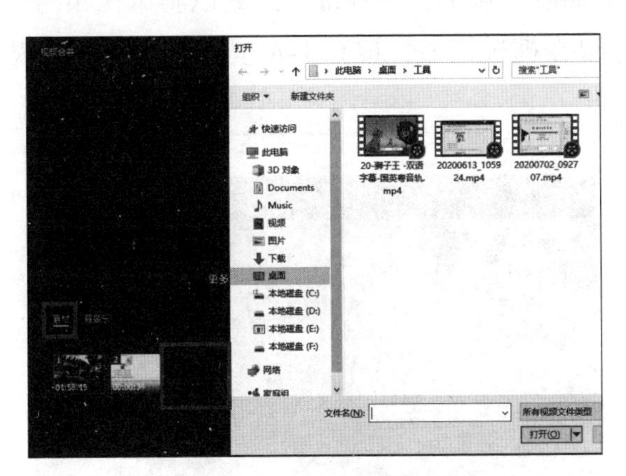

图 3-17 添加文件

步骤五：视频添加后，可替换背景音乐，消除原视频声音，设置输出文件名称和存储路径，点击【开始】即可。（提示：合并的视频分辨率差别不要太大，否则会影响最终合并的视频质量）（见图 3-18）

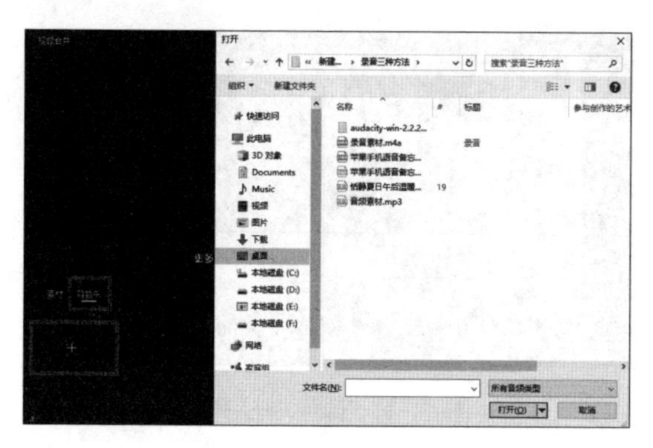

图 3-18　替换背景音乐

（三）格式工厂下载视频素材

格式工厂（Format Factory）是由上海格诗网络科技有限公司于 2008 年 2 月创立的面向全球用户的互联网软件。它提供了视音频文件的剪辑、合并、分割，视频文件的混流、裁剪和去水印功能。软件里还包含了视频播放、屏幕录像和视频网站下载的功能。下面给大家介绍一下运用格式工厂下载视频网站素材的具体操作。

步骤一：复制需要下载的视频地址。此处以腾讯视频的《低头人生》短片为例。将鼠标停留在框选区域，按 Ctrl+A 全选，然后复制视频地址。（见图 3-19）

图 3-19　复制视频地址

步骤二：打开格式工厂软件，点击【视频】，选择【视频下载】。（见图 3-20）

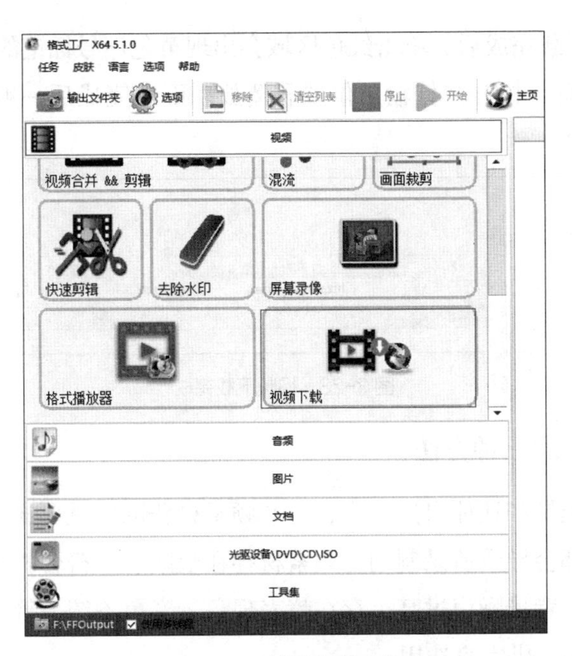

图 3-20 选择【视频下载】

步骤三：在弹出的窗口点击【Paste】，将复制的视频地址粘贴到“视频URL”区域，然后点击【确定】。（见图 3-21）

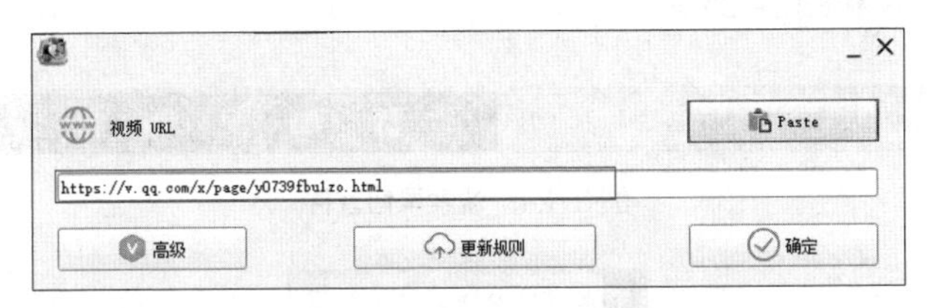

图 3-21 粘贴视频地址

步骤四：点击红色区域【开始】按钮，右侧栏视频会自动下载。（见图 3-22）

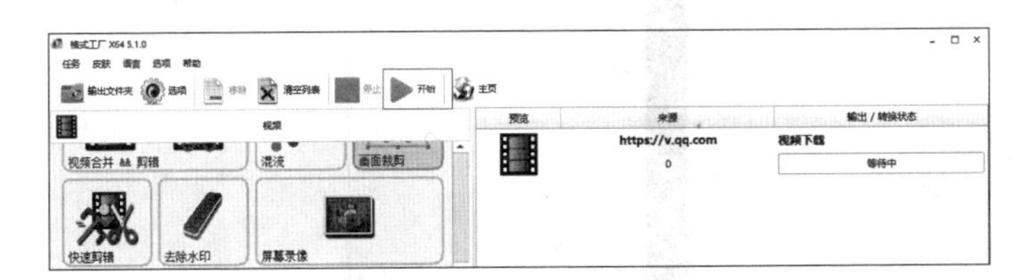

图 3-22 视频开始下载

步骤五: 下载完成后，单击红色区域会出现黄色序号标记的 3 个功能按钮，依次是文件信息、打开文件输出位置和播放。下载完成后一般默认为 MP4 格式。（见图 3–23）

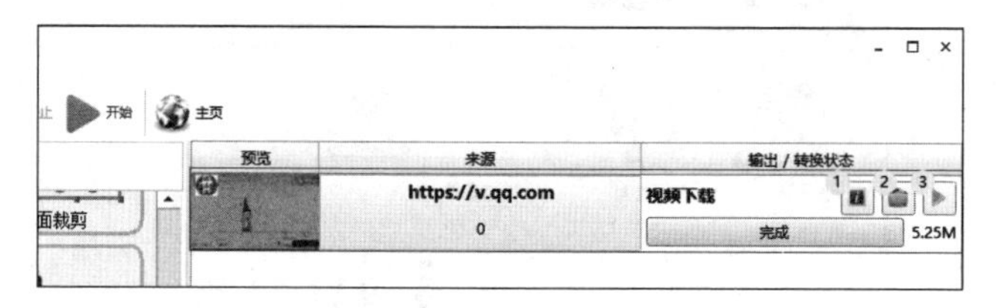

图 3–23　视频下载完成

（四）录音的三种方法

录音能够记录和还原自然声音，是音频素材获取的重要途径。在录音过程中，各种原因都会导致所录制的音频素材存在缺陷、不符合相关规范要求，如音量忽高忽低，背景噪声过高，存在喷麦现象，音色不统一等。下面给大家介绍三种录音方法，供大家选用。

1. 通过电脑系统内录音机功能录制

步骤一: 打开电脑“录音机”软件。在文本框内可以输入关键词搜索所需软件。（见图 3–24 和图 3–25）

图 3–24　搜索录音软件

图 3–25　打开“录音机”软件

步骤二：双击打开录音机软件。左侧为录音文件列表，右侧为可播放录制文件，并进行共享、裁剪、删除、重命名操作，还可以进行麦克风设置和打开文件位置查看已录音文件。（见图 3–26）

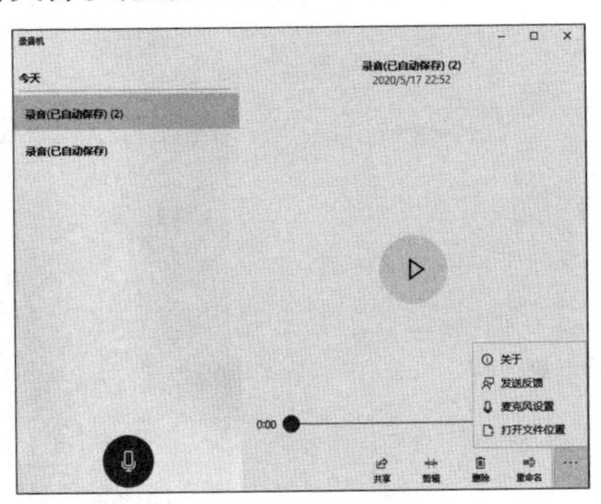

图 3-26　软件界面

2. 手机录音【语音备忘录】功能（以苹果手机 12 为例）

步骤一：在手机桌面上找到文件夹中的“语音备忘录”小程序。（见图 3–27）

步骤二：首次打开程序，显示介绍程序的欢迎界面。（见图 3–28）

图 3-27　手机“语音备忘录”小程序

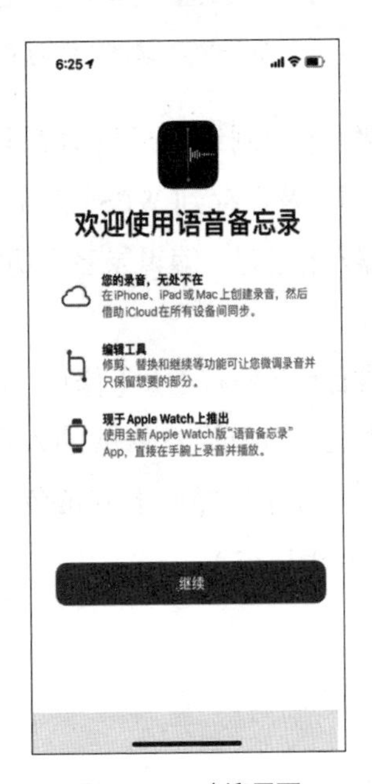

图 3-28　欢迎界面

步骤三: 点击【继续】，打开软件。搜索栏可查找已录制的音频文件。搜索栏下方为录制文件列表，可播放和删除。(见图 3–29)

步骤四: 点击【录音】按钮，调整好状态，录制语音文件。再次点击，停止录制。(见图 3–30)

图 3–29 录制文件列表

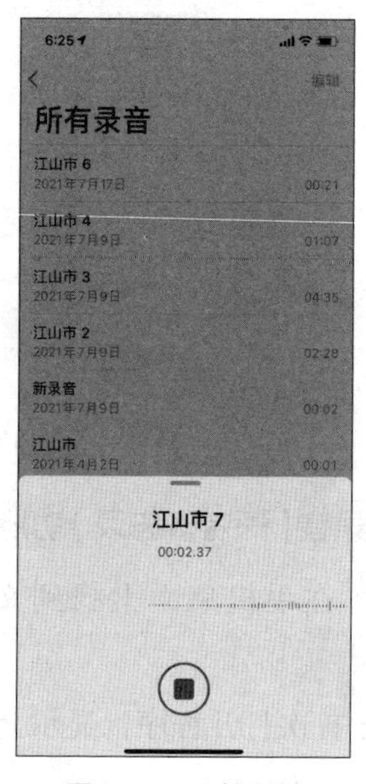

图 3–30 开始录制

步骤五: 录制结束后可对音频文件进行拷贝、分享，编辑录音、复制，存储到“文件”及保存到 WPS Office 操作。(见图 3–31)

步骤六: 通过“编辑录音”功能，可以实现对录音文件的裁剪和替换。(见图 3–32)

步骤七: 点击右上角【修剪】按钮，进入修剪页面。音频文件的首尾各有一条黄色线段，可以设置修剪的入点和出点。可以用手指按住界面中的黄色线左右拖动，也可通过界面下方黄色区域对象箭头快速定位，而蓝色线为当前播放位置。(见图 3–33)

图 3-31　操作录音文件

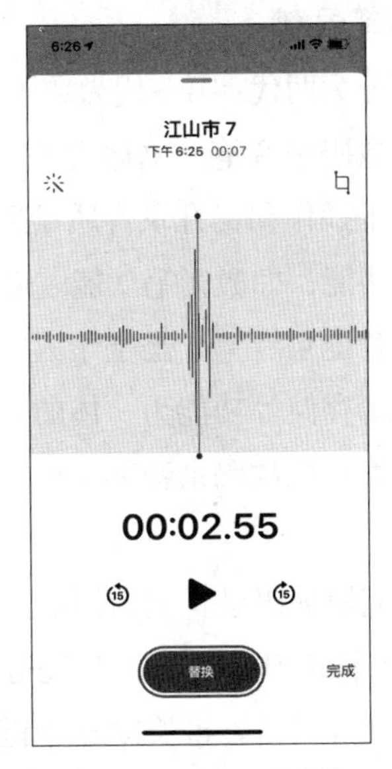

图 3-32　编辑录音文件

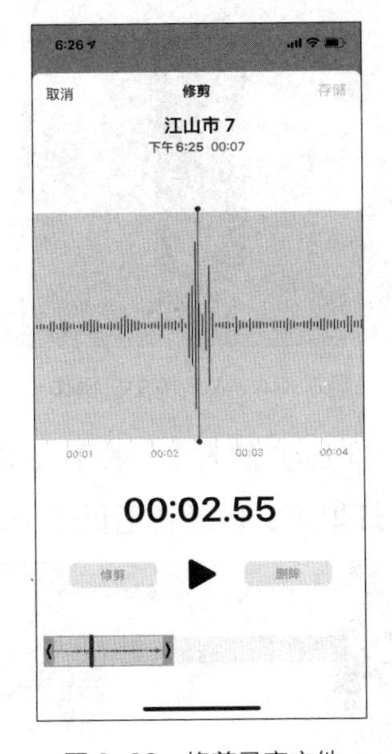

图 3-33　修剪录音文件

步骤八：如果对已录制的音频文件不满意，还可以点击【替换】按钮，重新录制。

此外，录音 APP 和 PC 端软件还有很多，有免费和付费，按需选择。

3. 录音笔录制

录音笔分为两代：第一代为数码录音笔，第二代为智能录音笔。

第一代数码录音笔，也称为数码录音棒或数码录音机，是数字录音器的一种，为了便于操作和提升录音质量造型并非以单纯的笔型为主，携带方便，同时拥有多种功能，如激光笔功能、FM 调频、MP3 播放等。

第二代智能录音笔，是基于人工智能技术，集高清录音、录音转文字、同声传译、云端存储等功能为一体的智能硬件，是人工智能落地应用场景的代表性产品。与第一代数码录音笔相比，新一代智能录音笔的特点是可以将录音实时转为文字。

此处我们以数码录音笔为例给大家做一个简单的介绍。

步骤一： 长按 D 中键至红灯亮起，然后放开，录音笔开机，此时进入录音准备状态，红灯恒亮。再长按 D 中键，红灯熄灭，即关机。（见图 3–34）

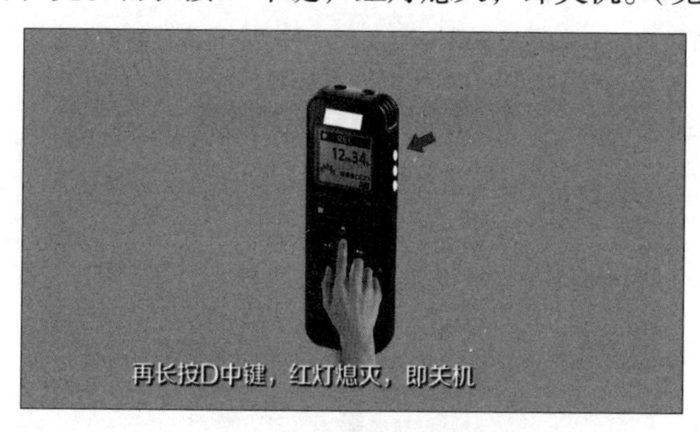

图 3-34　录音笔关机操作

步骤二： 开机后在录音准备状态下，长按 D 下键，直至红灯闪烁，放开。录音笔开始录音，3 秒后红灯熄灭，但录音笔仍处于录音状态。（见图 3–35）

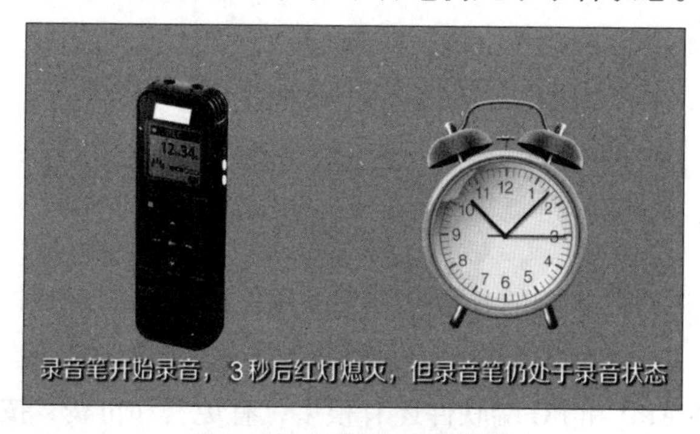

图 3-35　录音笔的录音状态

步骤三： 再短按 D 中键，停止录音，录音内容已自动保存为 WAV 文件。此时红灯亮起并保持恒亮，录音笔回到录音准备状态。（见图 3-36）

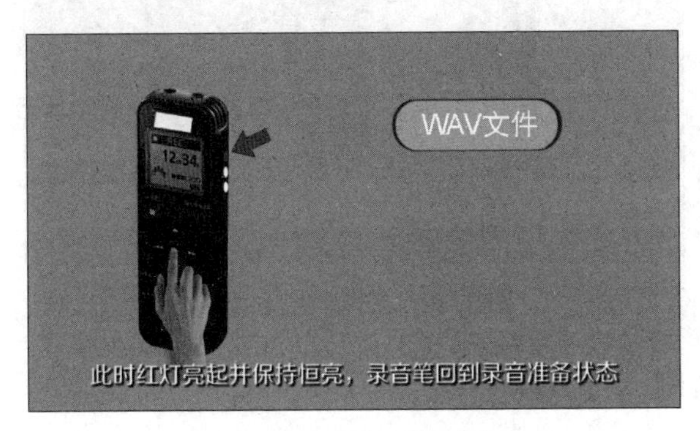

图 3-36 录音笔回到录音状态

步骤四： 在录音准备状态，短按 D 下键，即开始循环播放录音文件。此时红灯恒亮，黄灯闪烁。短按 D 中键，停止播放录音。（见图 3-37）

图 3-37 停止播放录音

步骤五： 删除文件只能在连接电脑后，在电脑中删除音乐文件和录音文件。（见图 3-38）

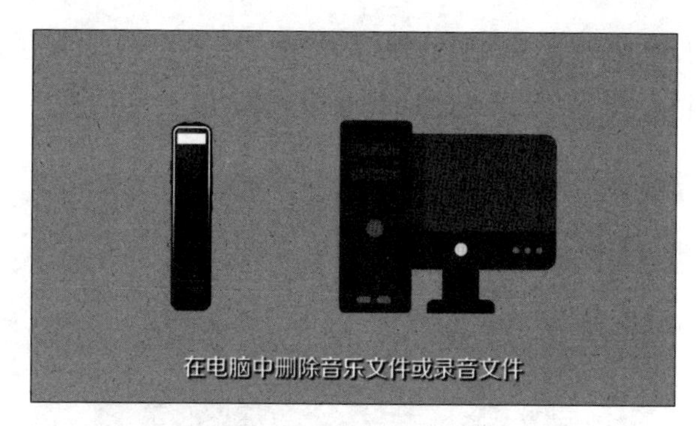

图 3-38 在电脑中删除文件

（五）配音的三种方法

在大多数多媒体作品的制作过程中，配音是必不可少的。为了省事，很多人会选择自己进行配音，但是总是出现声音不够美妙、朗读不够有感情、带有口音或是背景有杂音、配音不够清晰等问题，让人非常头疼。在此，给大家分享三种文字转语音的方法。

1. 讯飞快读

讯飞快读是一款语音朗读软件，有小程序端和网页端两种选择，两个端口同步文件，无须下载就能够直接使用。配备了 20 多名专业的配音演员，用户可以自行选择朗读员、背景音及语速音量，一键即可合成朗读。在录音及转文字方面都可以做到清晰自然，声音效果好，朗读有感情。

步骤一：打开讯飞快读（网址 https://www.ffkuaidu.com），在框选区域输入或粘贴文字。普通用户最多支持输入 1500 个汉字。（见图 3-39）

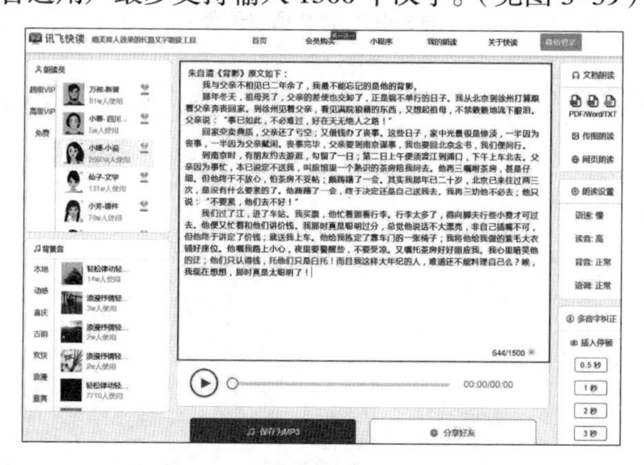

图 3-39 在选框内输入需要朗读的文字

步骤二： 根据内容在左侧选择合适的朗读员试听音效，若满意，则点击下方播放按钮进行语音合成。（见图 3-40）

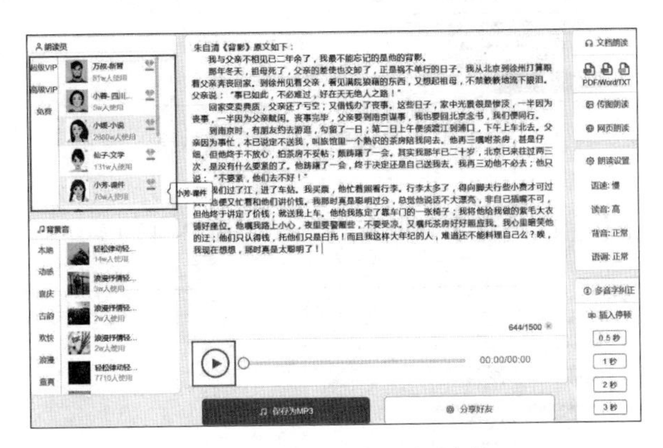

图 3-40　选择朗读员试听音效

步骤三： 保存为 MP3 功能需要付费使用，但是讯飞快读合成的配音是没有带声音水印的，可以利用 Camtasia Studio、系统自带录音机等录音软件录制。

此外，讯飞快读还支持朗读设置、添加背景音、网页朗读和传图朗读功能。

2. 视频之家网站的文字转语音功能

步骤一： 打开视频之家网站（http://www.codejj.com/text-to-sound.html），在相关区域输入或粘贴文字。（见图 3-41）

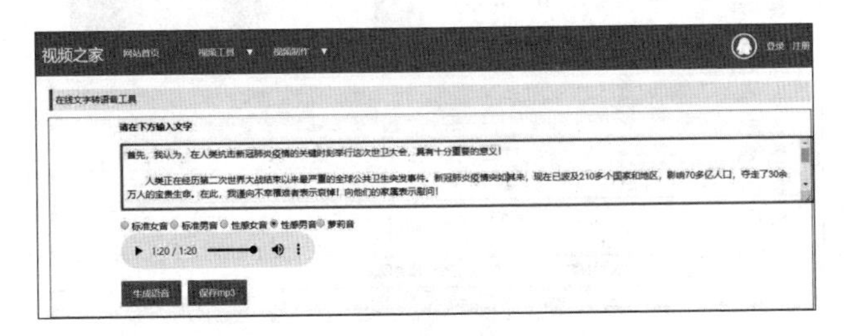

图 3-41　在选框内输入文字

步骤二： 结合内容和配音需要选择合适的声效。网站提供五种声音效果：标准女音、标准男音、性感女音、性感男音及萝莉音。（见图 3-42）

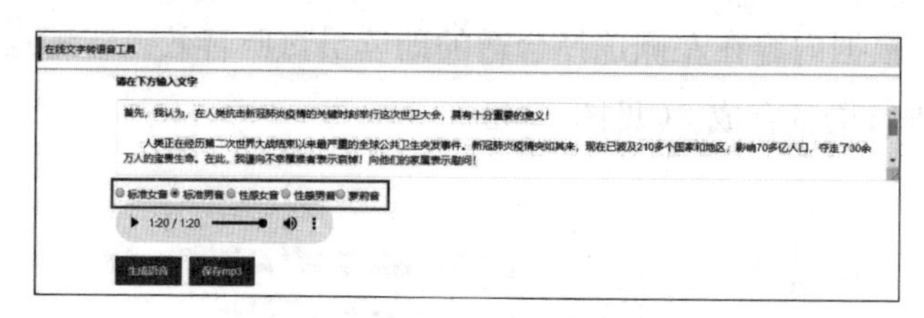

图 3-42　网站提供的五种声音效果

步骤三: 点击【生成语音】，即可试听。（见图 3–43）

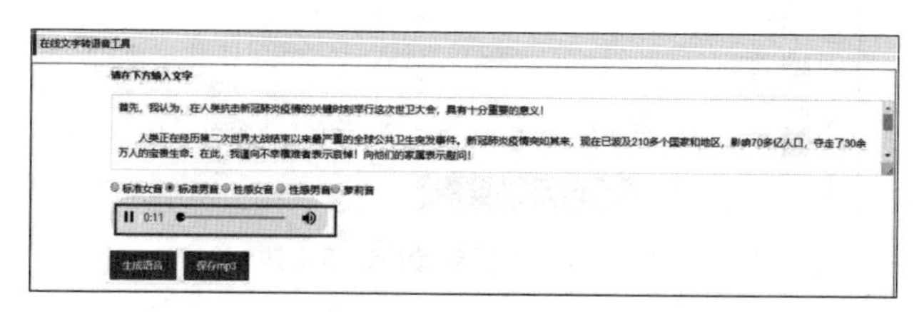

图 3-43　试听生成语音

步骤四: 试听满意后，可点击【保存 mp3】，在弹出的新窗口设置保存路径和文件名。（见图 3–44）

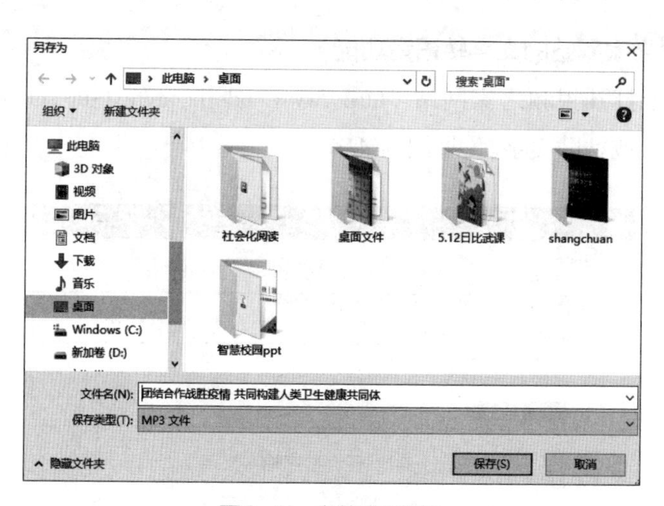

图 3-44　存储路径设置

3. 讯飞配音

讯飞配音是由科大讯飞开发的一款软件产品，它承载了讯飞 TTS 语音合成技术，可以将文字秒变声音，为用户提供合成配音和真人配音为一体的一站式配音服务。（注意：功能类似的软件还有音品汇，网址为 http://www.yinpinghui.com/a/aa/1/1/2018229.html）

打开浏览器，输入网址 http://peiyin.xunfei.cn/，即可进入讯飞配音官方网站，讯飞配音也有 APP 可在手机端使用。（见图 3–45）

图 3–45　网站首页

讯飞配音主要有合成配音和真人配音两大功能。

（1）合成配音流程

①合成样音

a. 功能区分为自媒体、短视频、政企宣传、教育培训、广告促销、产品介绍等。用户可以根据自己的内容需求进行试听。（见图 3–46）

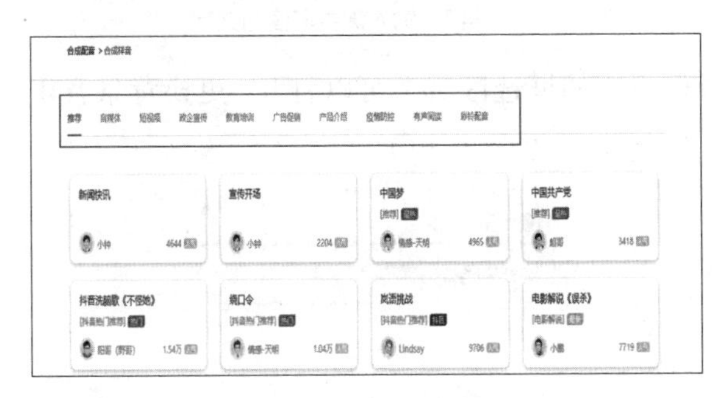

图 3–46　配音分类

b. 用户对试听满意的样音可以在下方点击【使用此配音制作】。（见图 3–47）

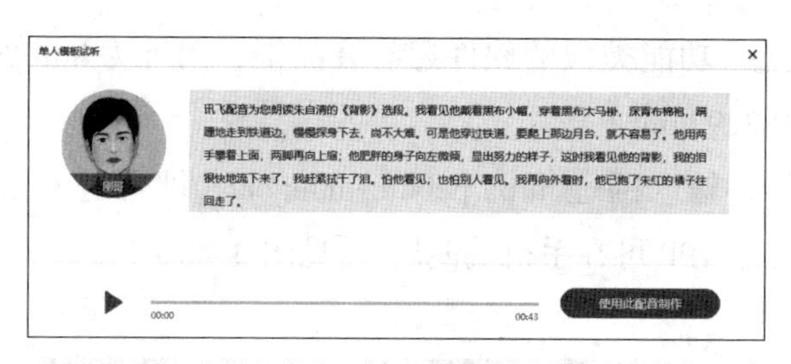

图 3-47　试听样音

c. 此处《背影》片段摘录属于单人播报配音。用户可以实现背景音乐更换、音乐音量调节、朗读速度调整、主播音量调节等功能设置。在下方的文本框内输入需要配音的文字，可试听并有偿购买。（见图 3-48）

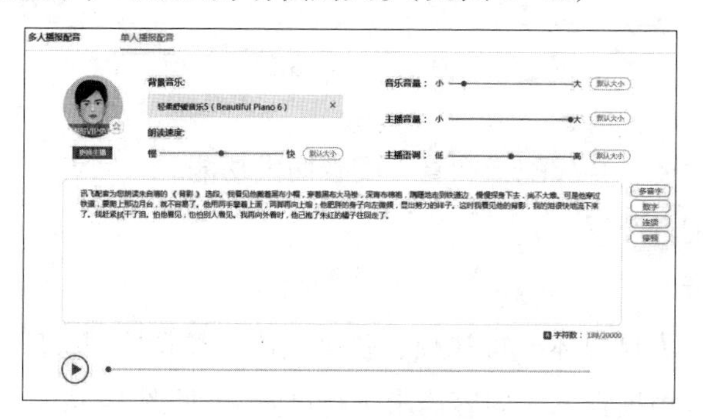

图 3-48　输入需要配音的文字

点击背景音乐下方的框选区域，可以打开“更换背景音乐”页面，上传本地音乐或更换已有音乐。（见图 3-49）

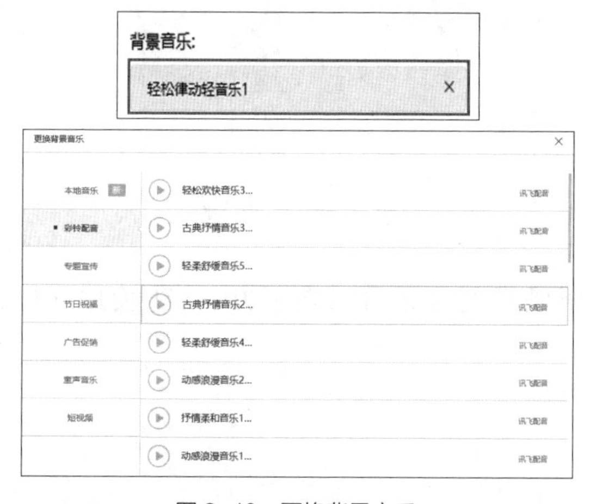

图 3-49　更换背景音乐

d. 还可以实现“多人播报配音”。通过设置句间停顿时长，使得对话更加自然流畅。（见图 3–50）

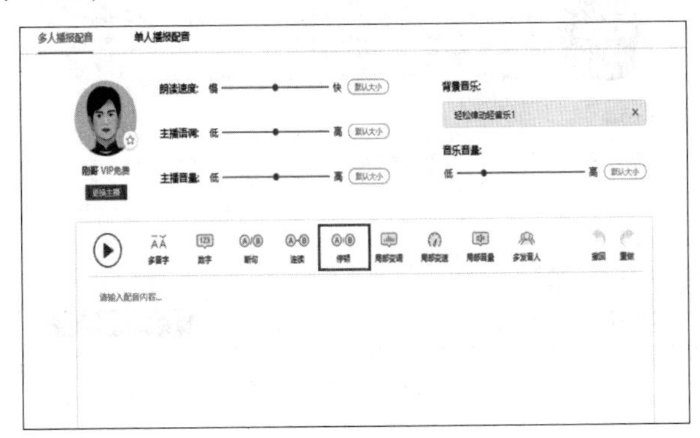

图 3-50　多人播报配音

②合成主播

a. 合成主播区提供了普通话主播、方言主播、英语主播、高品质主播和童声主播的配音功能。用户可以根据需要选择合适的主播进行试听和配音制作。（见图 3–51）

图 3-51　合成主播区

b. 选用特色主播小桃丸，可以在新的页面上看到智能主播的详情，如播报语种、擅长领域、配音风格、价格、播放次数及代表作品。（见图 3–52）

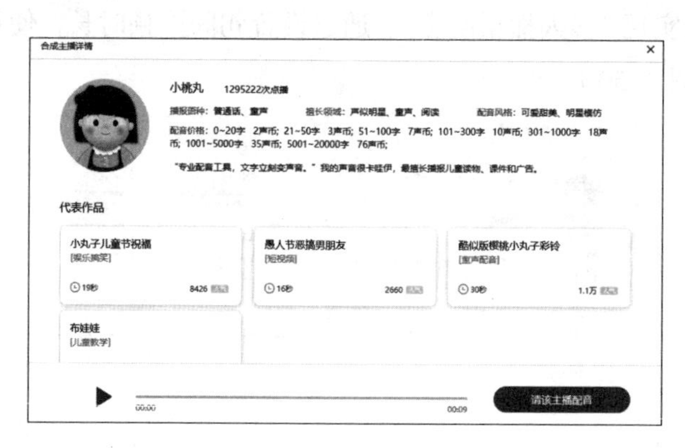

图 3-52　主播详情

c. 用户可以试听主播的样音，若满意则可点击下方的两个按钮制作配音或有声读物。也可以点击代表作品，以它为样音制作新的配音文件。（见图 3-53）

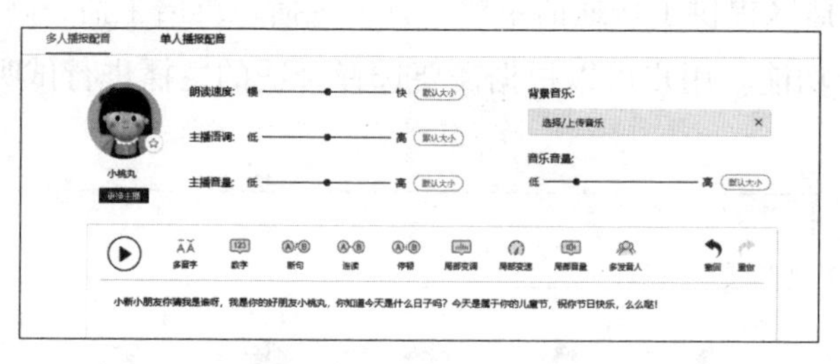

图 3-53　试听主播样音

（2）真人配音流程

①真人样音

a. 真人样音涉及的领域很广，如广告配音、高端广告、旁白介绍、外语配音、纪录片、特色配音、舌尖风格、彩铃配音、新闻播报、专题宣传、飞碟说等等。（见图 3-54）

图 3-54　真人样音区

b. 用户可以根据分类选择合适的样音，试听满意后可以使用该效果配音，完成配音工作。（见图 3–55）

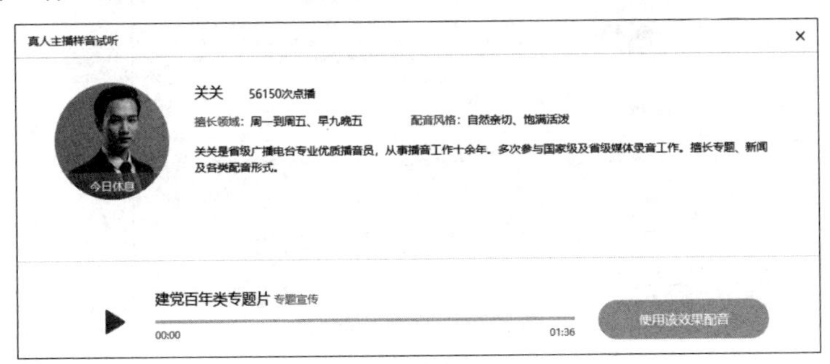

图 3-55　真人主播样音试听

②真人主播

a. 讯飞配音为用户提供了许多不同类型风格的真人主播，如磁性男声、优雅女声、配音大咖、英文主播、特色主播等。（见图 3–56）

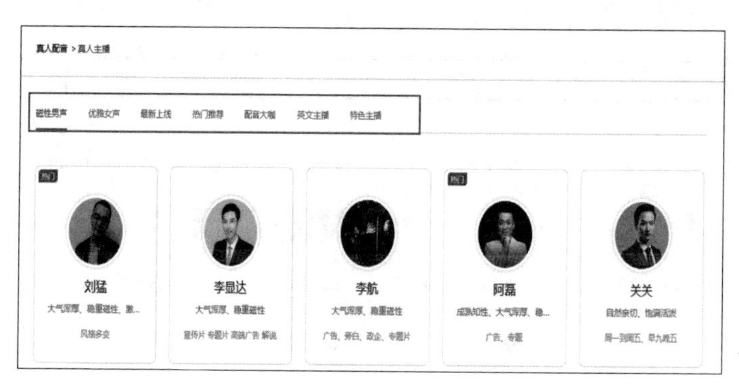

图 3-56 真人主播区

b. 点击图片可查看真人主播详情，也可通过试听其代表作进一步了解真人主播情况。（见图 3-57）

图 3-57 真人主播详情

③制作真人配音

制作真人配音提供了广告配音、高端广告、外语配音、旁白介绍、纪录片、特色配音、舌尖风格、彩铃配音、专题宣传、新闻播报、飞碟说、课件配音等功能。用户可以根据需要选择合适的主播进行试听和配音制作。

二、视音频素材的编辑

（一）视频分辨率放大

Topaz Video Enhance AI 是一款功能非常强大而且好用的视频分辨率放大软

件。这款软件的主要功能就是把视频的分辨率无损放大，最大可以达到 8K 分辨率，它可以把低分辨率视频转换成 8K 分辨率的高质量视频，比较适合 DVD 里面的内容、单反镜头、音乐视频、游戏画面、影视素材等，并且还支持批量处理。

注意：这款软件对硬件的要求较高，尤其是 CPU、显卡和内存，所以在处理视频的时候速度会稍慢，但是效果是非常不错的。

1. 导入视频

单击框中的【Click/Drop Video to Open】按钮，选择一个或多个视频导入，或直接拖放到应用程序中，还可以通过点击“File”菜单，选择【Add Video】打开视频。（见图 3–58）

图 3–58　导入视频

导入的视频将出现在屏幕底部的“视频列表”区。在此可以处理单个视频，或设置简单的批处理流程来放大整个拍摄。单击视频列表上方的图标以添加、删除或完全清除视频队列。（见图 3–59）

图 3–59　处理视频队列

2. 选择 AI 处理模型

视频导入后需要在右上方菜单中选择 AI 处理模型。有以下三种选择：

a.“Upsampling(HQ)”适用于原始输入视频是高质量的，如素材或高清素材。

b. “Upsampling（HQ–CG）”适用于原始输入视频是高质量 CG。此模型可以更好地处理抗锯齿。

c. “Upsampling（LQ）”适用于原始输入视频的质量是较低的，如家庭录像或 SD 录像。可以增强嘈杂和高度压缩的视频，提升画质。（见图 3–60）

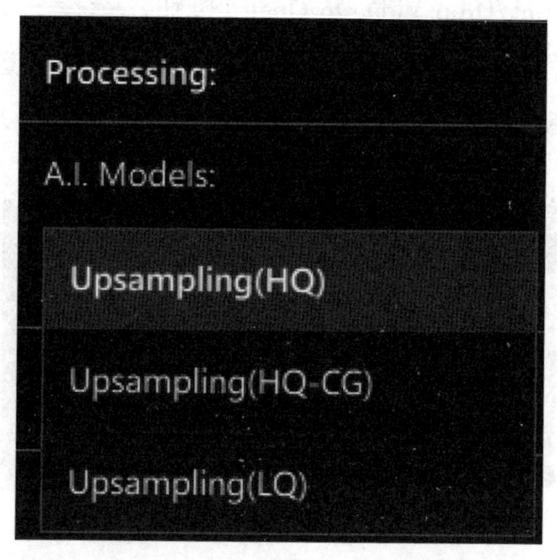

图 3–60　三种 AI 处理模型

3. 输出视频设置

软件提供了多种标准的视频预设，进行输出清晰度设置。此时，还需要选中“Crop to fill frame”（“裁剪以填充框架”）框，因为在使用非标准尺寸的视频时，转换为标准预设可能会出现黑条。（见图 3–61 和图 3–62）

若已有的预设无法满足输出需求，用户也可以点击【Custom Setting】进行自定义设置。点击框选的【绑定】按钮后可更改下方的 Width（宽）和 Height（高）数值。（见图 3–63）

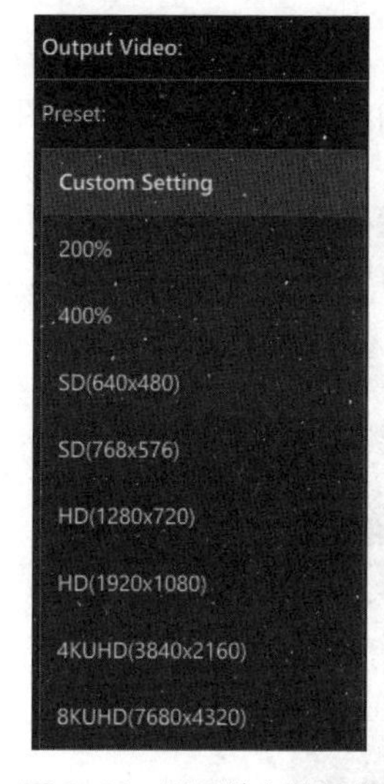

图 3-61 设置输出清晰度

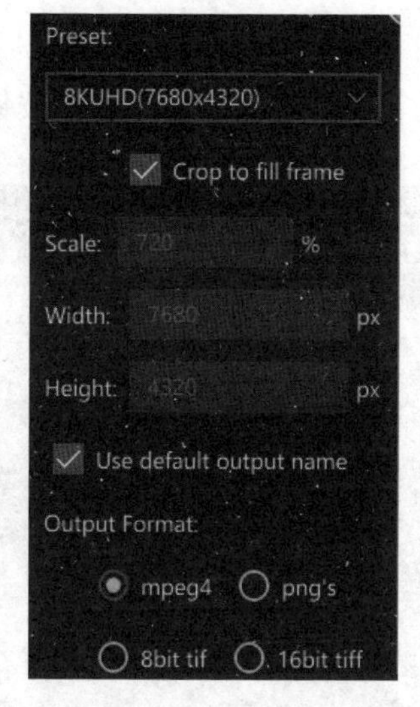

图 3-62 选中【裁剪以填充框架】框

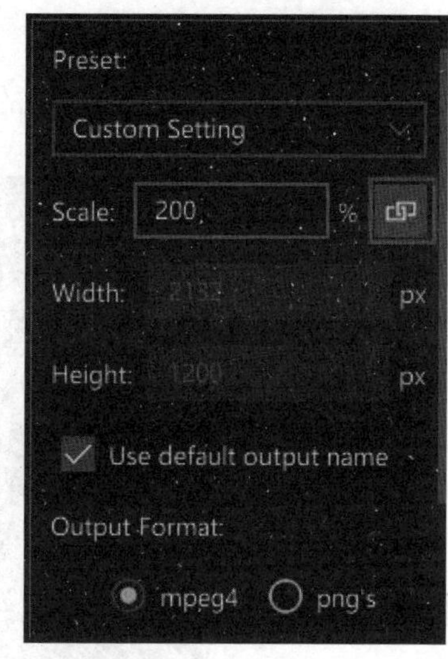

图 3-63 点击【绑定】按钮

4. 视频存储路径和名称设置

默认情况下，视频名称将附加输出的比例，即宽度和高度。例如，Video.mp4 等名称的视频将被命名为 Video_5.33x_1920x1080.mp4。

要更改此设置，请取消选中“Use default output name”（“使用默认输出名称”）框，然后将弹出“另存为”对话框窗口。输入视频名称，选择文件类型，然后选择位置，最后单击【保存】。（见图 3-64）

图 3-64 存储路径设置

5. 渲染视频

点击视频列表上方右侧的【Start Processing】渲染按钮，输出视频。（见图3–65）

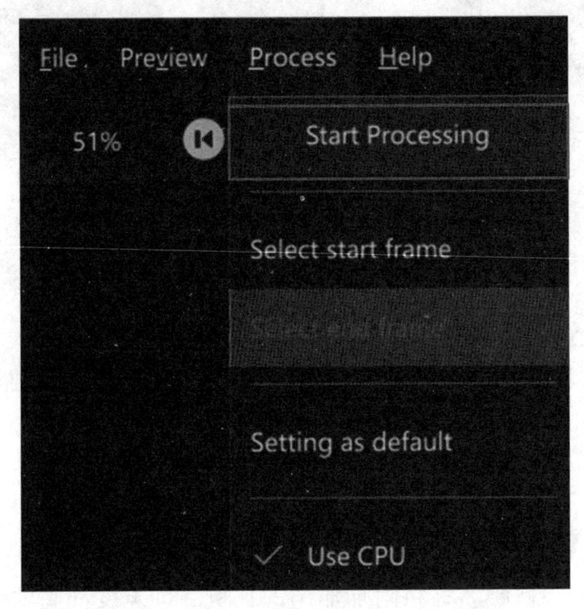

图 3–65　渲染视频

（二）视频格式转换

多媒体作品的制作与发布环节，时常受限于网络带宽和存储空间的大小，需要转换视频格式、压缩视频大小来解决存储和传输问题。视频压缩是依据人眼对亮度、色彩感知、空间分辨率和视觉暂留效应的视觉特性，来去除视频序列中的时间、空间与结构冗余信息，然后再进行传输或者存储，来减少对传输带宽和存储空间的需求。

常用的视频转换软件有格式工厂和魔影工厂，但转换效果并不是很好。此外，播放器中格式转换的功能可以在一定程度上满足视音频压缩的要求，但有些时候我们需要在保证清晰度的前提下将视频压缩到很小，处理起来就很麻烦。如运用 AE（Adobe After Effects）软件制作片头时候，有时候 10 秒钟的视频就达到 1G 多，这仅仅还只是个片头，如果加上教学环节、片尾和字幕等，可想而知这个视频的容量有多大，要上传网络进行共享就很难。想要既获得好的视频质量，又降低它的存储容量，不妨来认识一下黑鲨鱼软件。（见图 3–66）

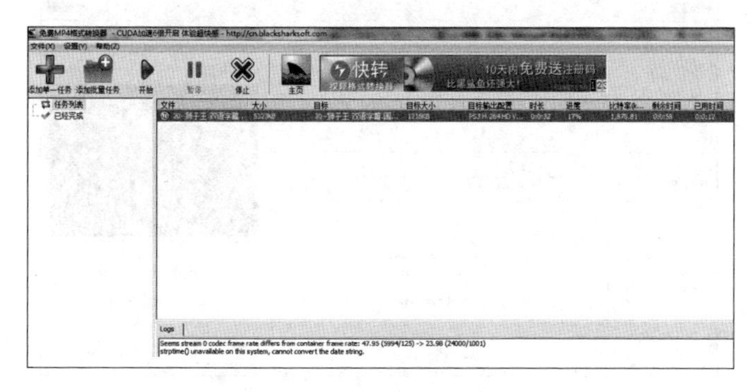

图 3-66　黑鲨鱼视频转换器

黑鲨鱼视频格式转换器是一款功能强大的视频、音频和图片格式转换器。几乎支持所有的视频格式，如 AVI、VOB、DV、MP4 等，支持 PSP、iPod、iPad、iPhone 等设备。可以添加文字图片水印，可以剪切视频片段，支持完成后关机，支持多 CPU 操作，甚至可以自己定义输出的视音频格式。

黑鲨鱼软件的界面很简洁，只有添加任务、开始、暂停、停止等几个按键。（见图 3-67）

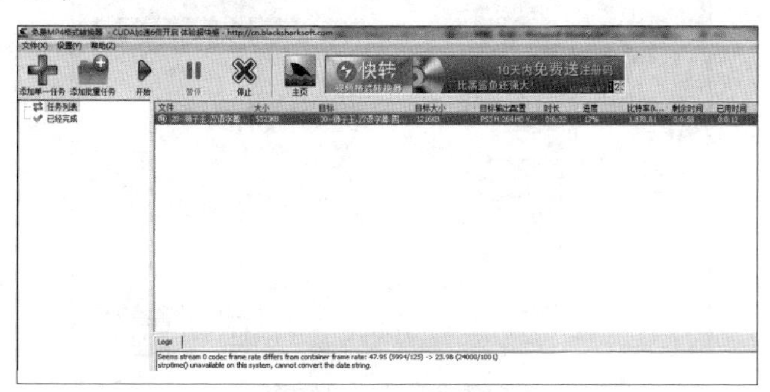

图 3-67　软件主界面

步骤一：点击“+”号可添加单一任务，点击后会出现转换设置界面，这款软件可以支持视频文件及 DVD 光碟的视频格式转换。（见图 3-68）

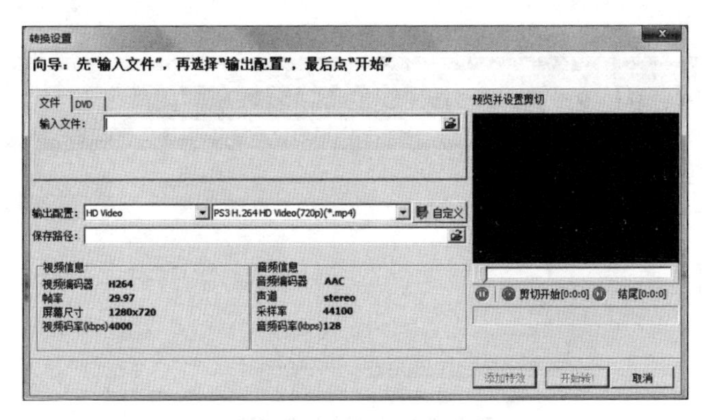

图 3-68　添加界面

步骤二： 点击选择输入文件区域右侧的文件夹图标，弹出浏览文件窗口，选择所需文件，打开就可完成添加，并可在右侧进行预览。（提示：界面右侧可预览，还可实现视频剪切）（见图 3-69）

图 3-69　浏览文件窗口

图 3-69 所选视频为蓝箱中拍摄后经 AE 的 keylight 插件抠像处理渲染输出的视频，视频时长为 23 秒，分辨率为 1920 × 1088，大小为 4.14G。（见图 3-70）

图 3-70　所选视频信息

步骤三：添加完成后，设置输出配置。在下拉菜单中选择合适的输出格式。在此我们选择用 HD Video 格式下的 PS3 H.264 HD Video(1080p)（*.mp4）格式进行压缩。（见图 3-71）

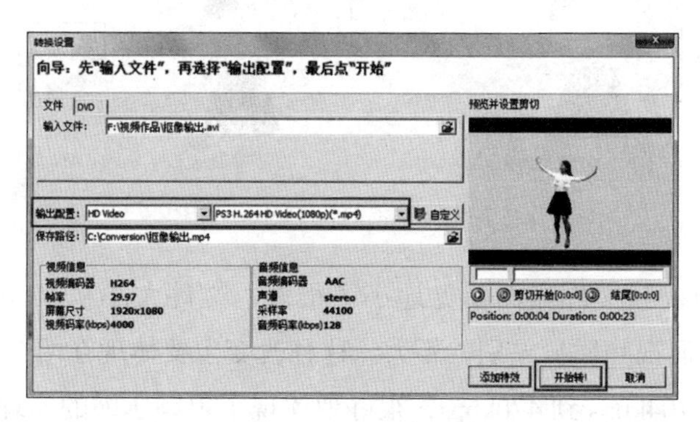

图 3-71　设置输出配置

步骤四：选择保存路径将转换后的文件进行保存。（提示：切忌保存路径和源文件路径一致，这样会造成转换完成后的文件将源文件覆盖，一般情况下默认 C:\Conversion 文件夹）下方区域会显示视音频信息。（见图 3-72）

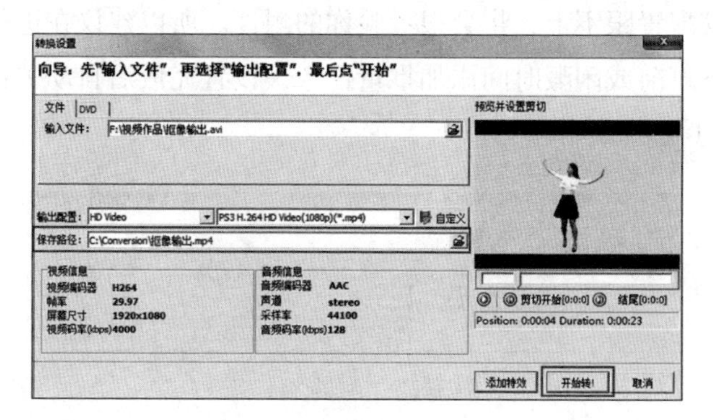

图 3-72　设置保存路径

步骤五：点击【开始】后可看到转换进度信息。（见图 3-73）

图 3-73　查看转换进度

以下比较转换前后的视频大小。（见图 3–74）

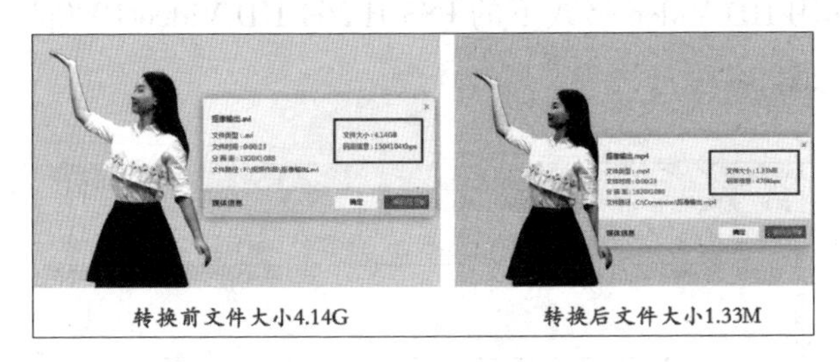

图 3–74　转换前后视频大小对比

转换后的视频文件显而易见地小了很多，文件大小从 4.14G 变为 1.33M，压缩比很高，而视频质量差别并不大。这种改变主要体现在两个视频的码率信息上，从 1504104kbps 到 470kbps，很好地体现了视频压缩的原理：不同算法下的传输速率的改变。

那么，当我们有多个文件需要压缩的时候又该如何呢，是不是要一个个处理？这样肯定很耗时间，而且，当黑鲨鱼软件工作时，它可以调用多个 CPU（中央处理器）来提升工作速度，但带来的问题是，电脑的运行速度会受到影响。如果电脑配置跟不上，将会很考验你的耐性。所以建议在进行多个任务压缩时，可在下班前或闲暇时间添加批量任务，设置完成后自动关机，而不用在旁苦苦等候。（见图 3–75）

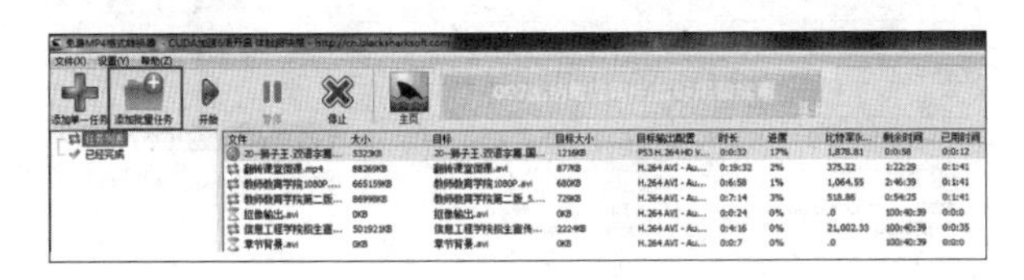

图 3–75　添加批量任务

（三）水印和黑框去除

Easy Video Logo Remover 是一款小巧、简单、易用的视频去水印工具，它可以裁剪视频或移除视频文件中插入的水印和其他元素（如 logo、签名或字幕等）来改善图像质量。它采用了强大的算法，能够对视频的局部进行模糊化，对视频进行动态的处理，从而达到一个比较好的处理，对视频不“损伤”，看起来又比较舒服。

1. 移除水印

步骤一：下载安装 Easy Video Logo Remover 软件。最好下载汉化版，按照软件说明文档进行汉化。安装汉化完成后，打开软件。（见图 3-76）

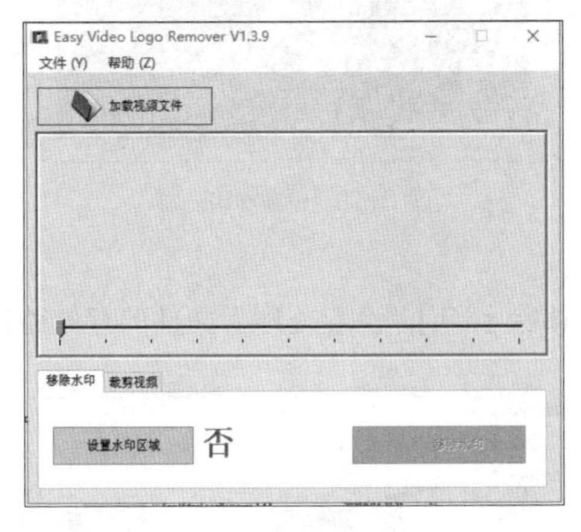

图 3-76　软件界面

步骤二：点击【加载视频文件】，查找想要移除水印或裁剪的视频素材。（见图 3-77）

图 3-77　打开视频文件

步骤三：视频素材加载完成后，点击软件左下方的移除水印【设置水印区域】，按住鼠标左键不放，选中素材腾讯视频 logo，点击确定。此外还可以通过更改参数和调节控制点的方式微调区域。（见图 3-78）

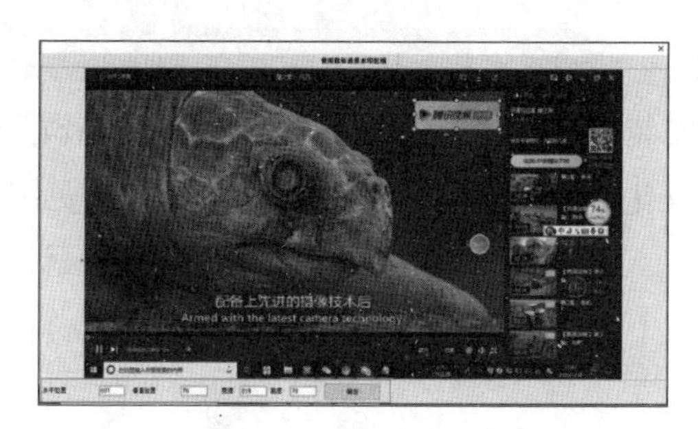

图 3-78　设置水印区域

步骤四：点击【移除水印】，设置处理后文件的存储路径、文件名及格式。（见图 3-79）

图 3-79　存储路径设置

步骤五：点击【保存】，移除水印。（见图 3-80）

图 3-80　移除水印效果

2. 去除黑框

步骤一： 点击【加载视频文件】，查找想要去除黑框的视频素材。在此处选择去除水印效果的视频素材，进行进一步的加工。点击【打开】完成加载。（见图 3–81）

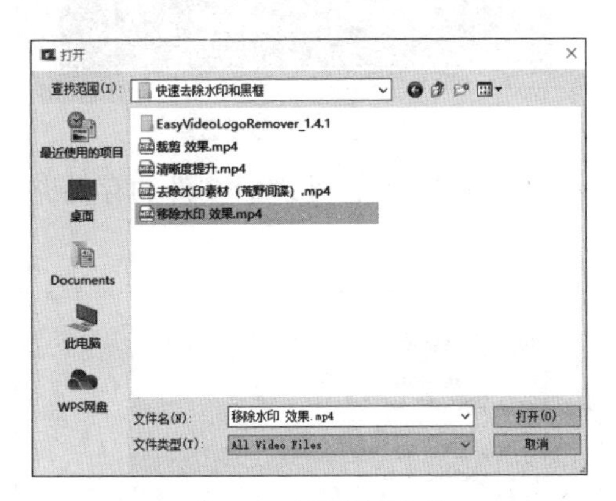

图 3–81　打开视频文件

步骤二： 点击“裁剪视频”功能区的【Set Logo Area】（设置裁剪区域）按钮。（见图 3–82）

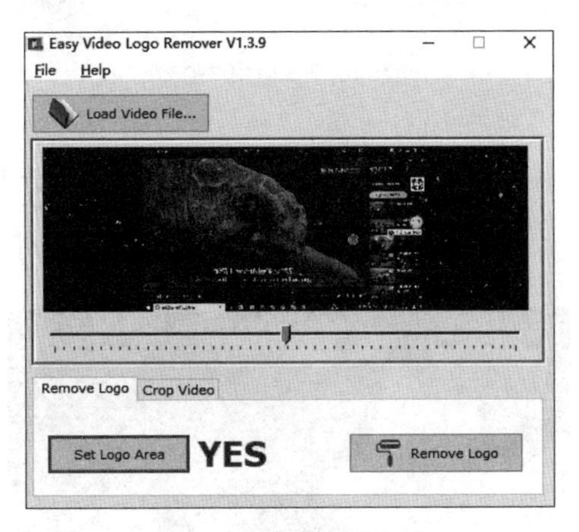

图 3–82　设置裁剪区域

步骤三： 按住鼠标左键框选建立裁剪区域，也可以通过更改参数和调节控制点的方式微调区域，设置完成后，点击【确定】—【裁剪视频】。（见图 3–83）

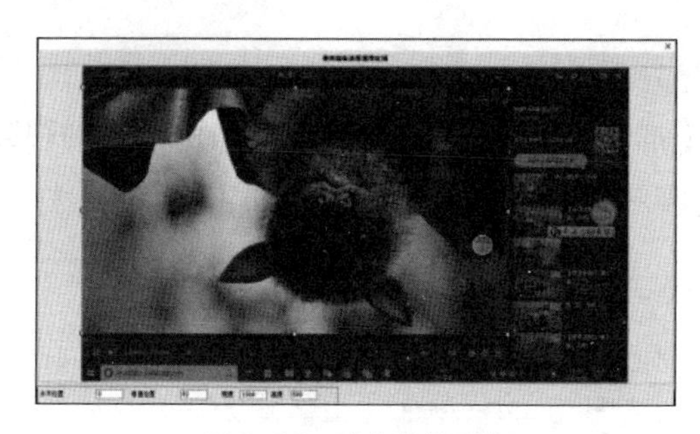

图 3-83　建立裁剪区域

步骤四： 点击【裁剪视频】，设置处理后文件的存储路径、文件名及格式。（见图 3-84）

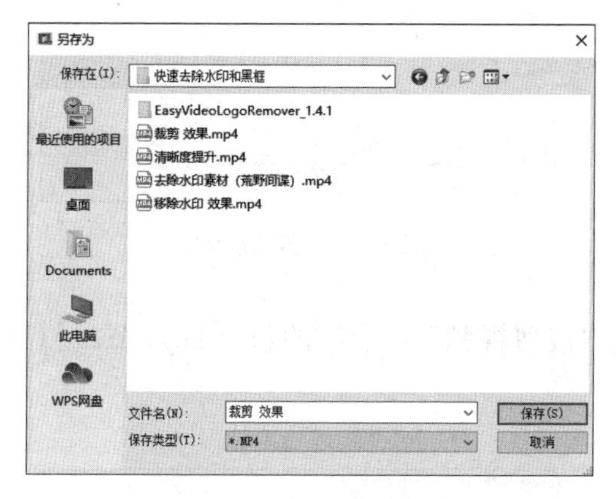

图 3-84　存储路径设置

步骤五： 点击【保存】，裁剪处理。待处理完成后，查看裁剪效果。（见图 3-85）

图 3-85　去除黑框效果

（四）音频编辑软件 Audacity

Audacity 是一款跨平台的录音、声音编辑器。Audacity 提供了理想的音乐文件功能自带的声音效果，包括回声、更改节拍、减少噪声等，而内建的剪辑、复制、混音与特效功能，更可满足一般的编辑需求。

由于是免费的开源软件，为了规避版权问题，Audacity 并不能直接导出 MP3 格式文件，以及导入某些格式，可以在官网或百度网盘下载支持库解决此类问题。（见图 3-86）

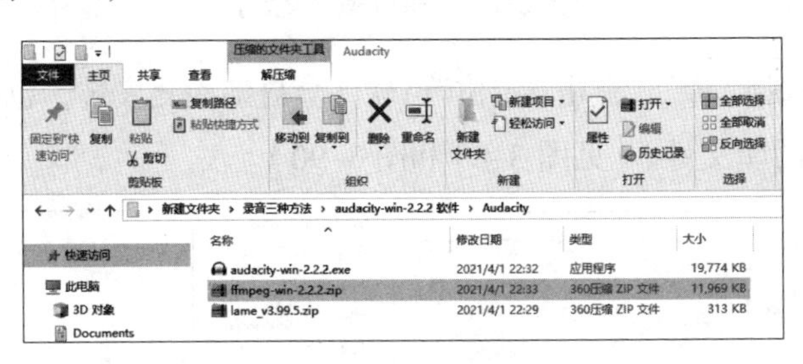

图 3-86　安装目录

1. 安装库

首先把运行库解压，建议解压到 Audacity 的安装目录，更为方便。

步骤一：单击 ffmpeg 压缩包，右键选择“解压文件”，更改目标路径为软件的安装目录。（见图 3-87）

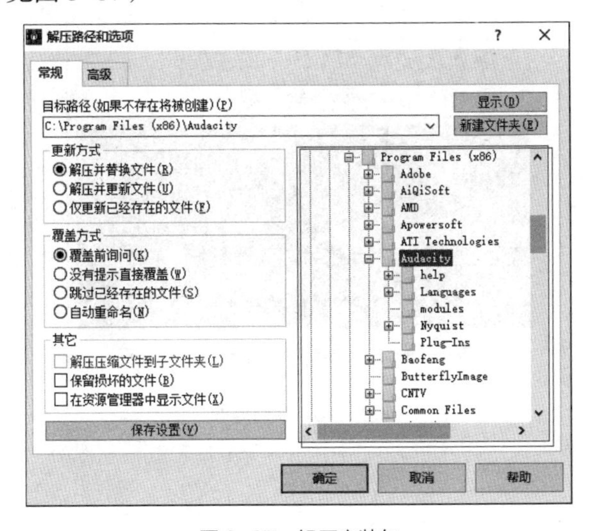

图 3-87　解压安装包

步骤二：打开 Audacity，选择“偏好设置”。（见图 3-88）

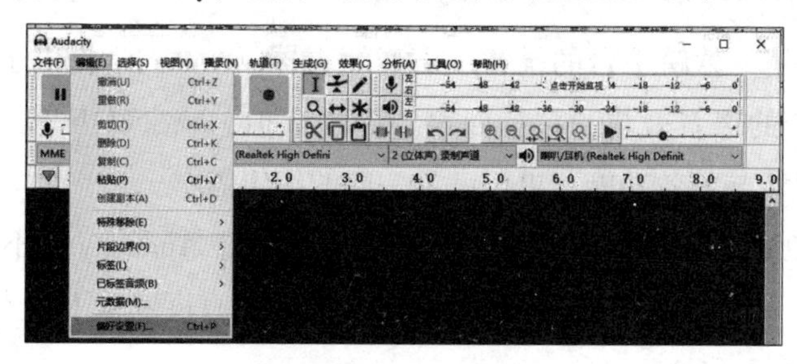

图 3-88 选择【偏好设置】

步骤三：选择“库”，点击“定位”。软件会自动检测安装，也可手动浏览找到安装目录中的库文件。（见图 3-89 和图 3-90）

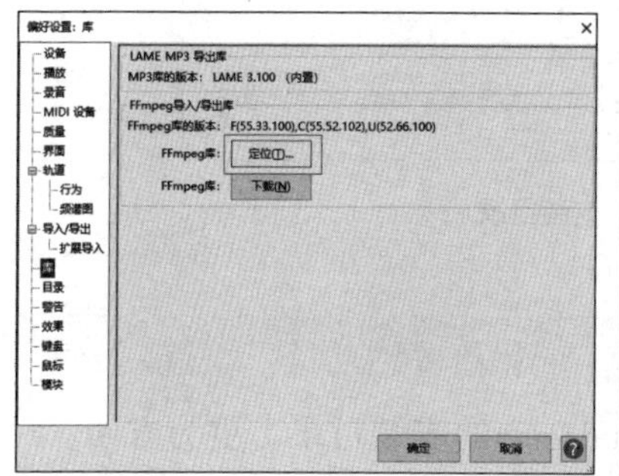

图 3-89 定位文件

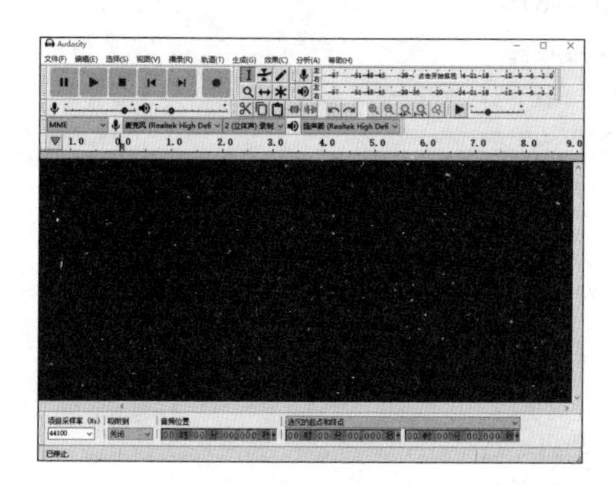

图 3-90 软件界面

2. 低音增强

步骤一：点击左上角“文件”菜单，选择【打开】，查找需要处理的音频素材。此处为 M4A 格式的音频文件，如果不安装库是无法正常导入的。（见图 3–91）

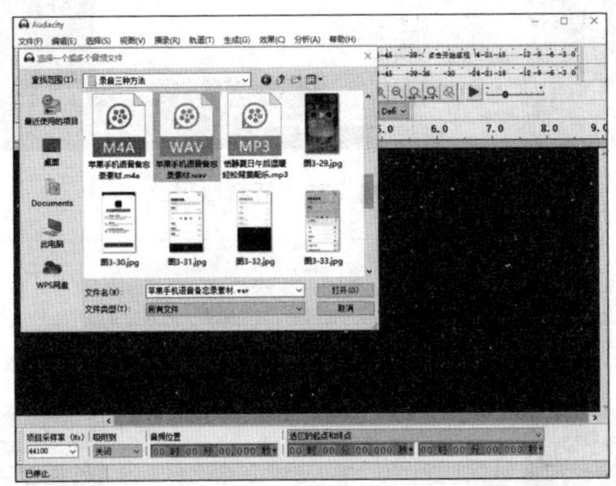

图 3–91 导入素材

步骤二：导入素材，功能区域可暂停、播放、停止、跳到开头、跳到结尾、录音。可点击框选的三角按钮预览声音。（见图 3–92）

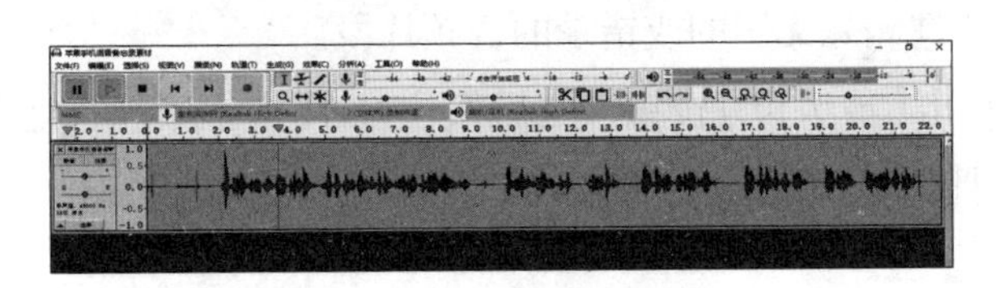

图 3–92 功能区面板

步骤三：按 Ctrl+A 全选波形文件，点击“效果”，选择“图形化均衡器”。（注：均衡器可用于调整声音频率。）（见图 3–93）

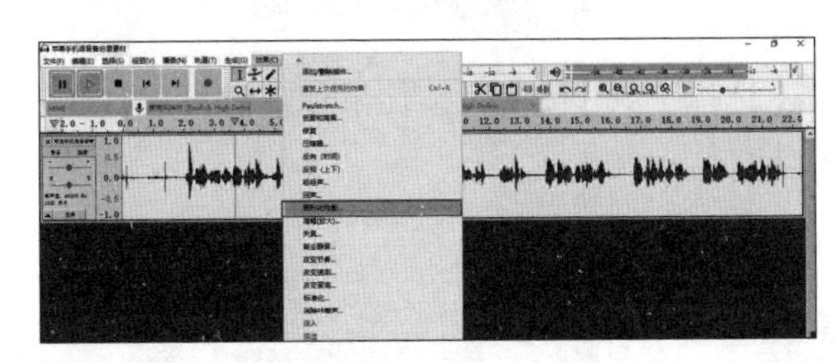

图 3–93 图形化均衡器

步骤四: 图形化均衡器，左侧代表低音部分，右侧为高音。可点击“管理”，选择“出厂预设”—“低音增幅”实现低音增强。(见图 3–94 和图 3–95)

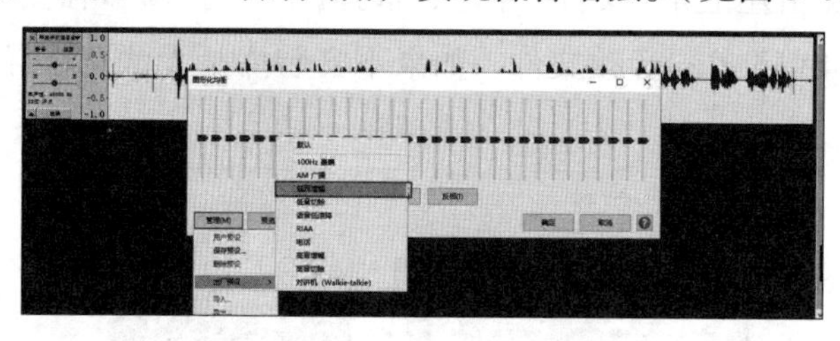

图 3-94 实现低音增强

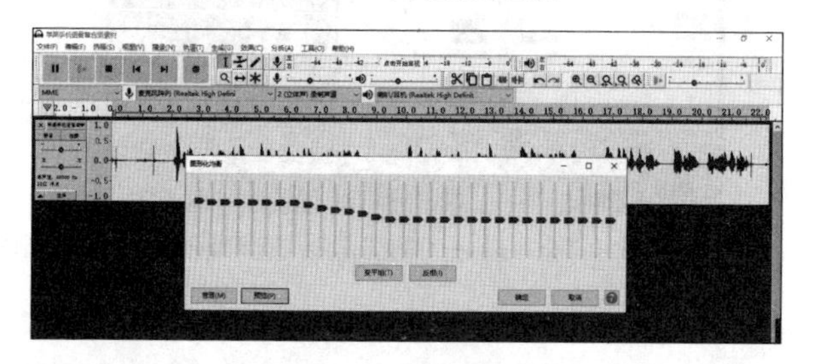

图 3-95 均衡器效果图

3. 音频删减

可以借助软件删除无用的或错录的音频片段。

步骤一: 点击【放大镜】按钮，之后按住 Ctrl+ 向上滚轮，把频谱拉长一点放大，以便后期处理。(见图 3–96)

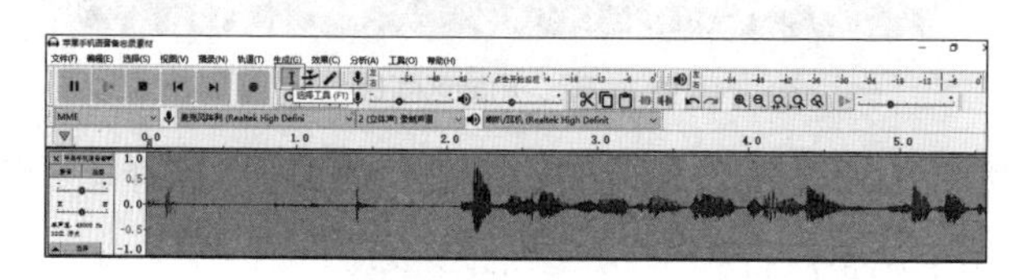

图 3-96 使用放大镜功能

步骤二: 点击【选择工具】按钮，按住鼠标左键不放，在频谱上左右拖动，设定选择区段。(见图 3–97)

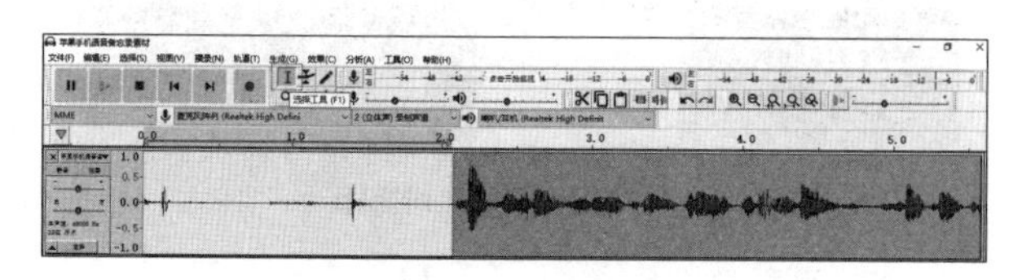

图 3-97 设定选择区段

步骤三：按 Delete 键，删除选择区段。

4. 添加背景音乐

步骤一：如果需要给录音添加背景音乐，则需要通过“文件”—“导入”—“音频”，查找音频素材。（注意：此处是导入音频文件，而非重新打开。）（见图3–98）

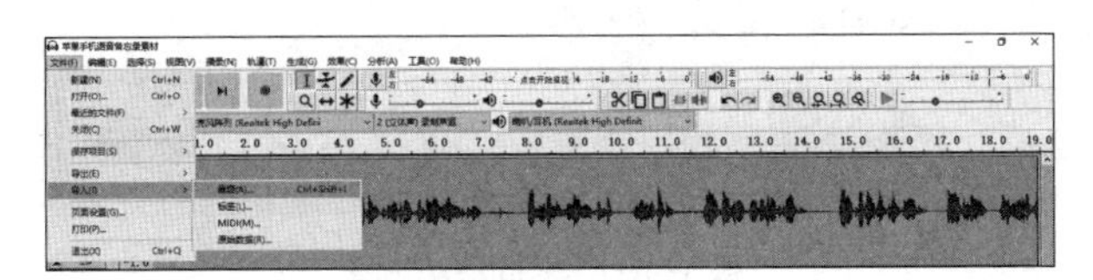

图 3–98　导入音频

步骤二：点击【打开】，导入背景音乐素材。（见图 3–99）

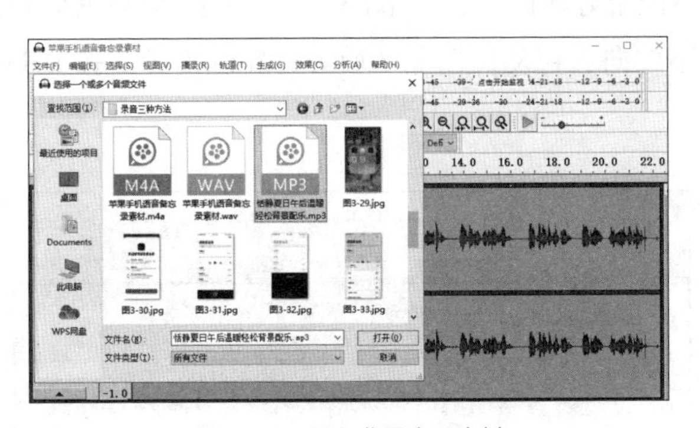

图 3–99　导入背景音乐素材

步骤三：在背景音乐的频谱左端通过加减号调整音频分贝（dB）值，按住鼠标左键不放拖动滑块，左为降低，右为增高。（见图 3–100）

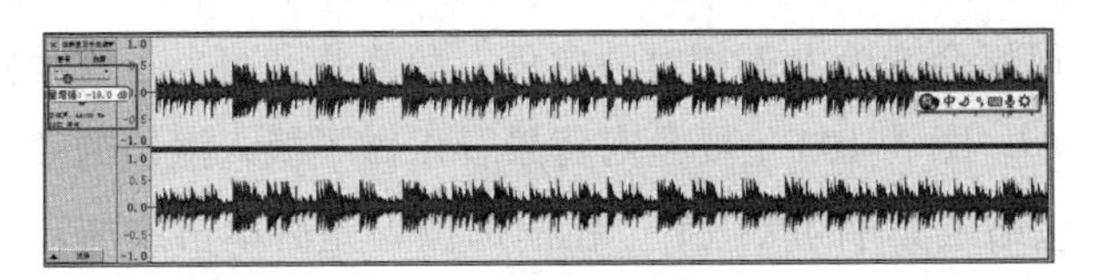

图 3–100　调整音频分贝值

5. 混合声音

步骤一：点击【时间移动工具】按钮，设置背景音乐先出。选择【时间移动工具】，这时鼠标移动到频谱上会变为黑色的双向箭头，按住鼠标左键不放可左右移动频谱位置。此处，向右移动到合适位置。（见图 3-101）

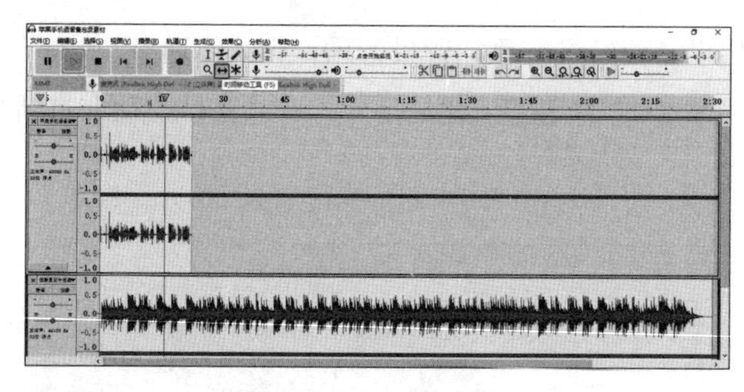

图 3-101　时间移动工具

步骤二: 用【选择工具】删除背景音乐多余部分。当背景音乐长度超出了录音文件许多，不能很好匹配时，点击【选择工具】，移动鼠标到背景音乐频谱，按住鼠标左键不放向右拖动，白色区域为待删除部分。按 Delete 键删除。（见图 3-102）

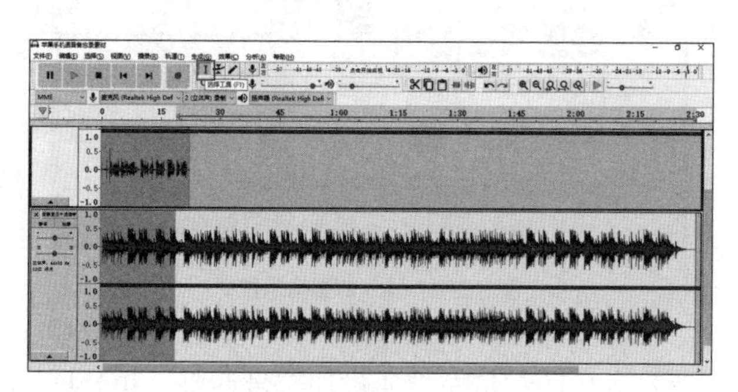

图 3-102　使用【选择】工具

步骤三: 用【包络工具】调整声音大小，背景音乐做淡入淡出效果。点击【包络工具】，鼠标会变为上下相对的白色三角箭头，可上下移动鼠标改变整个波段的声音大小。图 3-103 主要是对背景音乐做了淡入淡出的效果。具体操作为，在激活【包络工具】的状态下，在框选位置先后单击添加音频编辑点，然后在首尾移动鼠标，上下为改变音量，左右为幅度。（见图 3-103）

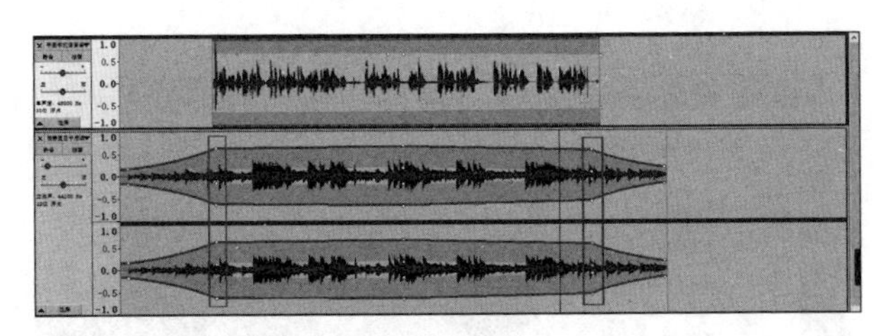

图 3-103 使用【包络工具】

6. 声音降噪

在特效菜单中，有一项噪声消除命令，可以去除音乐中的噪声。

步骤一: 启动 Audacity，点击菜单“文件”的“打开”命令，打开一个音频文件，发现在两个音波之间有一些锯齿状的杂音。(见图 3-104)

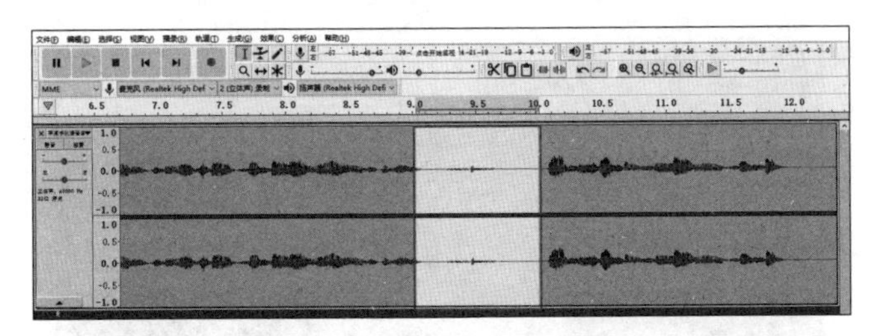

图 3-104 选中锯齿状杂音

步骤二: 用【选择工具】选中杂音部分，点击菜单“效果”的“降噪”命令。(见图 3-105)

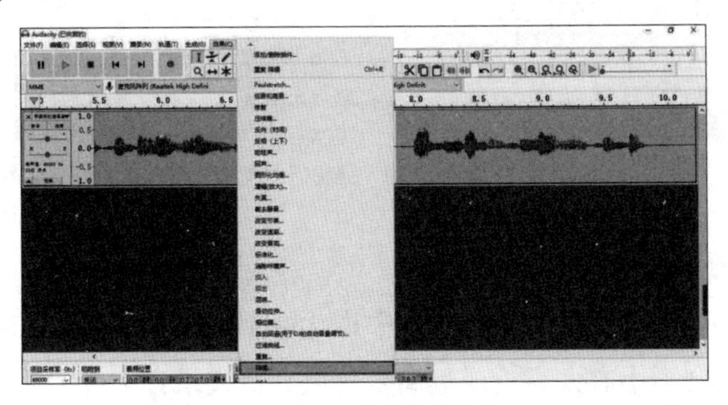

图 3-105 实行降噪命令

步骤三: 在弹出的对话框中，点击【取得噪声特征】按钮，对话框消失。(见图 3-106)

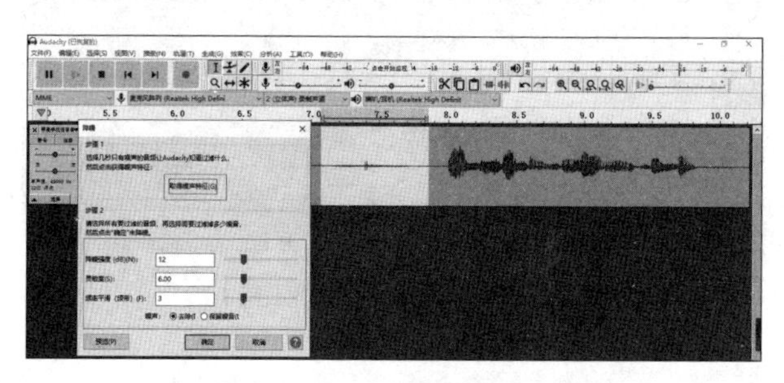

图 3-106 点击【取得噪声特征】按钮

步骤四: 点击菜单“选择”的“全部”命令，再点击菜单“效果”的“降噪”命令，在弹出的对话框中，点击【确定】，消除噪声。（见图 3-107 和图 3-108）

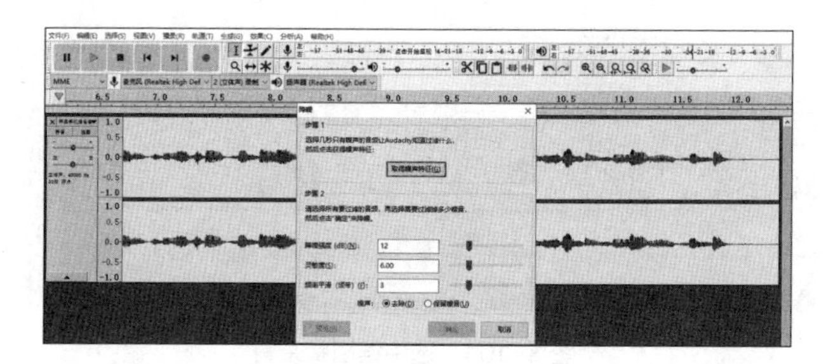

图 3-107 实行降噪命令

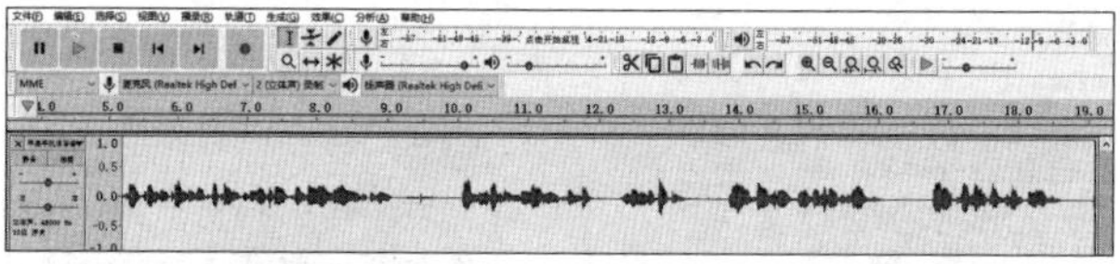

图 3-108 降噪后效果

7. 声音忽高忽低处理（压缩器）

压缩器有助于在整个录音过程中产生一致的音频。无论有多么细心注意，有时还是会不小心太靠近或远离麦克风，造成录音文件大小声的问题，而 Audacity 中的压缩器有助于解决这个问题。

步骤一: 启动 Audacity，打开或导入需要处理的音频素材。（见图 3-109）

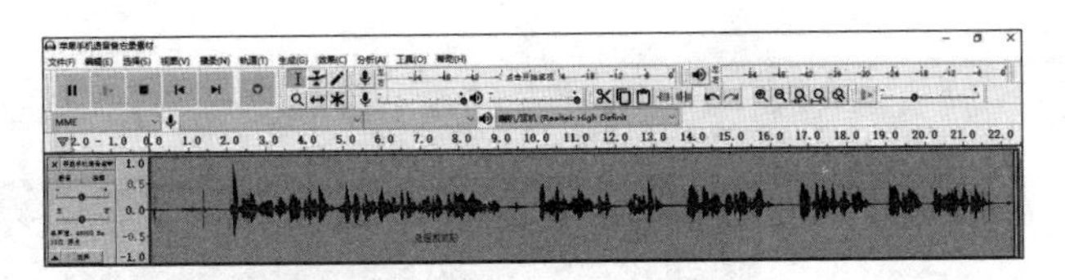

图 3-109 导入音频素材

步骤二： 按 Ctrl+A 选择整个波形，然后单击“效果 /Effect”的“压缩器 / Compressor”。（见图 3-110）

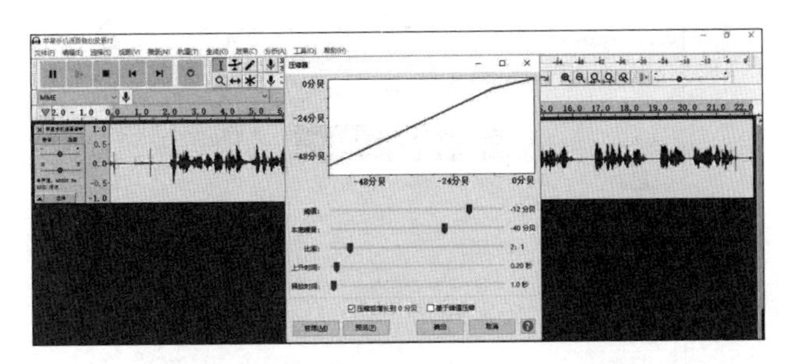

图 3-110 【压缩器 /Compressor】功能

步骤三： 点击确定，对比前后波形变化。处理后波形的幅度整体变大了，声音增高。（见图 3-111）

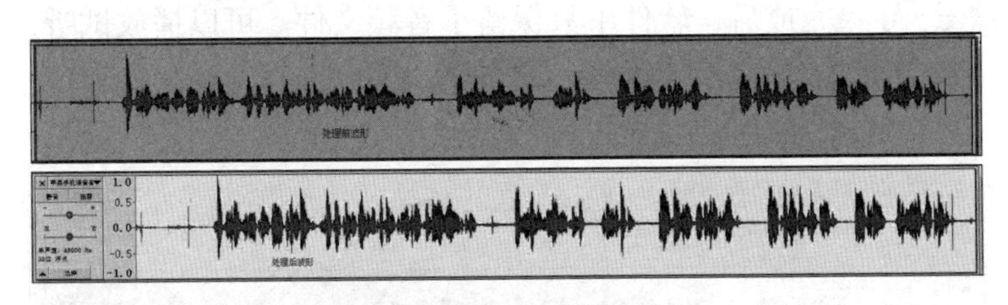

图 3-111 前后波形变化对比

8. 提取视频中的声效

前文我们讲过可以用播放器来获取视频中的声效，在这里介绍另一种方式。

步骤一： 启动 Audacity，选择“文件”—“导入”—“音频”。（见图 3-112）

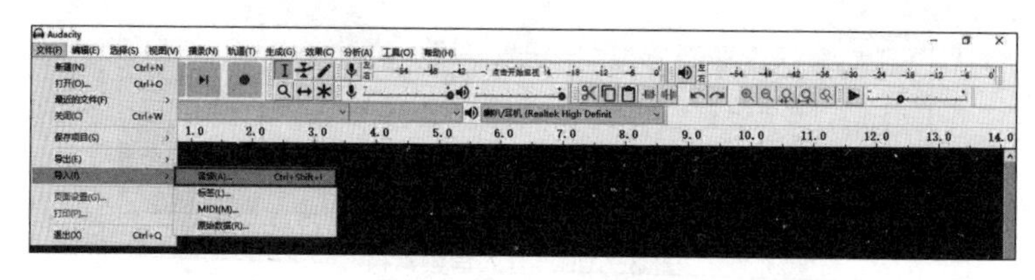

图 3-112　导入音频

步骤二： 在弹出的对话框中选择需要提取的视频文件，点击【打开】，开始导入。（见图 3-113）

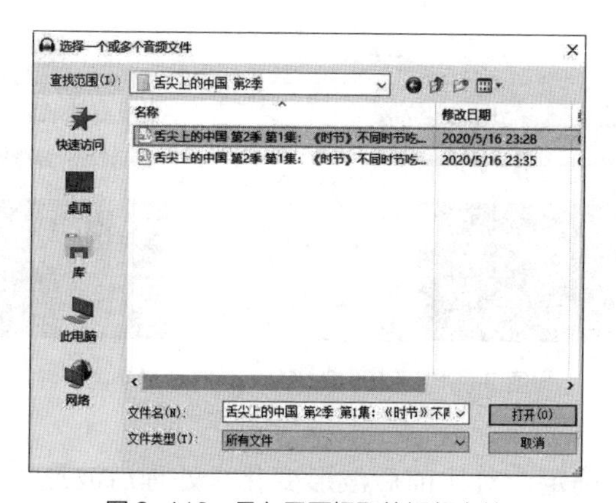

图 3-113　导入需要提取的视频文件

步骤三： 导入完成后，软件中只保留了音频文件。可以播放试听，检查是否导入有误。（见图 3-114）

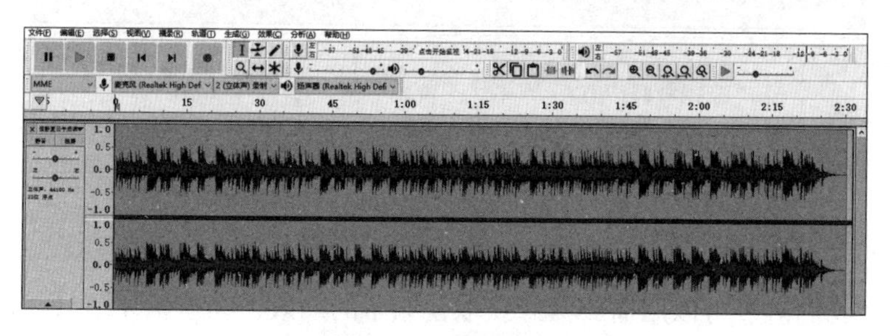

图 3-114　导入效果

步骤四： 如果只需提取部分音频，可以激活【选择工具】，选中需要删除的波形，按 Delete 键删除。（见图 3-115）

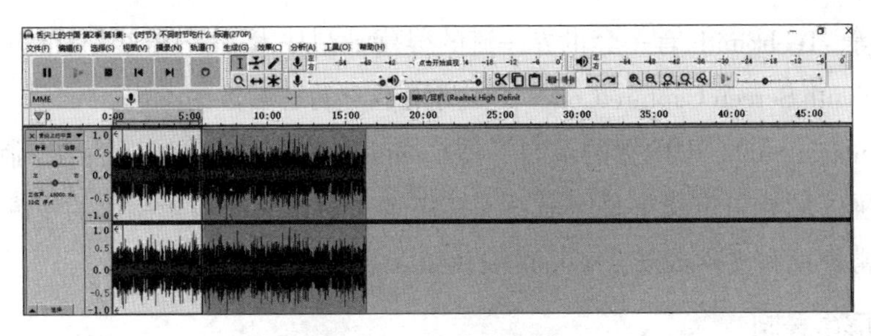

图 3-115　提取部分音频

步骤五：导出音频。选择“文件”—“导出”，可导出为多种音频文件格式，还可以同时导出多个文件，可根据需要选择。（见图 3-116）

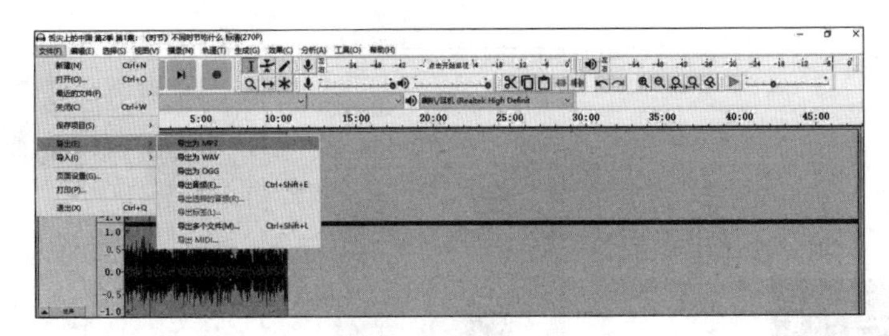

图 3-116　导出文件

步骤六：设置输出保存路径和格式。（见图 3-117）

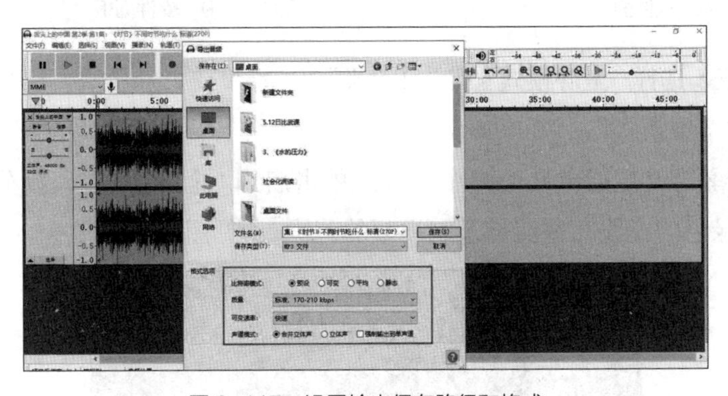

图 3-117　设置输出保存路径和格式

（五）Camtasia Studio 软件录制和编辑视频

Camtasia Studio 是由 TechSmith 开发的一款屏幕动作录制工具，能在任何颜色模式下记录屏幕动作（屏幕 / 摄像头），包括影像、音效、鼠标移动轨迹、解说声音等。TechSmith 有一套世界一流的屏幕录制技术——TSCC 压缩编码算法，即 TechSmith Screen Capture Codec，专门用于对动态影像的编码。

Camtasia Studio 中内置的录制工具 Camtasia Recorder 可以灵活地录制屏幕：录制全屏区域或自定义屏幕区域，支持声音和摄像头同步录制后的视频可直接输出为常规视频文件或导入 Camtasia Studio 中剪辑输出。

1. 屏幕录制

步骤一： 在桌面上找到快捷图标，双击打开。（见图 3-118）

步骤二： 打开后会有一个视频录制软件的面板，单击【录制屏幕】，进入录制状态。（见图 3-119）

图 3-118　软件图标

图 3-119　软件面板

步骤三： 选择“全屏模式”或“自定义”。

（1）“全屏模式”

“全屏幕”就是指录制的整个屏幕。单击启用“全屏模式”，会看到整个屏幕边缘有绿色的虚线，这就是录制视频的范围。（见图 3-120）

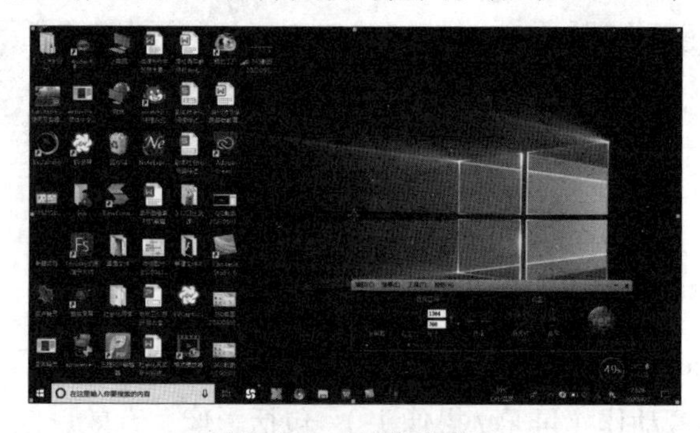

图 3-120　录制视频范围

（2）“自定义”

“自定义”是指可以自由选择区域，单击可以激活。单击右侧下拉三角符号之后会弹出录制尺寸，点击右侧三角符号，可以看到几种常用的分辨率。（见图 3–121）

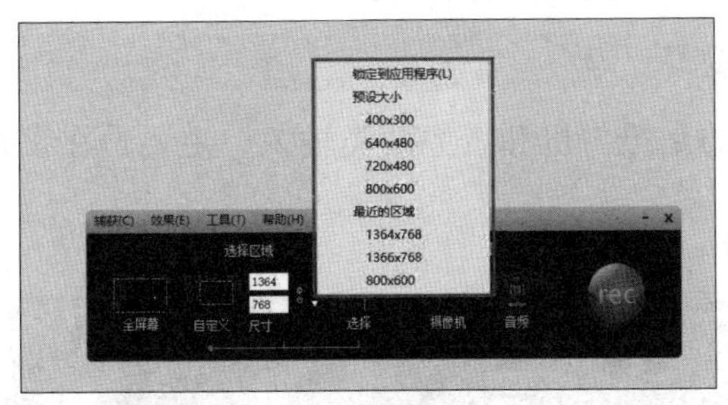

图 3–121　录制视频的分辨率

单击“选择”，设置选区大小。选择其中一个区域范围后，也会出现一个范围框，可以左键按住中间的按钮，自由拖动范围框，选择录制区域。还可以拖动白色方块的控制点，随意调节录制区域。或者在数字栏中键入任意数字设置范围大小，宽度（上栏）和高度（下栏）在右侧会有数字显示。（见图 3–122 和图 3–123）

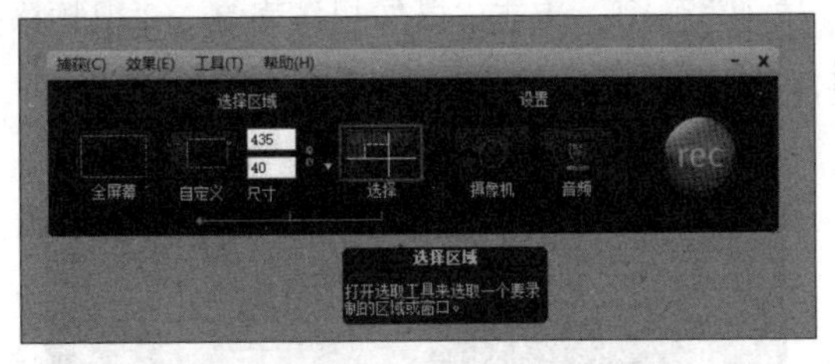

图 3–122　调节录制区域

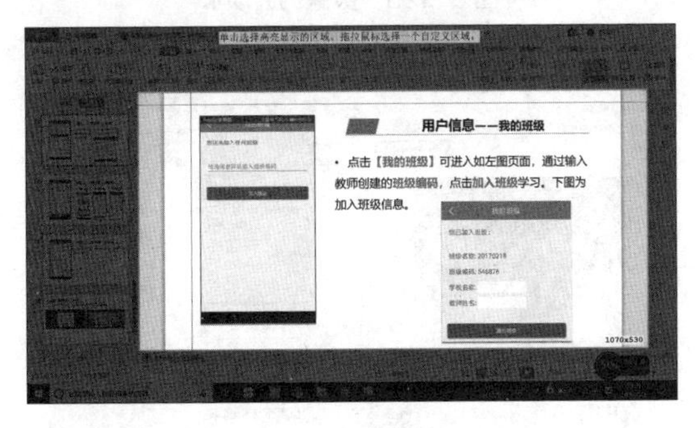

图 3–123　录制区域效果

此外，自定义中有一个“锁定到应用程序”功能，勾选之后，视频录制范围会自动取消任务栏范围，自动匹配录制电脑分辨率，实现“全屏幕”录制功能。退出选择区域的自定义功能操作可以按 Esc 键，如果还不行，可以直接点击“全屏幕”“摄像机”等功能完成切换。

2. 输入录制设置

输入录制指的是摄像机和音频两类输入，主要是在设置功能区。（见图 3-124）

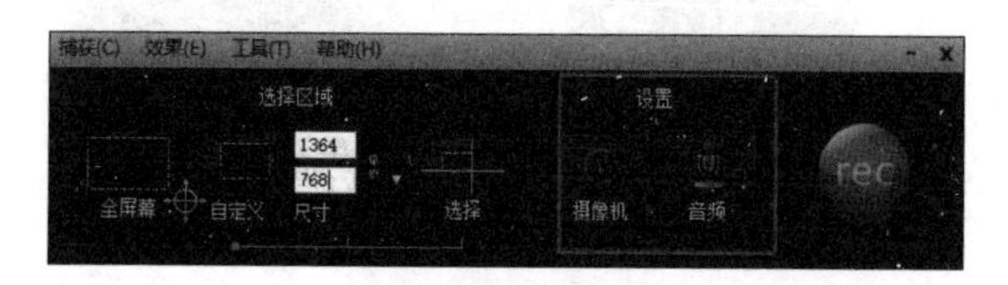

图 3-124　摄像机和音频两种输入录制设置

（1）摄像机

单击“摄像机”可以打开电脑摄像头，显示捕捉画面。点击向下的三角箭头可查看、调整摄像头信息和参数。在此，我们可以将摄像头录制的分辨率进行调整。在“工具选项”弹窗，点击“摄像机”菜单—“视频格式”—“属性”—“输出大小”。（见图 3-125 和图 3-126）

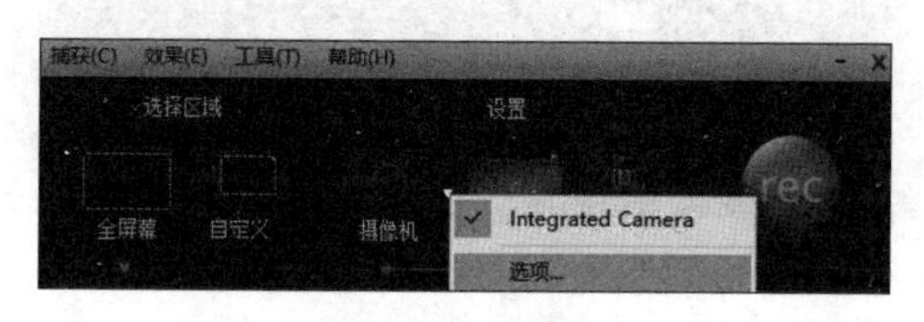

图 3-125　摄像机选项卡

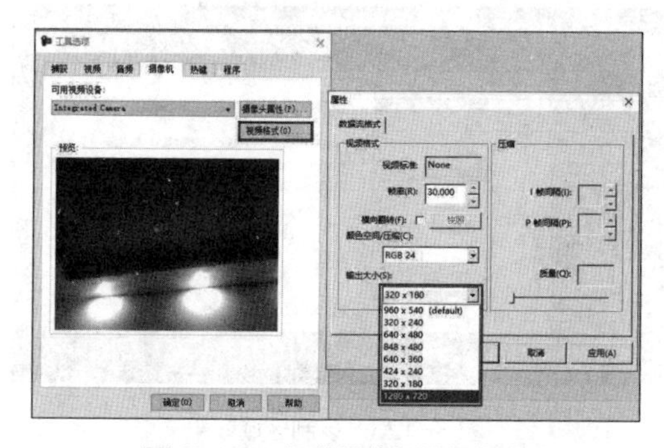

图 3-126　调整摄像机视频格式

（2）音频

单击音频正常情况下会显示“音频开”，可以看到发声声波的强度和调整音量界面。（见图 3–127）

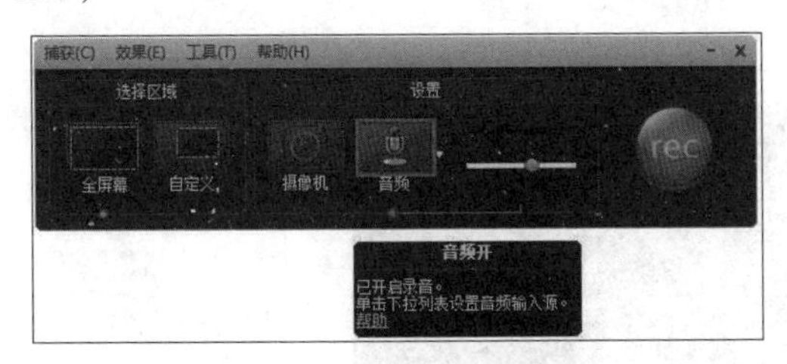

图 3–127 单击音频按钮

还可以点击向下的三角箭头，打开下拉菜单，选择音频输入源，此处为“麦克风阵列”。点击选项，打开“工具选项”窗口—“音频”，选择音频设备，调整音量大小和音频格式设置。（见图 3–128）

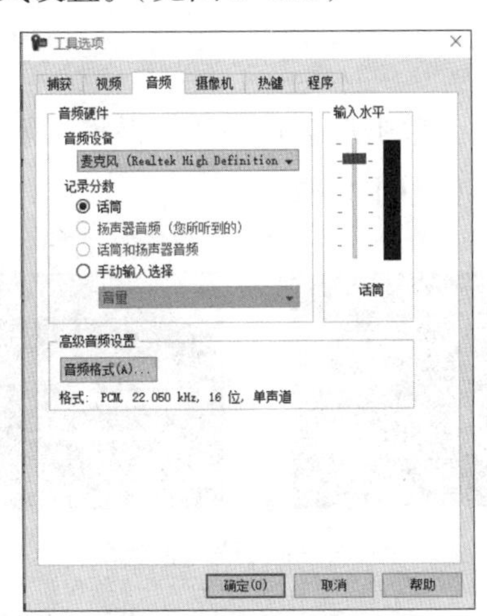

图 3–128 音频工具选项卡

如果点击“音频”，无法激活，会出现提示。（见图 3–129）

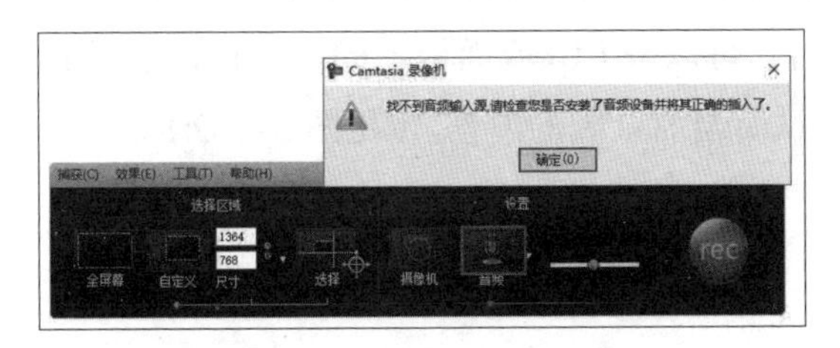

图 3–129 无法激活录像机提示

这种情况大多是因为电脑禁用了麦克风阵列，需要在电脑右下角找到小喇叭图标，点击右键，选择“打开声音设置”，找到“声音”控制面板，启用麦克风阵列就可以了。（见图 3–130）

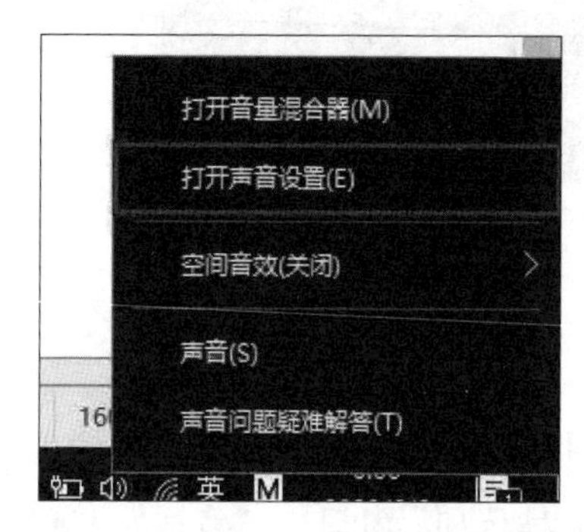

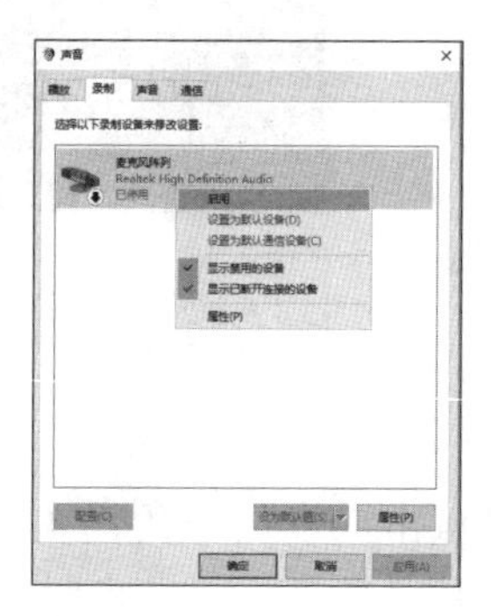

图 3–130 启用麦克风阵列

3. 录制

单击【 rec 】开始录制。单击后会自动弹出提示“请按 F10 停止录制”。倒计时 3 秒后进入录制状态。（见图 3–131）

图 3–131 开始录制状态

录制过程中想要暂停，就按 F9 或面板上的【 暂停 】，想继续的话，再按一下 F9 或面板上的“继续”。（提示：该操作建议在一张 PPT 内容完全讲完的情况下使用，如果中途暂停，在开始录制时请重新开讲暂停时停留的 PPT 页）

当录制结束时，可以按 F10 或面板上的【 停止 】，会弹出“预览”窗口，可以点击【 播放 】来试听当前录制的内容。（见图 3–132）

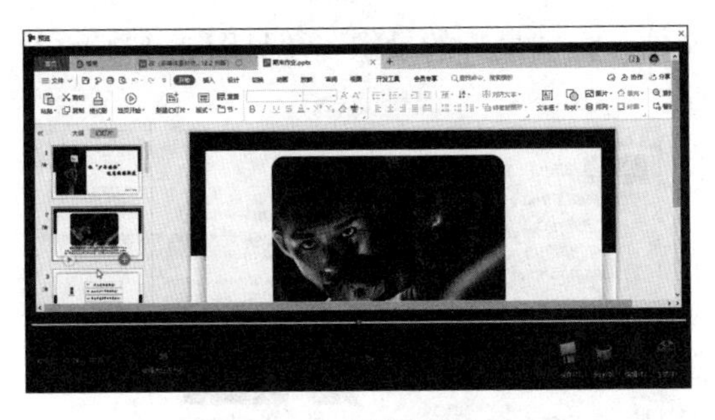

图 3-132 预览录制内容

Camtasia Studio 还具有查看播放视频的时间信息，以及保存、删除、编辑、生成等功能。

点击【保存】，保存此录像文件并关闭预览窗口。

点击【删除】，永久删除当前录像文件。

点击【编辑】，保存并在 Camtasia Studio 中打开录像文件编辑。

点击【生成】，保存并发布本录像文件为一个可共享的格式。

其中，“保存”和“编辑”功能都可以将录像文件存储为两种格式：一种是 CAMREC 格式，为 Camtasia Studio 的专用格式，其他视频播放软件打不开；另一种为 AVI 格式。两种文件都可以为后期和即时的编辑提供支持。（见图 3-133）

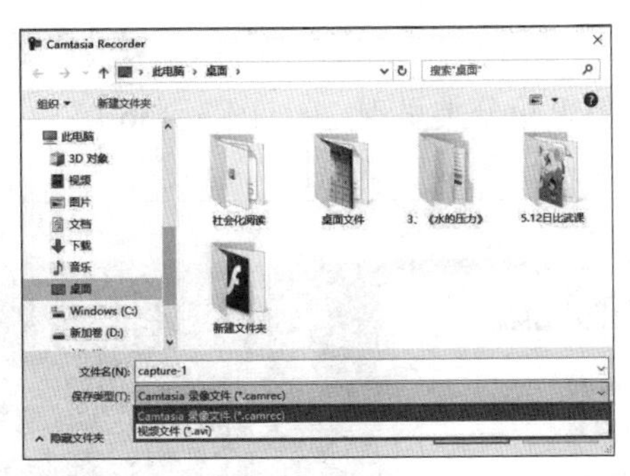

图 3-133 保存文件信息

4. 编辑

（1）导入素材

打开 Camtasia Studio 6 软件，导入素材。可以导入图文声像等多种媒体文件。

录像文件："文件"—"最近的录像"。（见图 3–134）

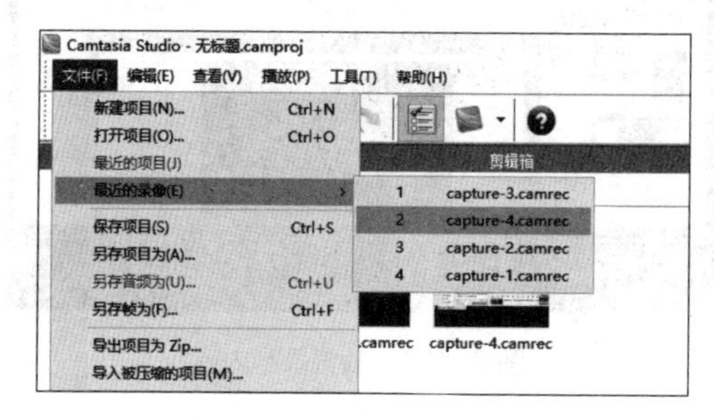

图 3–134　查看最近的录像

视频文件："文件"—"导入媒体"。（见图 3–135）

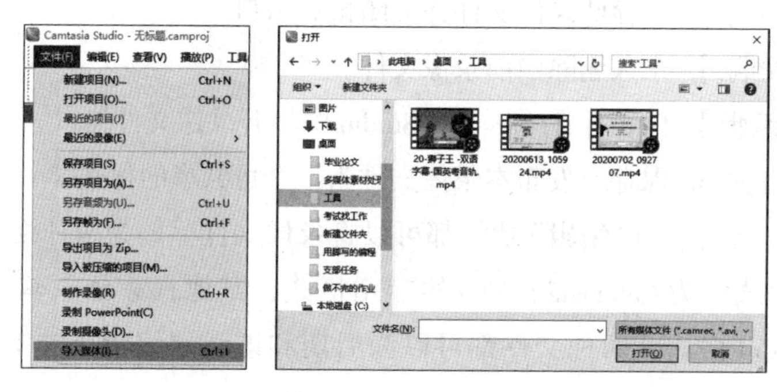

图 3–135　导入媒体

导入的素材，在剪辑箱分类呈现。（见图 3–136）

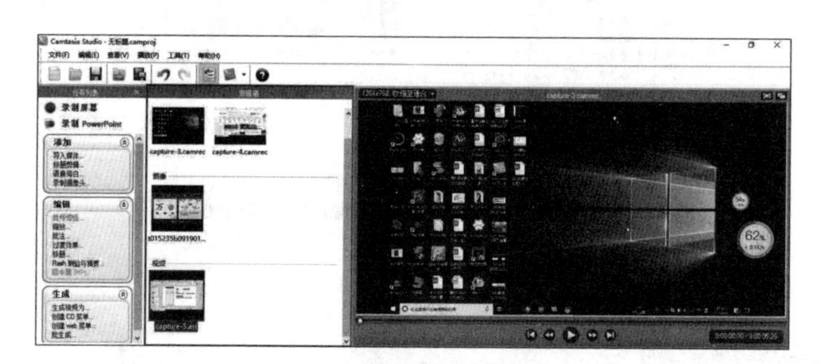

图 3–136　剪辑箱界面

（2）时间轴操作

将待剪辑素材拖动到时间轴。（见图 3–137）

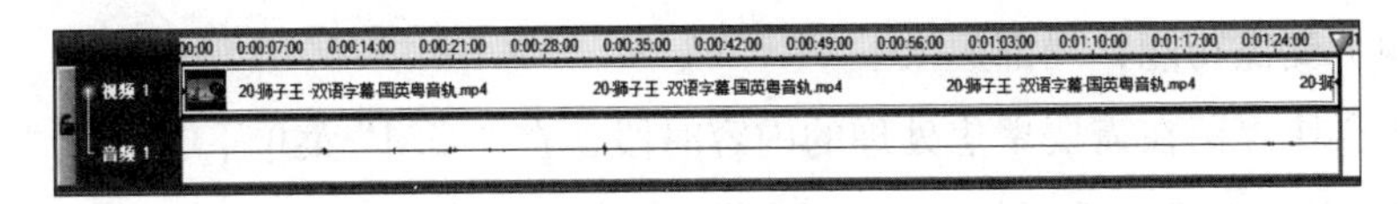

图 3-137 时间轴

在这个时间轴上共有 1 个视频轨道、2 个音频轨道和 1 个变焦功能面板。视频 1 和音频 1 默认是绑定的，此处音频 1 轨道上没有内容，是因为录像文件没有录制音频，只有视频画面。变焦功能面板可以实现区域放大，从而凸显内容和聚焦操作。

（3）裁剪视频

我们需要从录像文件视频中剪掉电脑桌面画面。先拖动滑块找到前后画面的交错位置，用小方向键移动滑块到前一画面的最后一帧，然后点击鼠标右键选择"分割"，也可在英文输入状态下按 S 键。分割完成后点击 Delete 键删除不需要的画面。（见图 3–138）

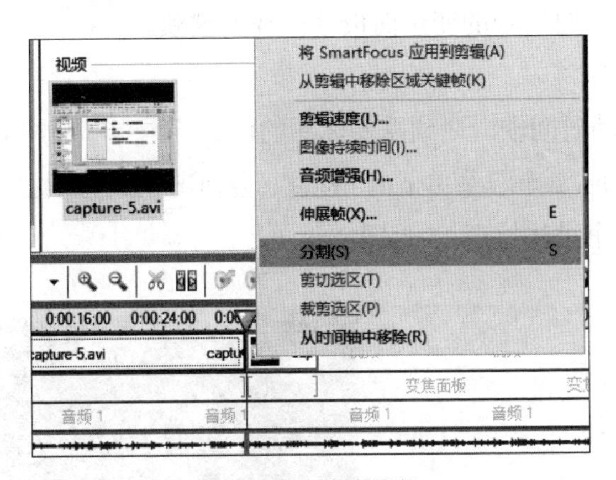

图 3-138 裁剪视频

画面的裁剪还可以在选中素材时，通过两端的黑色箭头指示方向拖动完成，但这样的处理不够精细，且无法实现中间画面的分割。（见图 3–139）

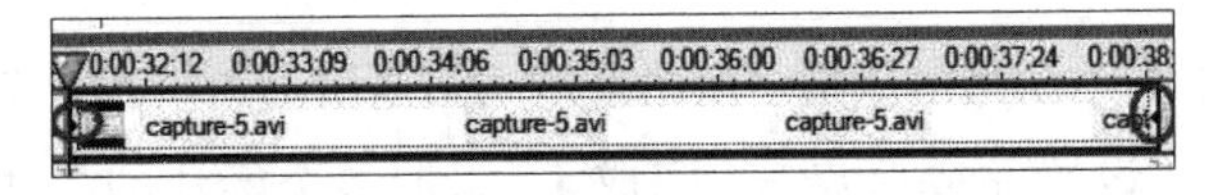

图 3-139 拖动黑色箭头指示方向裁剪画面

（4）变焦功能，局部放大

将滑块停留在需要聚焦处理的内容时段，在“编辑”菜单下，选择“变焦面板”，在变焦面板属性区域进行“比例”和“持续时间”等设置，右侧窗口预览。（见图 3-140）

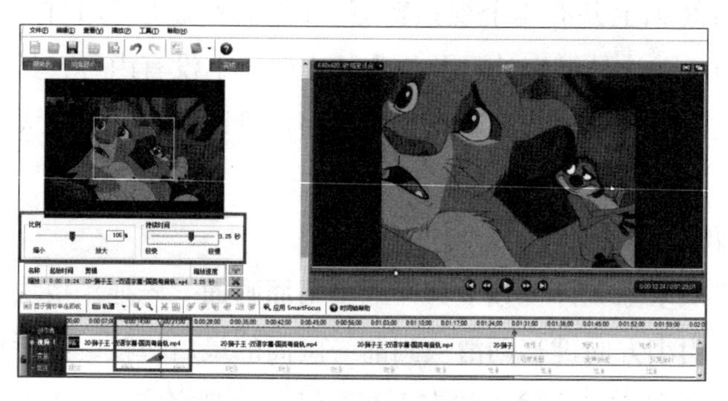

图 3-140　使用变焦功能

设置完成后，时间轴的变焦面板会出现关键帧。

（5）添加标注

步骤一： 拖动时间轴滑块到需要标注的位置。

步骤二： 单击“编辑”菜单下的“标注”会弹出“批注属性”面板，同时在时间轴上会多出一个批注轨道。（见图 3-141）

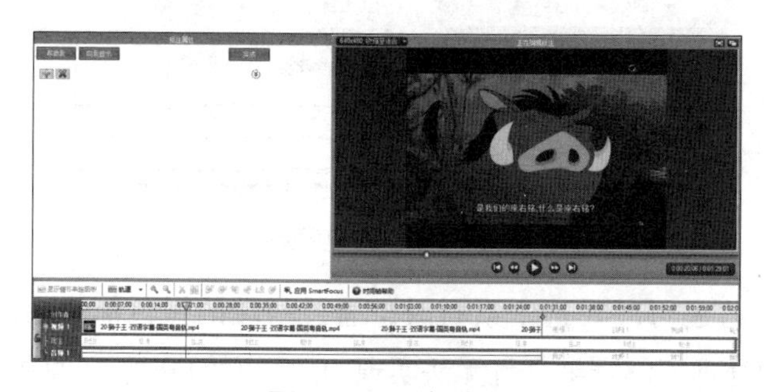

图 3-141　添加批注

步骤三： 单击“+”号键添加一个批注。可以选择批注类型，设置文本格式，调整属性参数。设置完成后点击【完成】。添加多个标注的方法同上。（见图 3-142）

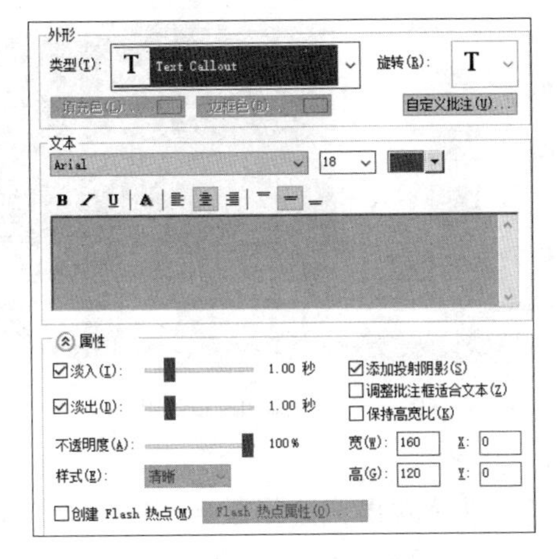

图 3-142　设置批注样式

步骤四: 若要删除标注则需要在时间轴上找到相应的标注，双击激活“批注属性”面板，点击“×”号键删除，也可以选中后直接按 Delete 键删除。(见图 3-143)

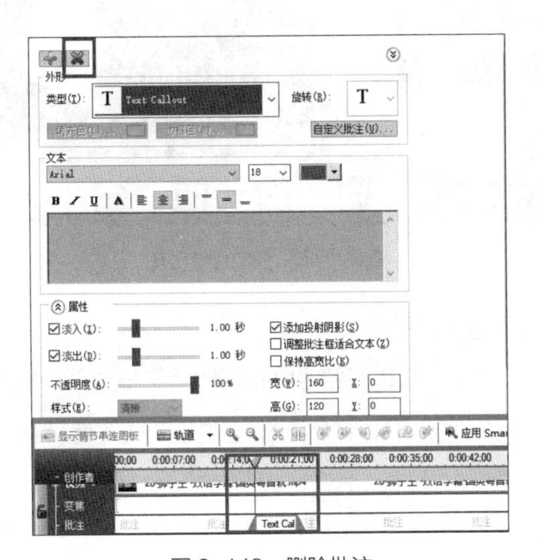

图 3-143　删除批注

(6) 添加视频间的过渡 (转场) 效果

步骤一: 点击“编辑”菜单下的“渐变”打开“过渡”面板。(见图 3-144)

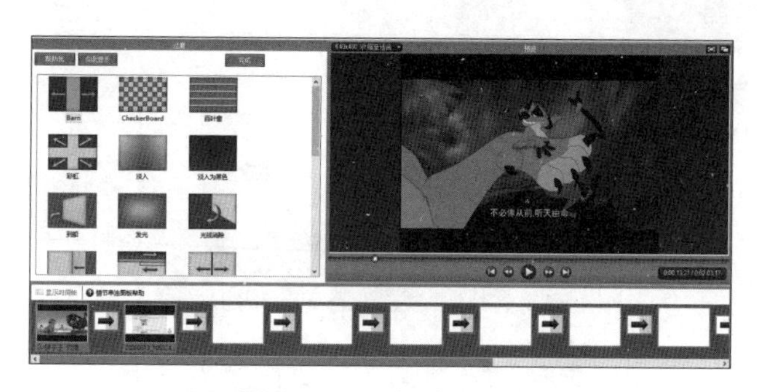

图 3-144　添加过渡效果

步骤二: 选择适当的过渡效果，按住鼠标左键不放拖动到两个视频画面的交接位置。案例中选择了“旋转立方体”过渡效果，添加完成后，时间轴两个视频交接处的箭头变成了相应功能画面。而在右侧预览窗口可以实时看到过渡效果。（见图 3-145）

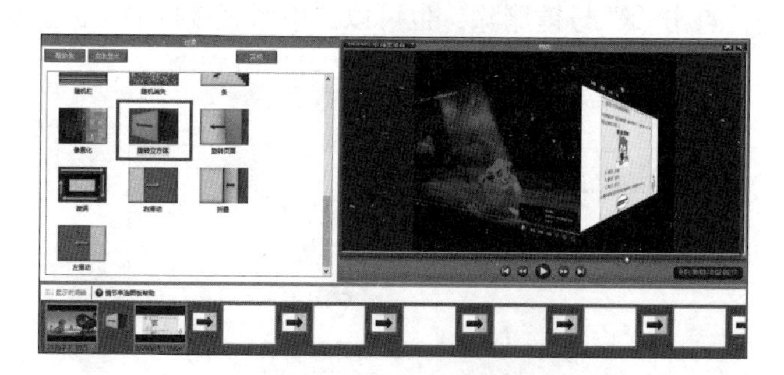

图 3-145　预览过渡效果

（7）Flash 测验概述管理器

步骤一: 点击“编辑”菜单下的“Flash 测验与概论”，打开“Flash 测验概述管理器”面板。时间轴上会增加 1 个测验轨道。（见图 3-146）

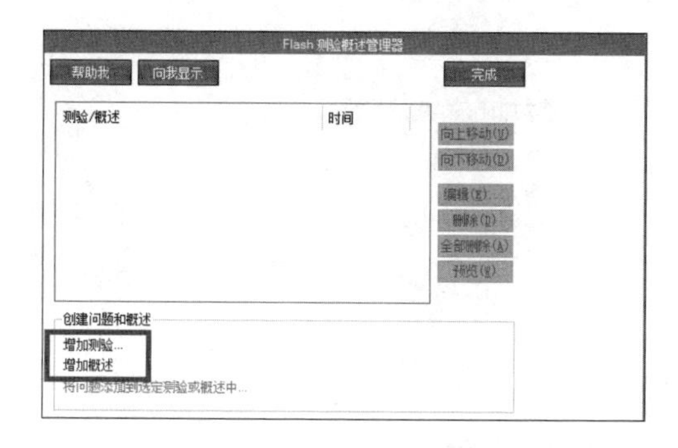

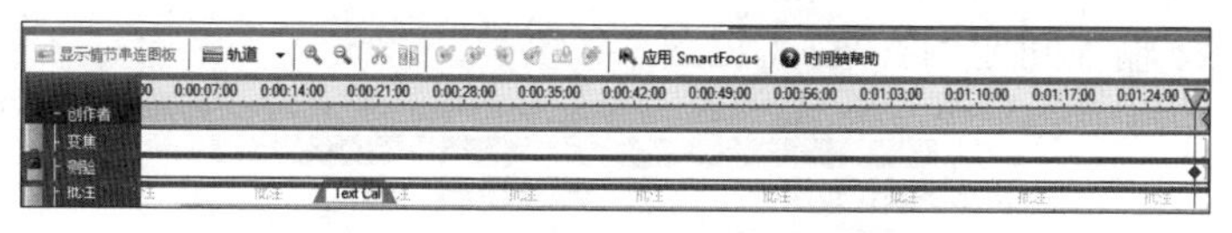

图 3-146　Flash 测验概述管理器面板

步骤二： 拖动时间轴滑块到合适位置，点击“增加测验”，在弹出的“外观与反馈”窗口进行如下设置：测验名称、外观、答案数量、测验反馈。（见图 3-147）

外观与反馈
使用测验预设(U)
自定义此问题(M)
外观
答案数量(N)：数字：1)，2)，3)，...
测验反馈
在测验分数中包含此问题(I)
在此问题被回答后显示反馈(D)
如果正确显示(C)：正确
如果不正确显示(O)：不正确
如果不正确(R)：继续
确定　取消　帮助(H)

图 3-147　测验外观与反馈窗口

步骤三： 设置完成后，点击【确定】，可选择的问题类型有多重选择、填空和简答三种。（见图 3-148）

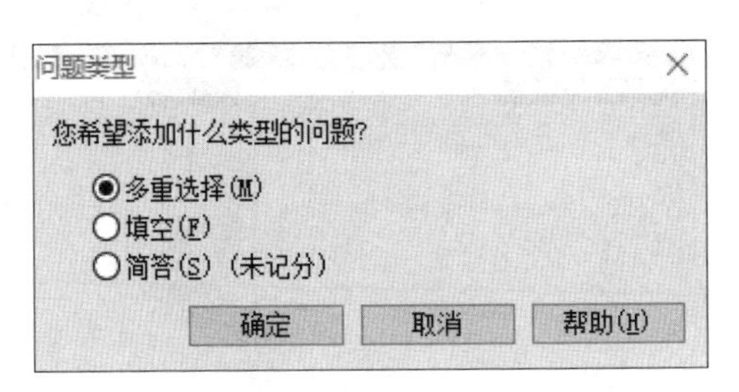

图 3-148 选择问题类型

步骤四: 输入问题和答案。(见图 3-149)

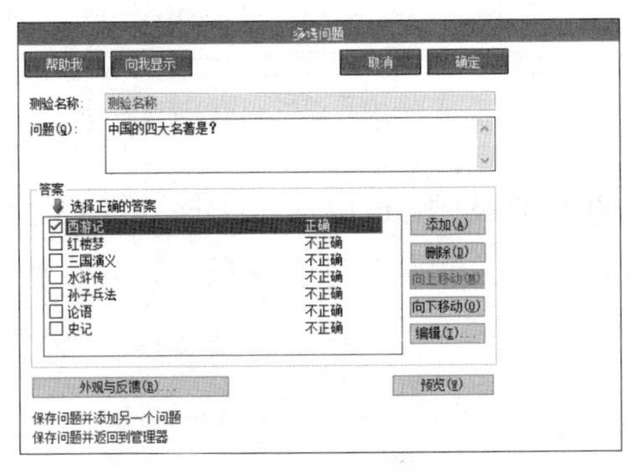

图 3-149 输入问题和答案

正确的答案为四个，此处只显示一个，需要依次选择其他正确答案，点击【编辑】，在“编辑答案详细信息”窗口，选择“自定义此答案”，修改反馈为“正确”即可。点击【确定】完成设置。(见图 3-150)

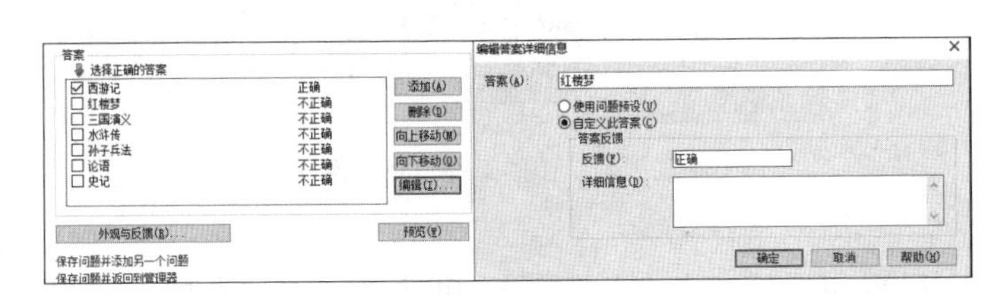

图 3-150 编辑答案详细信息窗口

步骤五: 回到“Flash 测验概述管理器”面板，点击【完成】。(见图 3-151)

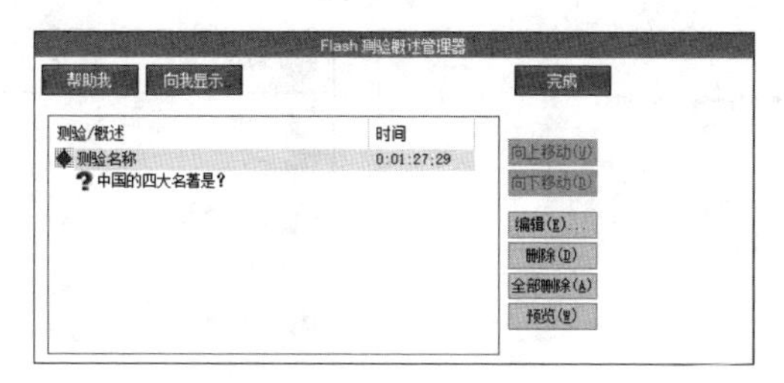

图 3-151　完成问题设置

此外，还可以录制旁白、添加字幕和画中画效果。

5. 生成视频文件

步骤一：点击“生成”之后，先保存文件。选择文件存储路径，更改文件名，保存类为 Camtasia 录像文件（*.camrec）。（见图 3-152）

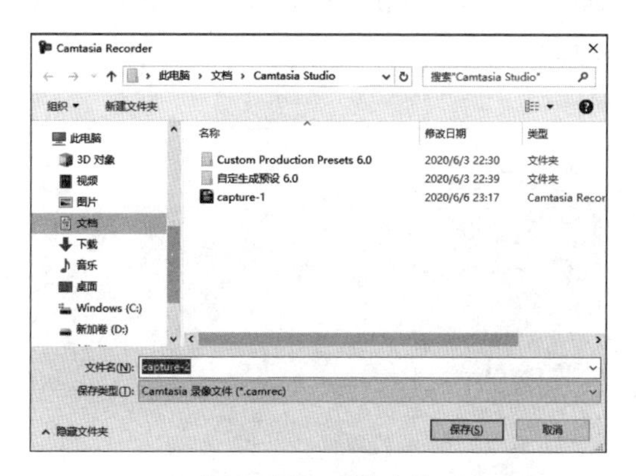

图 3-152　保存文件

步骤二：在弹出的“生成向导”对话框的下拉框中选择生成格式。（见图 3-153）

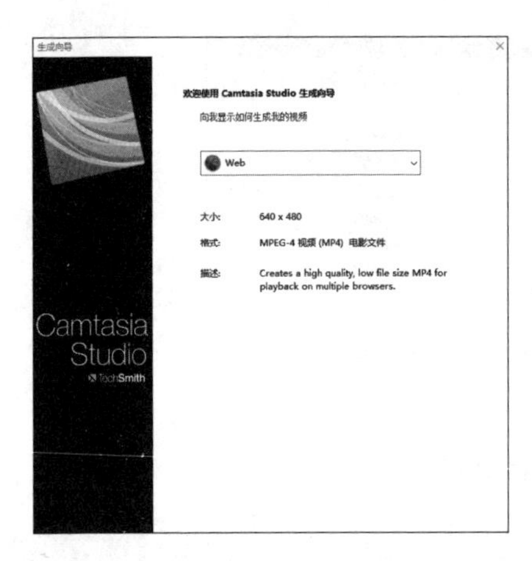

图 3-153　选择生成格式

通常我们会选择“自定义生成设置”，在“生成向导”对话框选择格式，进行参数设置。（见图 3-154）

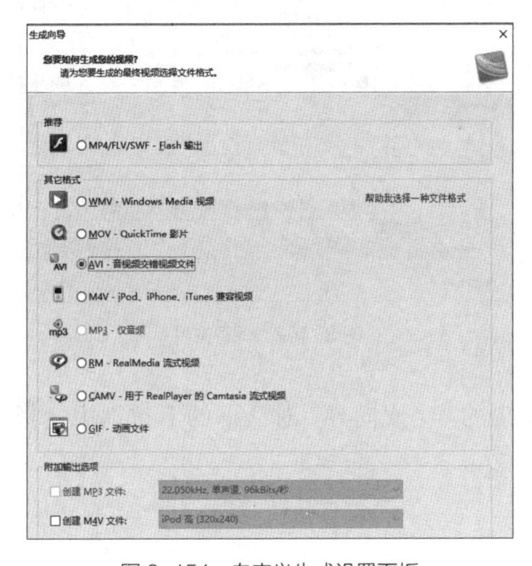

图 3-154　自定义生成设置面板

（六）喵影工厂（万兴神剪手）

“剪辑”包含两层含义：一方面是指将我们收集好了的素材进行取舍，也就是我们所谓的“剪”；而另一方面则是指我们还要将剪好的素材进行合理且有一定目的的编辑，也就是我们所谓的“辑”。剪辑软件有很多，如 PC 端的爱剪辑、会声会影、Premiere、Adobe After Effects 等。但是要选择一款易上手且功能强大的软件，编者还是推荐喵影工厂。Premiere、Adobe After Effects 这类剪辑软件功能固然强大，但需要花一定时间来学习，掌握难度较大，适合专业人士使用；会声会影功能比较丰富，接近于专业软件，封装起来超过 1G。爱剪辑软件功能简单，大多停留在基础层面，缺少编辑轨道、画外音、录屏等功能，素材来源也较为单一，片头片尾有水印。相比较而言喵影工厂的实用性最好，具有实时捕捉屏幕内容，录入画外音，调整视频的方向、饱和度、对比度及播放速率等功能。

1. 导入素材文件

方式一： 点击“文件”—“导入多媒体文件”，导入媒体文件或导入媒体文件夹。选择素材添加就上传到了媒体库。（见图 3-155）

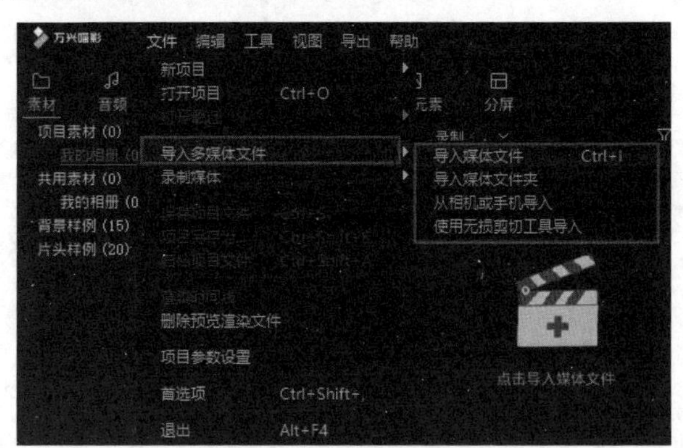

图 3-155 导入多媒体文件

方式二：“点击导入媒体文件”添加素材。（见图 3-156）

图 3-156 添加素材

方式三：点击“导入”，导入媒体文件或导入媒体文件夹。（见图 3–157）

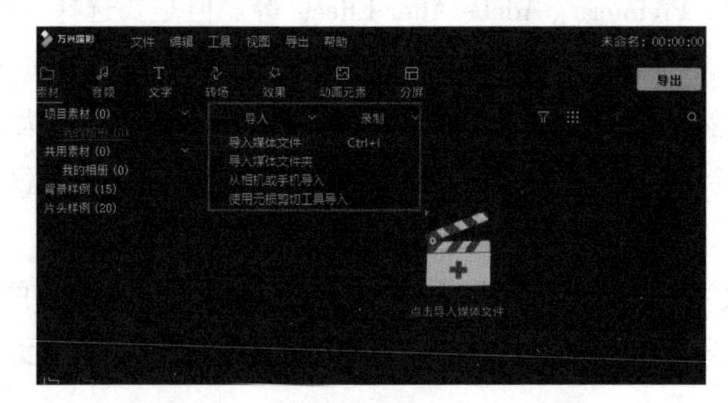

图 3–157　导入媒体文件或导入媒体文件夹

方式四：快捷键 Ctrl+I。

以上四种方式都可以弹出如下窗口，可进行素材的选择和打开。（见图 3–158）

图 3–158　选择和打开素材

2. 预览和素材粗剪

双击媒体库中的素材，可在右侧的预览窗口观看画面，利用标记入点和出点功能快速分割，获取素材片段。（注：花括号作为标记出入点功能按钮）（见图 3–159）

图 3-159 标记出入点

标记了入点和出点的视频片段，可以在预览窗口按住鼠标左键不放，把素材拖到下方时间轴的合适位置。清除入点和出点可以用快捷键 Ctrl+Shift+X。

3. 素材精剪

点击界面下方视频轴的“剪刀”（快捷键 Ctrl+B），可以从此处分割视频。继续播放，至合适的位置再点击“剪刀”。新增视频素材或剪辑素材，重复以上操作。素材的精剪可以用小方向键的左右键一帧帧定位处理，也可以按住 Shift 键，同时移动左右键每 5 帧定位处理。（见图 3-160）

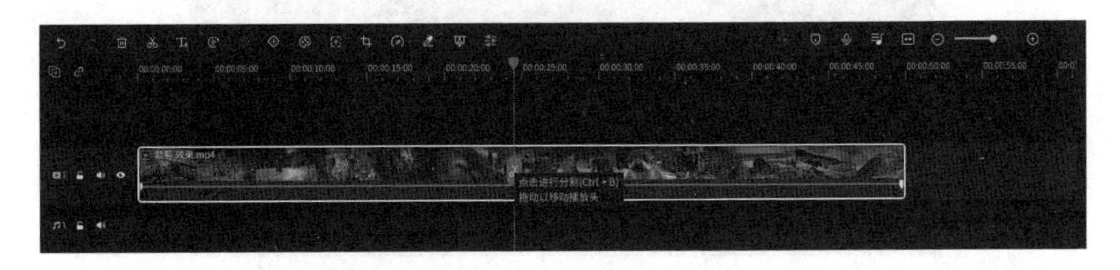

图 3-160 使用“剪刀”功能

4. 素材编辑

分割完成后，双击对某片段进行影片、音频、颜色及动画编辑，也可以右击选择裁剪、缩放、速度与时长及调色等选项。（见图 3-161）

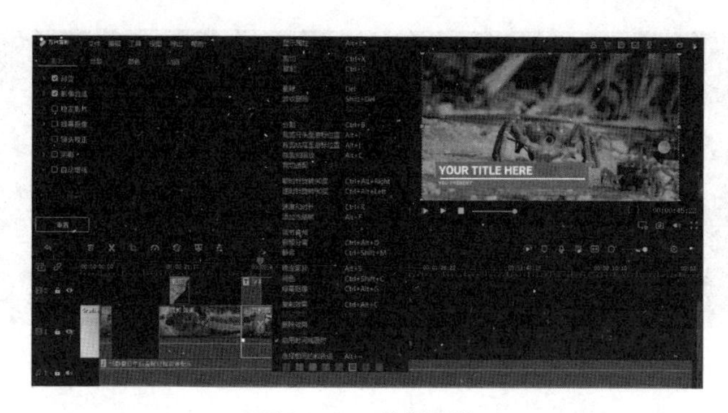

图 3-161 编辑影片

高级调色功能能让视频展现出完全不同的风格。它可以将原本过于灰暗的色彩进行调节，根据视频本身调整最合适的白平衡、3D LUT、颜色、光效、HSL（色彩模式）、晕影数值，操作简单，效果出众。（见图 3-162）

图 3-162 使用高级调色功能

5. 删除素材

对于不需要的素材可以选中后按 Delete 键删除，也可以按 Shift+Delete 组合键删除波纹。此外还可以点击素材轨道上方的“垃圾桶”图标。（见图 3-163）

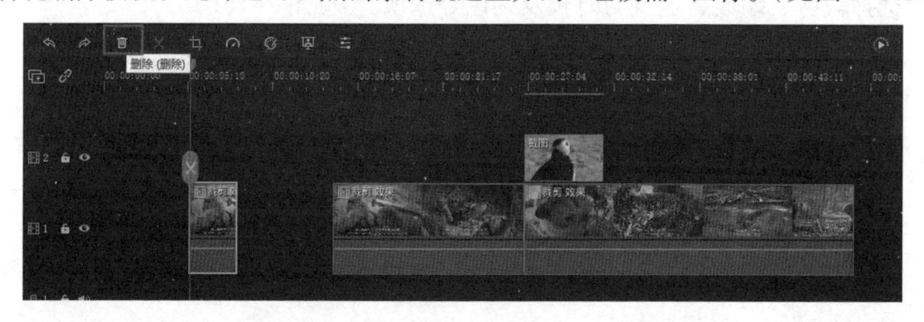

图 3-163 删除素材

6. 调整素材顺序

选中素材，按住鼠标左键不放，调整前后次序。对于空白波纹，可以单击选中，呈现绿色区域后，点击右键选择“波纹删除”，实现前后素材的拼接。音频、图片类素材的剪辑同上。（见图 3–164）

图 3-164　调整素材顺序

7. 添加音频文件

可以选择软件自带的音频文件，也可以点击“我的音乐”上传。（见图 3–165）

图 3-165　上传音频文件

很多时候我们新添加的音频文件，会与原视频片段的音乐相互干扰，这时候我们就需要关闭或调低视频中的音乐：右键选中点击视频图层，根据自己的需要选择“调节音频”“音频分离”或“静音”选项。

若要调节音频文件，可在时间轴上双击音频文件，也可右键选中音频文件，自定义调节淡入、淡出、变声、均衡器及音频降噪的数值。（见图 3–166）

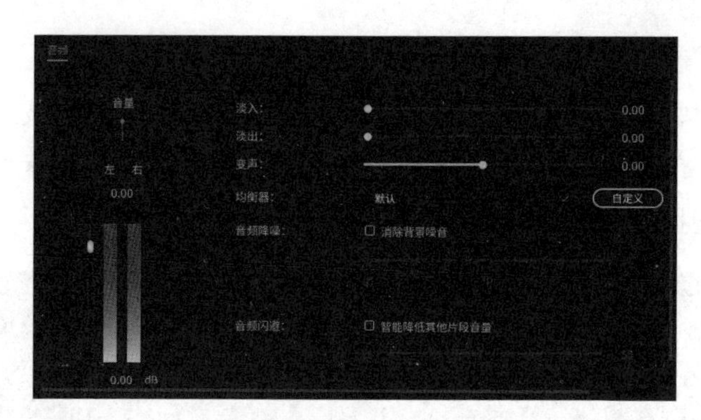

图 3-166　调节音频文件

8. 添加字幕

点击“文字”功能可看到软件自带了片头、片尾、标题、字幕条、字幕及新概念等多种预设字幕风格。可点击预览，明确需要后，选中相应字幕按住鼠标左键不放拖到时间轴视频片段的上方。（见图 3–167）

图 3-167　使用文字功能

添加到时间轴上的字幕可以设置持续时长、更改文字及配色等。将滑块停留在时间轴字幕所处位置，单击选中相应的文本框可在左侧框选区域输入文字设置字体格式，也可以选择预设的样式。文字底色和线条也同样可以更改。（见图 3–168）

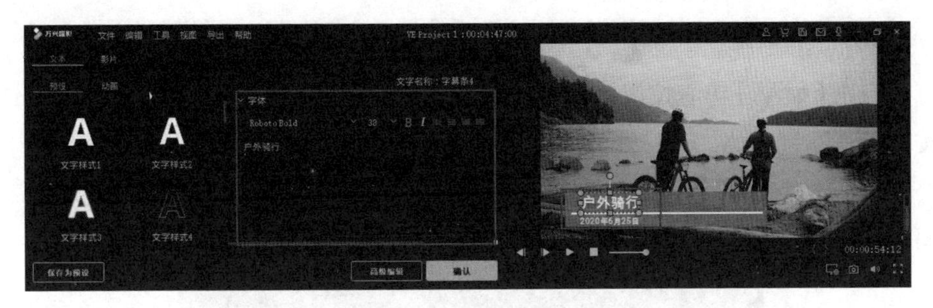

图 3-168 设置文本样式

9. 添加转场

软件提供了共 233 种转场效果，选择预览，确定所需，按住鼠标左键不放拖到时间轴需要添加转场的两个视频片段中间。（见图 3-169）

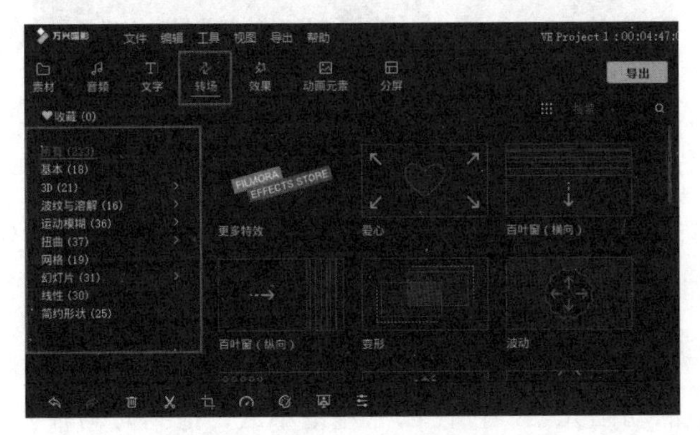

图 3-169 添加转场效果

添加后双击时间轴两个视频片段间新增的黑色矩形框，在激活的转场窗口设置时长和转场模式。转场效果删除只需要选中黑色矩形框按 Delete 键就可以。（见图 3-170）

图 3-170 设置时长和转场模式

10. 添加效果

点击【效果】功能按钮，单个视频片段可以添加一个或多个效果，方法是按住鼠标左键不放，直接拖放到时间轴相应的视频上，此时时间轴视频片段上会显示 fx 文字（即特效文字），同时预览窗口的画面也会根据所添加效果的不同而发生相应变化。如本例添加了取景器和镜头光晕效果。（见图 3–171）

图 3-171 使用效果功能

值得注意的是，这些效果都是在线素材，需要在联网状态下下载应用。此外，这些效果可以被复制和删除，只需要在相应的视频片段中右键选择复制效果或删除效果即可。

11. 添加动画元素

选择合适的动画元素，按住鼠标左键不放，拖到时间轴视频片段上方。（见图 3–172）

图 3-172 添加动画元素

12. 添加分屏效果

选择合适的分屏样式，按住鼠标左键不放拖动到时间轴的空白区域，此时预览窗口可见分屏效果，但并无实质内容。（见图 3-173）

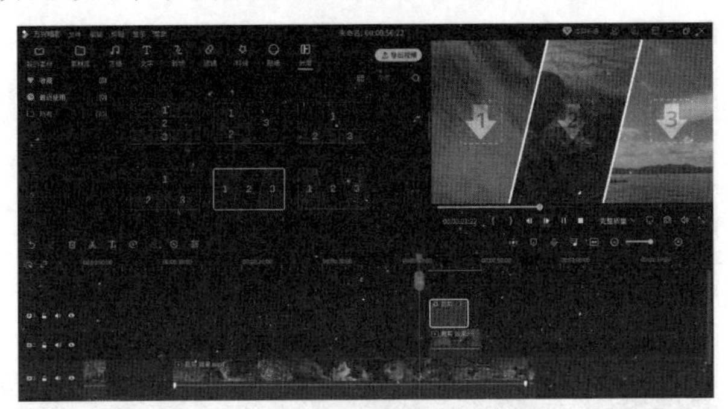

图 3-173 选择分屏样式

双击预览窗口分屏区域，可激活素材窗口，选择合适的素材按住鼠标左键不放，拖动到右侧预览窗口的编号区域。（见图 3-174）

图 3-174 分屏效果

此外，还可以点击【高级编辑】按钮进行再次编辑。（见图 3-175）

图 3-175 编辑分配效果

13. 导出视频

点击界面上方的【导出】，弹出的“导出”窗口中有本地、设备、网站三大类共 33 种不同参数设置的视频格式供选择。（见图 3–176）

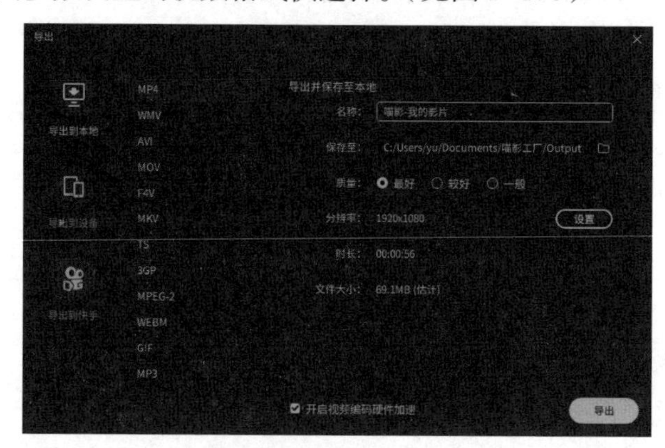

图 3–176　导出文件格式设置

（七）EV 录屏工具

EV 录屏软件（视频录制直播软件）是由湖南一唯信息科技有限公司设计研发的。它是一款不收费、不限时的高性能视频录制直播软件，支持全屏录制、选区录制等多种录制方式，满足微课、游戏录制等多重需求。它与目前市面上类似视频录制直播软件最大的不同点在于其大部分功能免费，无广告界面，输出视频文件体积极小。

1. 软件设置

点击右上角设置图标，进入设置项。（见图 3–177）

图 3–177　设置项

（1）录屏设置

这里主要设置好录屏后视频存放的地方，默认路径为 C 盘，建议选择其他盘新建一个文件夹来存放，其他的选项可保持默认。（见图 3–178）

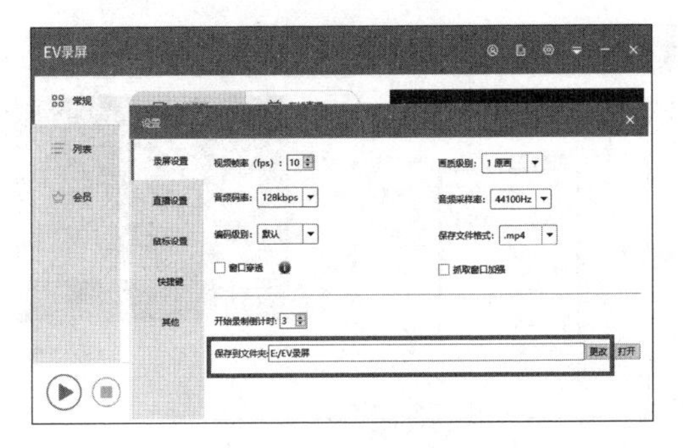

图 3-178　设置面板

（2）鼠标设置

默认勾选“录制光标”，手动勾选“光标阴影”，一般阴影颜色选择比较显眼的红色，根据各自喜好，其他选项保持默认。（见图 3-179）

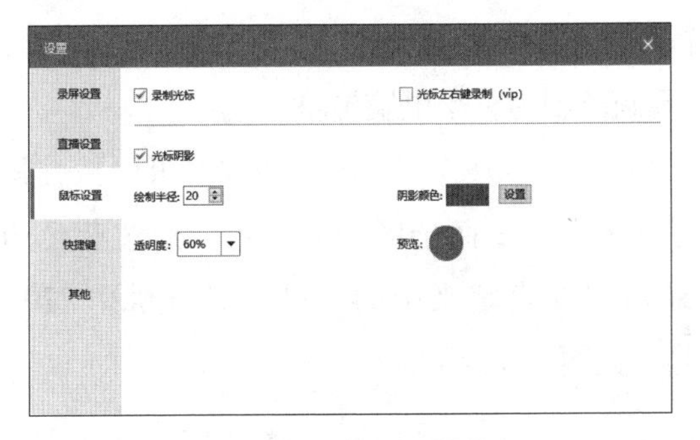

图 3-179　鼠标设置面板

（3）“快捷键”和“其他”

“快捷键”设置和“其他”项的设置根据自己的习惯来设置。

2. 主界面设置

在主界面（见图 3-180）中，我们主要设置“选择录制区域”和“选择录制音频”。

图 3-180 “选择录制区域”设置菜单

（1）“选择录制区域”设置

在“选择录制区域”下拉菜单中，提供了全屏录制、选区录制、只录摄像头、不录视频四个选项。

a. 全屏录制：录制范围为整个电脑屏幕。

b. 选区录制：默认为 1280×720，选区的位置可以按住鼠标左键不放，出现手形工具时直接拖动调整；而选区的大小可以通过蓝色边界线上的 8 个控制点缩放调整，还可以在自定义中的三种预设分辨率 720×480、960×640、1280×720 中选用。（见图 3-181）

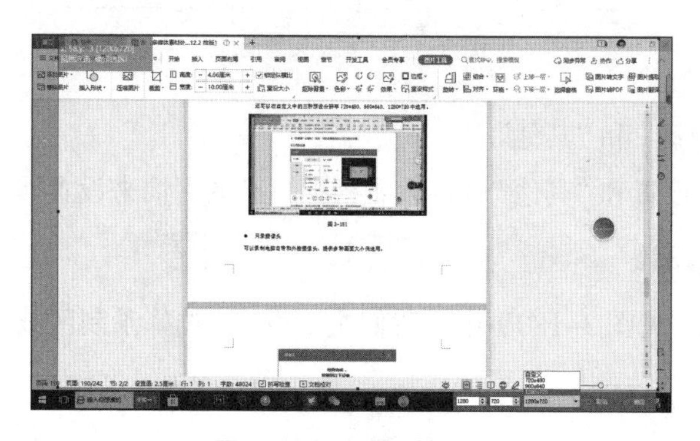

图 3-181 录制区域展示

c. 只录摄像头：可以录制电脑自带和外接摄像头，提供多种画面大小供选用。（见图 3-182）

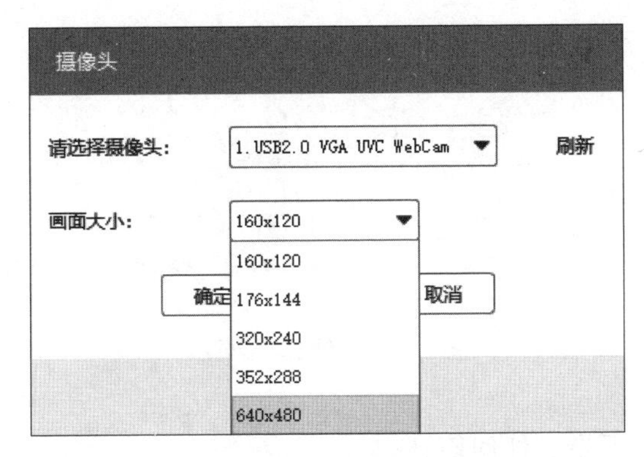

图 3-182　设置画面大小

d. 不录视频：当只需录制音频时选用。

（2）“选择录制音频”设置

在“选择录制音频”下拉菜单中，提供了仅麦克风、仅系统声音、麦和系统声音、不录音频四个选项，支持“麦克风”音频录制，支持“声卡原声”高清录制。（见图 3–183）

图 3-183 【选择录制音频】设置菜单

a. 仅麦克风：只录制外部输入声音。

b. 仅系统声音：也就是内录，只录制电脑声音。

c. 麦和系统声音：辅助工具（见图 3–184）中图片水印、文字水印、嵌入摄像头、定时录制、本地直播可以免费使用，而分屏录制、按键显示及桌面画板需要会员权益。分屏录制可同时录制桌面、摄像头以及图片。桌面画板演示过程中可以使用画笔进行书写。支持按键显示，演示过程画面出现每一次操作的物理键。

图 3-184　辅助功能展示

d. 不录音频：不录制任何声音。

点击首页的“列表菜单”。“列表”显示已录制视频的数量、视频名、时长、大小及录制日期信息，可通过点击每个视频的【更多】按钮进行播放、重命名、高清转码、文件位置、上传分享及删除操作。（见图 3-185）

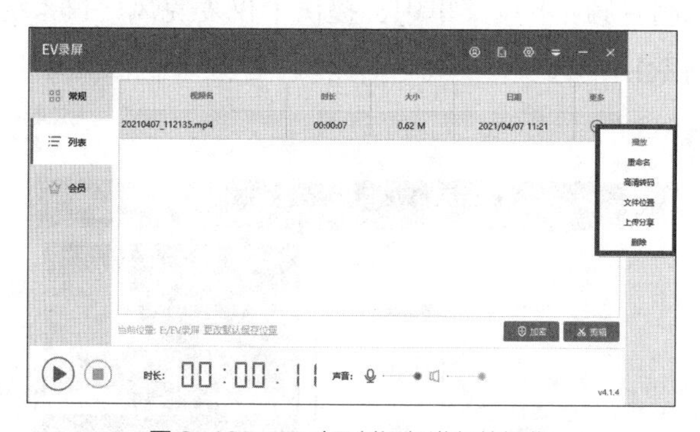

图 3-185　可对录制视频进行的操作

（八）修改 AE 模板

AE 是 Adobe After Effects 的简称，是 Adobe 公司推出的一款图形视频处理软件，属于层类型后期软件。

Adobe After Effects 适用于从事设计和视频特技的机构，包括电视台、动画制作公司、个人后期制作工作室，以及多媒体工作室。Adobe After Effects 软件可以帮助用户高效且精确地创建无数种引人注目的动态图形和震撼人心的视觉效果。

Adobe After Effects 利用与其他 Adobe 软件无与伦比的紧密集成和高度灵活的 2D 和 3D 合成，以及数百种预设的效果和动画，为用户的电影、视频、DVD

和 Macromedia Flash 作品增添令人耳目一新的效果。

1. 获取 AE 模板资源

AE 模板可以在红动中国、觅知等网站上下载。下载的时候需要注意素材编辑的版本要求和分辨率大小。本例为觅知网素材，在界面右侧可以查看到打开软件的版本要求最低为 After Effects CC，分辨率为 1920×1080。（见图 3-186）

图 3-186　AE 模板

2. 打开模板

在“文件”菜单下选择“打开项目”，找到已经下载到指定位置的模板打开，本例正处于 Text Holder 合成的起始位置，拖动时间轴滑块可以查看内容。（提示：有些时候打开模板后画面是全黑的，这时就需拖动滑块让内容显示出来）（见图 3-187）

图 3-187　打开模板

Text Holder 合成属于左上项目窗口中“Edit Text Here”（“在此编辑文本”）合成。

3. 修改文字

依次点击项目窗口合成，找到文字所在合成，通过点击最左侧显示 / 隐藏按钮或查看文本图层找到需要修改的文字，预览窗口更改文字内容，右侧字符面板修改字体、字号、行距、字符间距及颜色等。（见图 3-188）

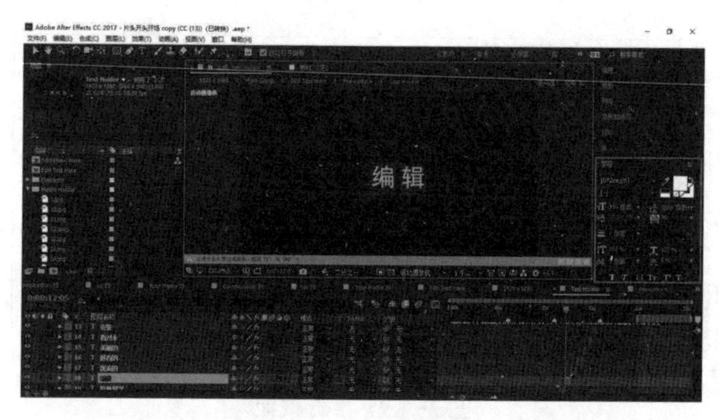

图 3-188　修改文字

4. 修改图片

步骤一：依次点击项目窗口合成，找到图片所在合成及其所在层。（见图 3-189）

图 3-189　修改图片

步骤二：进入“文件”菜单，选择“导入”—“文件”，打开“导入文件”窗口，找到替换图片，点击【导入】，会出现项目窗口。（见图 3-190）

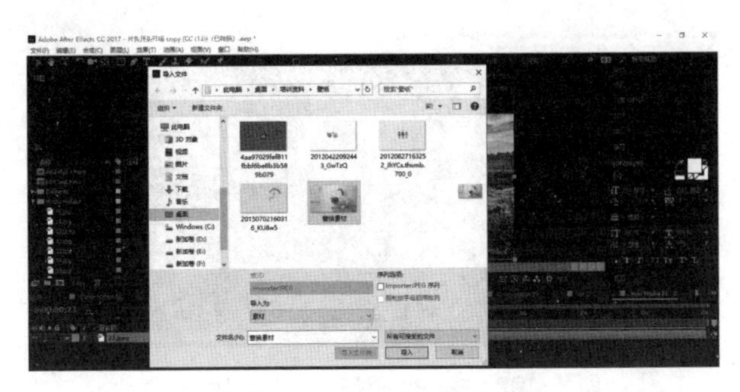

图 3-190 导入文件

步骤三：按住 Alt 键不放，同时拖动刚导入的图片文件，从项目窗口中拖动到层编辑栏的层名称上，松手，完成替换。

如果不按住 Alt 键，那么拖到层上，只是增加了一层，一层就变成了两层。一般都用替换的方法，因为只是替换图片内容，可以保留图片效果不变。（见图 3-191）

图 3-191 替换图片

替换图片之后，可以用鼠标滚轮缩放窗口大小，拖动图片控制点调整图片大小，或者干脆用快捷键 Ctrl+Alt+F，让图片自动适应窗口大小。

5. 修改视频

步骤一：依次点击项目窗口合成，找到视频所在合成及其所在层。（见图 3-192）

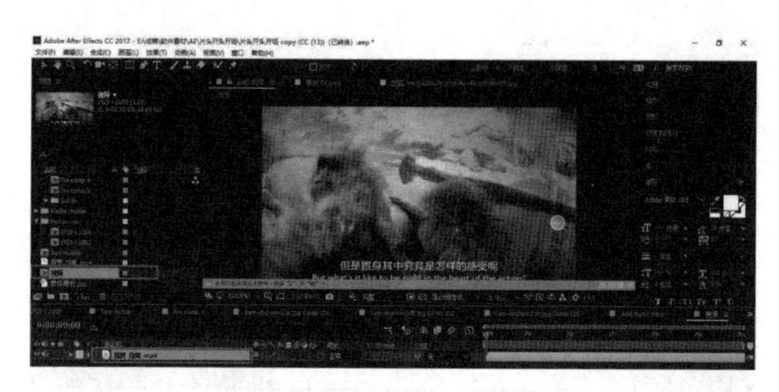

图 3-192　找到视频所在合成及其所在层

步骤二: 进入“文件”菜单，选择“导入”—“文件”，打开“导入文件”窗口，找到替换视频，点击【导入】，会出现项目窗口。（见图 3-193）

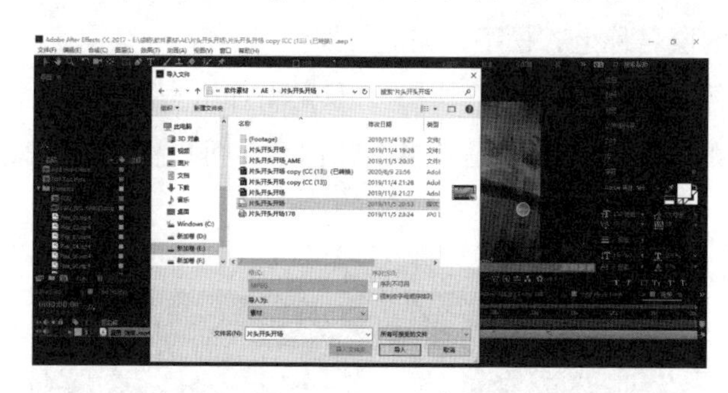

图 3-193　导入文件

步骤三: 按住 Alt 键不放，同时拖动刚导入的视频文件，从项目窗口中拖动到层编辑栏的层名称上，松手，完成替换。（见图 3-194）

图 3-194　替换效果

需要注意的是：图片是单帧静态画面，内容不变；而视频是多帧动态画面，图像内容前后会有变化，这就要对新导入替换视频设置入点和出点，也就是播放和结束的位置点。具体操作如下：

a. 双击视频层名称进入。

b. 按空格键开始播放视频，到达你需要的时间点后就点一下下方框选的“入点”按钮，设置出点就点一下“出点”按钮，若视频足够长，则无须设置出点。（见图 3–195）

图 3–195 设置入点和出点

步骤四： 去除替换视频中的声音。点击视频层前边的小喇叭音频标记，素材就静音了。（见图 3–196）

图 3–196 静音效果

6. 渲染输出

步骤一： 在项目窗口，找到总合成。点击菜单“合成”—“添加到渲染队列”（快捷键 Ctrl+M）。这时就可以在渲染队列窗口，增加一个等待渲染的合成项目。（提示：不需要的待渲染序列可以用 Delete 键删除）（见图 3–197）

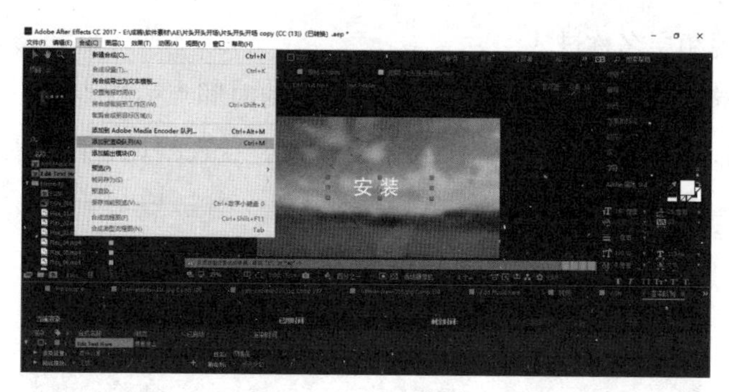

图 3-197　渲染视频

步骤二： 自定义输出设置。设置要渲染输出的起点时间和结束时间。点击“最佳设置”，在弹出的渲染设置窗点击“自定义”，在自定义时间范围窗口设置起始时间点和持续时长。（见图 3-198 和图 3-199）

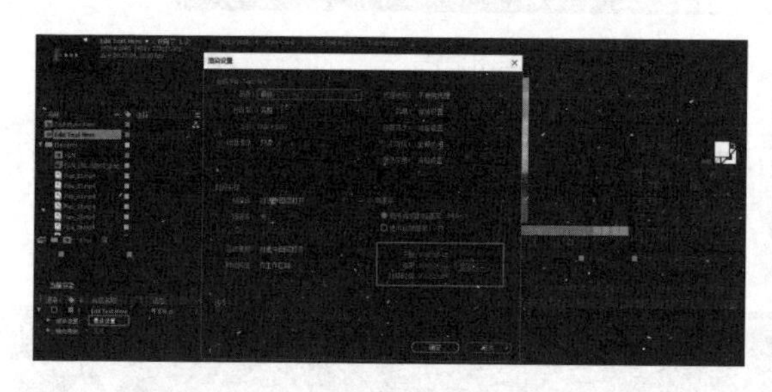

图 3-198　设置输出和结束的时间

图 3-199　设置时间范围

步骤三： 输出格式设置。单击输出模块的无损按钮。在弹出的输出模块设置窗口设置格式，默认为 AVI 格式，输出文件会很大，要改成质量高、体积小的 QuickTime 格式。如果你没安装 QuickTime 播放器，建议预先安装。（见图 3-200）

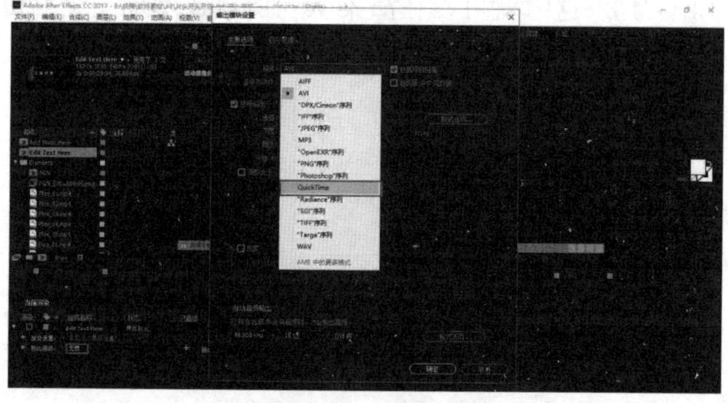

图 3-200　设置输出格式

然后单击“格式选项”，“视频编码器”选中“H.264”设置完后“确定”。这样设置输出生成的视频是MOV格式的，质量高、体积小。

步骤四: 点击输出模块的“尚未指定”，设置输出视频保存的位置和文件名，保存。（见图3-201）

图3-201 保存文件

步骤五: 勾选输出内容，激活“渲染队列”窗口右上角的【渲染】按钮，单击【渲染】输出视频。（见图3-202）

图3-202 开始渲染视频

第四章

动画素材的获取与编辑

动画（animation），是一种集绘画、漫画、电影、数字媒体、摄影、音乐、文学等众多艺术门类于一身的综合的艺术表现形式。具体地说，就是采用逐帧拍摄对象并连续播放而形成运动的影像技术。不论拍摄对象是什么，只要拍摄方式是采用的逐格方式，观看时连续播放形成了活动影像，它就是动画。

动画包括二维动画和三维动画，分别可以利用 Flash 和 3D Studio Max 来制作，当然还有许多其他的软件，不过这两种软件是较为常用的。在我们的生活中，动画无处不在，例如动画片、动漫、表情包等等。

动画形成的基本原理与电影、电视一样，都是视觉暂留原理。医学证明人类具有“视觉暂留”的特性，人的眼睛看到一幅画或一个物体后，在 0.34 秒内不会消失。利用这一原理，在一幅画还没有消失前播放下一幅画，就会给人造成一种流畅的视觉变化效果。也就是说，动画是通过把人物的表情、动作、变化等分解后画成许多动作瞬间的画幅，再用摄影机连续拍摄成一系列画面，给视觉造成连续变化的图画。那么，我们可以通过制作各种分解的画幅来组成动画，因此动画素材也就是画幅的选取非常重要，本章我们就来学习如何获取和编辑动画素材。

一、动画素材的获取

动画素材的种类有很多，包括音频、视频、图像、SWF 格式资源等。它们的来源有很多，其中图像资源的获取就不予多说，而音频、视频的素材主要有两种获取方式——维棠下载和硕鼠下载，SWF 格式资源可以在 Flash 动画素材网站中获取。

（一）维棠下载

维棠是根据 FLV 视频分享站的特点，由开发小组共同开发的一套专用于 FLV 格式视频真实地址分析及下载的软件，专门针对 YouTube、土豆网、56 网、Mofile 网等最火热的视频分享站的 FLV 格式视频的真实地址的分析与下载。利用维棠 FLV 视频下载软件，用户可以将播客网站上的 FLV 视频节目下载保存到本地，避免在线观看等待时候太长的麻烦，同时也为用户下载收藏喜欢的播客视频节目提供了方便。当然也为我们对音视频资源的获取提供了很好的渠道。

步骤一：在搜索引擎（如百度）中搜索维棠下载的软件安装包，然后选择【普通下载】，浏览选择保存的文件夹，单击【下载】然后双击运行程序，安装软件。（见图 4–1 和图 4–2）

图 4–1　搜索维棠下载软件安装包

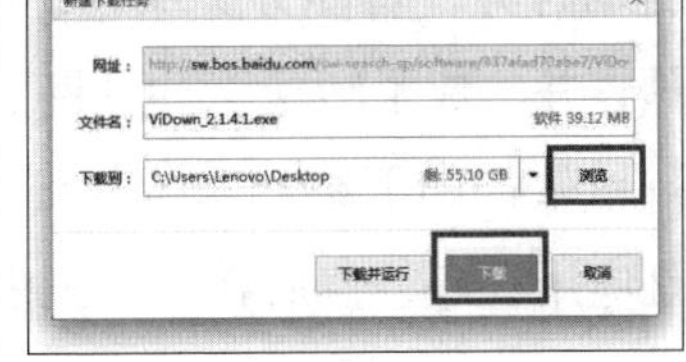

图 4–2　下载维棠下载软件安装包

步骤二：在计算机中安装好维棠下载软件后，打开进入软件界面，然后在搜索栏中输入需获取素材的关键词。（见图 4–3 和图 4–4）

图 4–3　软件界面

图 4–4　搜索素材

步骤三：选择所需素材，右键单击，选择“用【维棠】下载视频”，然后在跳出的对话框中选择好保存路径，最后单击【立即下载】。（见图 4–5 和图 4–6）

图 4-5　用【维棠】下载视频

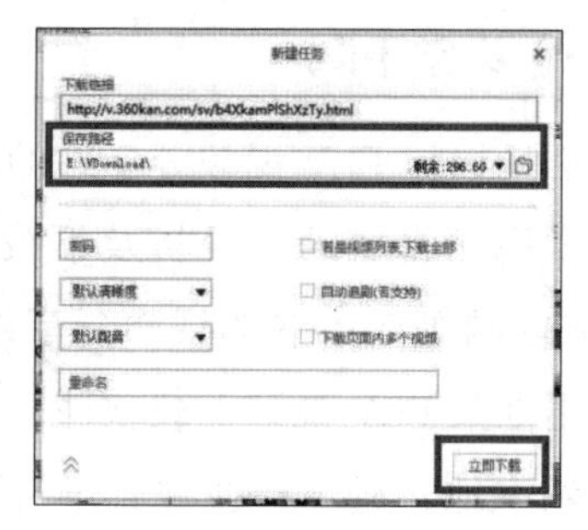

图 4-6　下载素材

（二）硕鼠下载

硕鼠是 FLV 在线解析网站官方制作的专业 FLV 下载软件，提供土豆、优酷、我乐、酷 6、新浪、搜狐、CCTV 等 90 个主流视频网站的解析、下载、合并 / 转换一条龙服务。它支持多线程下载，可智能选择地址，自动命名，FLV/MP4 自动合并，智能分类保存，特色的“一键”下载整个专辑的功能，无须人工干预，并集成了转换工具可将下载文件批量转换为 3GP、AVI、MP4 等格式。

硕鼠软件的下载和安装与维棠软件是一样的，都是先下载相应的安装包，也就是应用程序，然后在计算机中双击运行并安装就可以了。（见图 4–7）

图 4–7　搜索硕鼠软件安装包

而硕鼠下载与维棠下载不同的地方在于，维棠是直接搜索资源，而硕鼠是找资源所在的网址。硕鼠下载首先在搜索框中输入资源网址或者在软件内直接找到资源，然后右键单击选择“使用 FLVCD 获取本页视频的下载地址”。进入解析完成的下载界面，点击【用硕鼠下载该视频】。（见图 4–8 ～图 4–11）

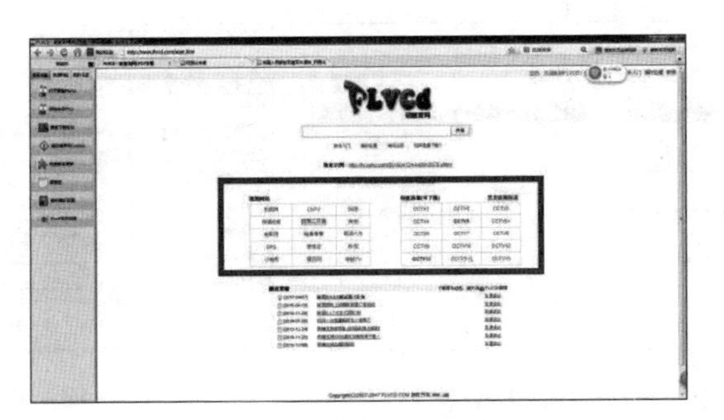

图 4-8　在软件内直接寻找资源

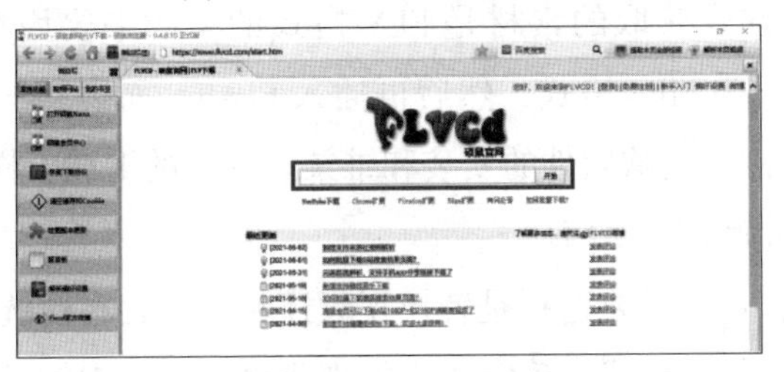

图 4-9　在搜索框中输入资源网址

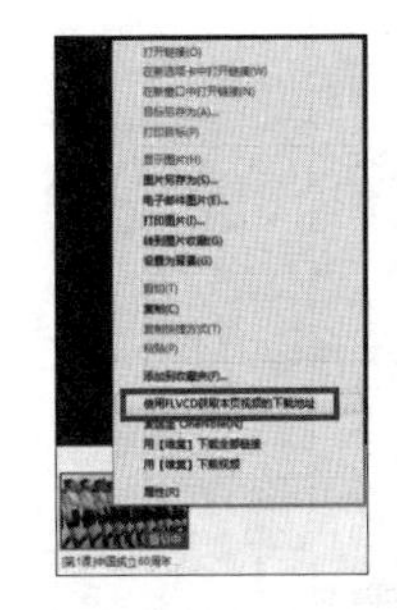

图 4-10　使用 FLVCD 获取本页视频的下载地址

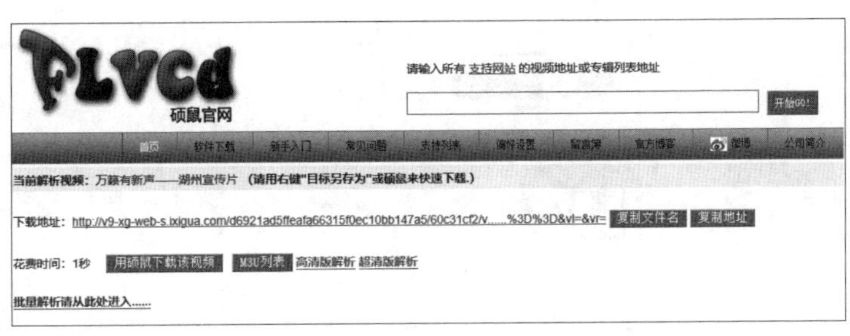

图 4-11　用硕鼠下载该视频

在页面中点击【硕鼠专用链下载】，然后在跳出的对话框中选择存储位置，最后单击【确定】。（见图 4-12 和图 4-13）

图 4-12　硕鼠专用链下载

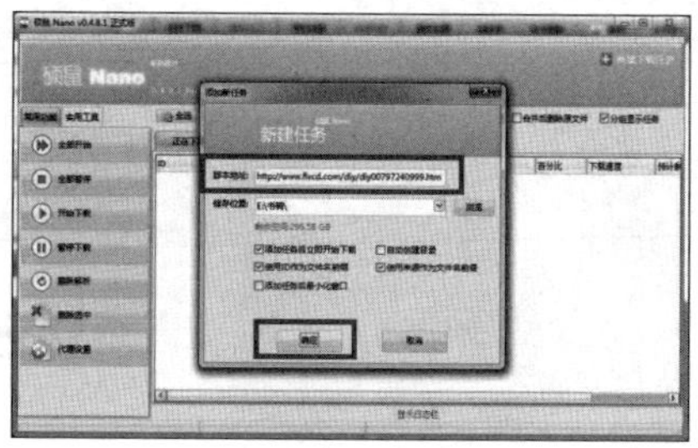

图 4-13　选择存储位置

用以上两种方式获取的素材是 FLV 格式的，如果要用在 Flash 中，视频 FLV 格式需要转化为 MP4 格式，然后再插入 Flash。而视频的格式转换需要用到“格式工厂”软件，这款软件的安装和维棠、硕鼠的下载一样，在此就不多加说明，编者主要讲解它的使用。

打开程序后，首先需要选择是转换视频还是音频，在此选择“视频”，然后选择需要转换的视频的格式，确定相应的视频格式，如 MP4。（见图 4-14）

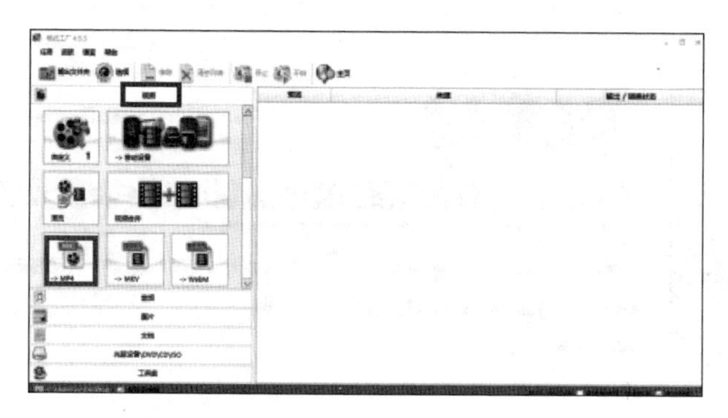

图 4-14　将视频转换成 MP4 格式

然后在跳出的对话框中，单击【添加文件】，确定需要转换的文件，单击【打开】，再改变“输出文件夹”，确定输出位置，最后再单击【确定】。（见图 4-15 和图 4-16）

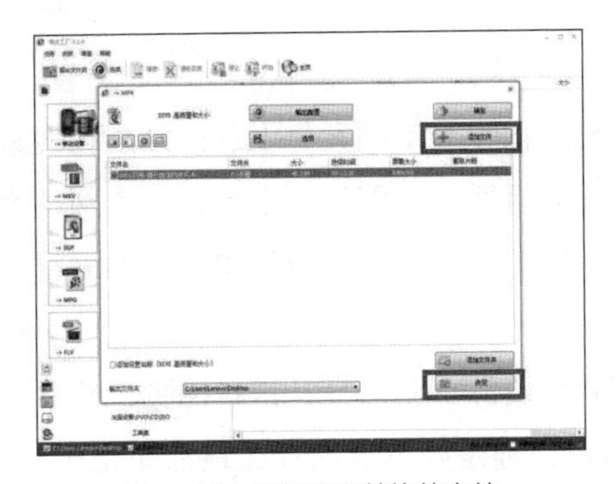

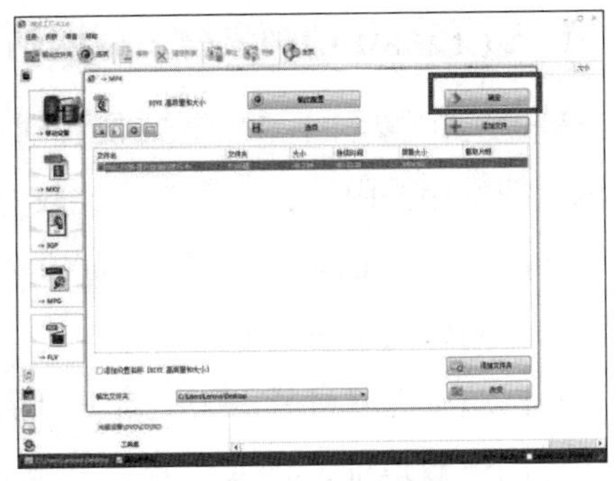

图 4-15 添加需要转换的文件

图 4-16 确定输出文件夹

单击【确定】后，软件将会自动进入一开始的主界面，然后单击【开始】按钮，等待转换完成。（见图 4-17 ～图 4-19）

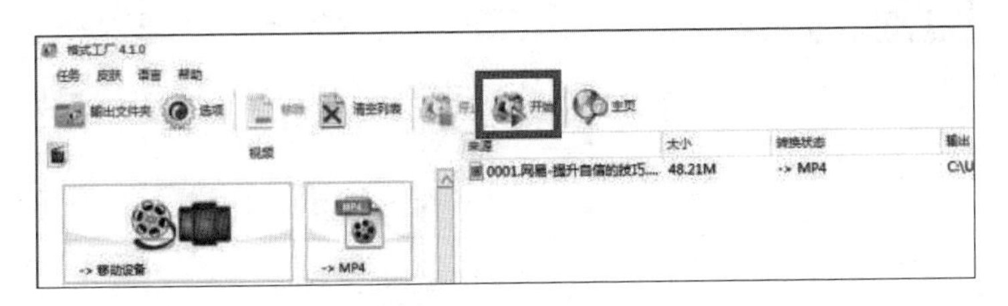

图 4-17 开始转换

图 4-18 转换进度

图 4-19 转换完成

转换完成后，将格式正确的视频资源导入 Flash 资源库，就可以进行编辑处理制作了。

（三）Flash 动画素材下载网站

Flash 动画素材下载首先需要找到合适的 Flash 动画素材下载网站，在搜索引擎上搜索相关内容，然后找到比较专业并且适合的网站。本书以一个网站为例（http://sc.chinaz.com/donghua/GeXingSheJi.html）。当然还有许多其他的素材资源网站，例如我图网、千图网等。

在网站中选取自身认为适合并且需要的资源，双击打开素材网页，然后找到相应的下载地址，选取适合的下载通道，确定好下载路径，最后单击确定，等待下载完成。

下载完成后，在自己的 Flash 源文件中，选择“文件”菜单，单击其中的“打开”，选取已下载的资源，然后就可以利用资源了。（见图 4–20）

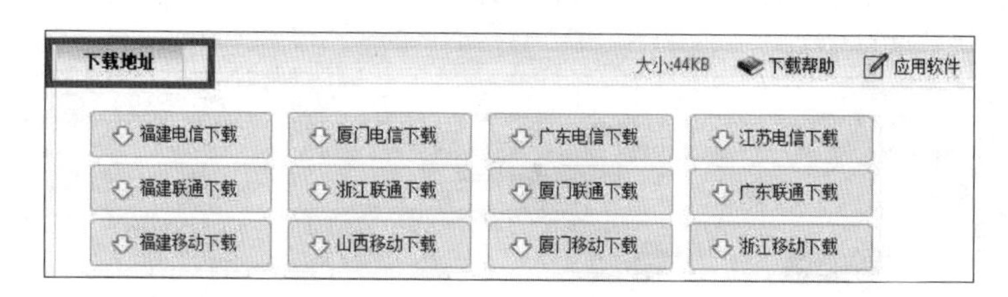

图 4–20　选择下载地址

一般来说，在动画素材网站上下载的资源都是格式为 FLA 的源文件，但是某些资源网站有可能找到的资源只有格式为 SWF 的运行文件。如若如此，我们需要将文件进行反编译处理，以便能够在 Flash 软件中使用。

二、动画素材的编辑——Flash 反编译软件

动画素材的编辑主要包括两种：一种是自己制作素材的编辑；一种是对已下载素材的编辑。在这里主要讲解第二种。在上一节中，我们已讲解了动画素材的获取，现在主要介绍对这些素材的编辑。因为获取的资源是 SWF 格式，但是这无法编辑，因此在进行编辑之前，首要要做的就是将素材进行反编译，对此可使用 Flash 反编译软件。

反编译软件，顾名思义就是针对某一种软件，将它的运行文件编译成它的源文件，以方便制作者编辑的一种软件。反编译软件有很多种，包括 JAVA 反编译软件、APK 反编译软件、EXE 反编译软件等，在此我们需要用到的是

Flash 反编译软件。

因为如果从网上下载的资源是运行文件，但是我们需要用到资源中的某一块，那就只能将 SWF 运行文件编译成 FLA 源文件，然后我们才能编辑利用其中的资源。

首先需要在计算机上安装 Flash 反编译软件，然后打开软件（下载安装软件的步骤与维棠、硕鼠的下载安装一致）：在“管理”菜单栏下选择需要转化的 SWF 文件，然后选择“添加到任务”。最后，只要在“转换”菜单栏下确定好“转换路径”，单击“转换当前”，等待转换完成。（见图 4–21 和图 4–22）

图 4–21　将转化的 SWF 文件添加到任务

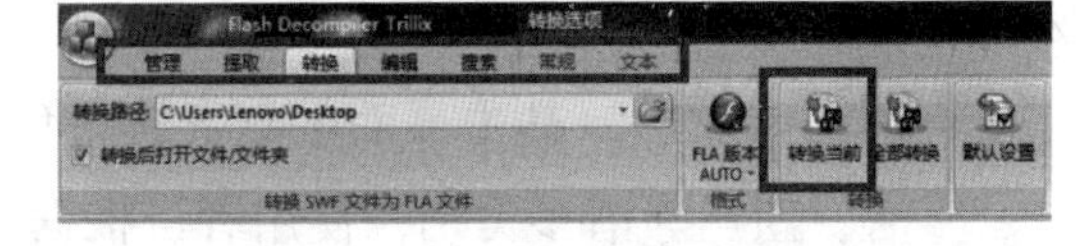

图 4–22　确定转换路径转换当前文件

转换之后是 FLA 格式的文件，该格式可以在 Flash 软件中编辑，并且找到自己需要的素材，非常方便快捷。

三、MG 动画

MG 动画，全称是 Motion Graphic，中文译为“运动图形”。MG 动画最早是被运用在电影的片头或者片尾，因为制片方认为一些字幕太僵硬，就把这些字幕做成动画。后来发展到做成片头短片或者片尾短片，这就是 MG 动画的起源。

所以，MG 动画不一定必须是“搞笑的配音 + 科普知识 + 动画表现”，也不一定必须是 AE 或者 C4D 制作的。它可能就是一个动态 GIF，也可能是一个动态 PPT，或者是一个节目开场。

它和传统动画最大的区别在于，传统动画是通过塑造角色，从而来讲述一段故事的，而 MG 动画则是通过将文字、图形等信息“动画化”，从而达到更好传递信息的效果。虽然 MG 动画里有时候也会出现角色，但这个角色不会是重点，角色只是为表现一个信息而服务的。

制作 MG 动画的软件有很多，包括比较专业的 AE 或者 C4D 等，还有容易上手的万彩动画大师、优芽互动电影等。

（一）万彩动画大师

1. 下载与安装

万彩动画大师（Animiz）是一款国产的免费软件，可直接到官网（http://www.animiz.cn/）下载安装包。该软件的安装非常简单，根据提示操作即可，兼容 Windows 各个版本的操作系统。

2. 模板的选择

对初学者来说，在现成的模板上进行编辑、填充内容，是一种简便快捷的入门方法。

打开 Animiz 后，其主界面中有上百个免费模板可供选择，包括教育、科技、生活、创意等诸多类别，使用者可根据自己所讲的主题进行选择。（见图 4–23）

图 4–23　模板分类面板

3. 场景

（1）认识“场景”

打开模板后，就进入了“场景”列表与编辑界面。（见图 4–24）

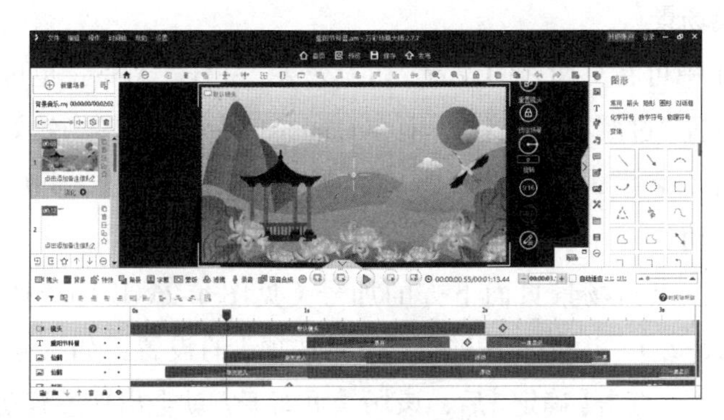

图 4-24　场景面板

左上侧区域为“场景缩略图”，这与 PPT 的版面类似，在 PPT 中，这里显示的是“页面缩略图”。

事实上，PPT 的内容组织是以“页”为单位的，文字、图片及相应的动画效果等，均需在“页”中添加和设置。与 PPT 类似，Animiz 的内容组织是以“场景”为单位的，在“场景页面”中可以添加文字、图片等各种素材，并且能够设置各种动画效果等。若干个“场景页面”组合在一起，就构成了一个完整的动画视频。

（2）新建场景

若要在模板中添加新场景，只需点击左上角“ + 新建”按键，就会弹出菜单，制作者可根据实际情况选择空白场景或内置模板。需要注意的是，Animiz 免费版最多只可设置五个场景页面。（见图 4-25）

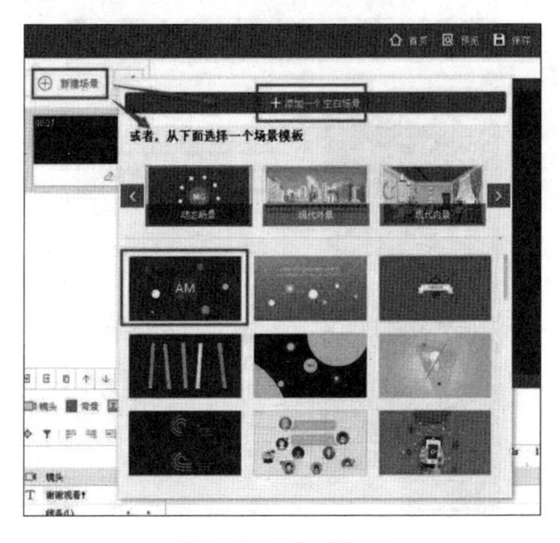

图 4-25　新建场景

（3）切换场景

正如 PPT 中可在页面之间设置“切换效果”一样，Animiz 也可以在多个场景页面之间设置“过渡动画效果”，而在 Camtasia 中则叫“转场效果”。

无论叫什么名字，其本质都是一样的——使不同场景之间的切换更加自然、协调、生动。

设置过程：点击场景页面下方的加号（见图 4–26 ①）；选择合适的过渡动画（图 4–26 ②），并可对其进行“高级选项”的设置，如调整转场持续时间、进入方向等；点击【确定】后，该场景页面下方就会出现过渡动画名称（图 4–26 ③）。

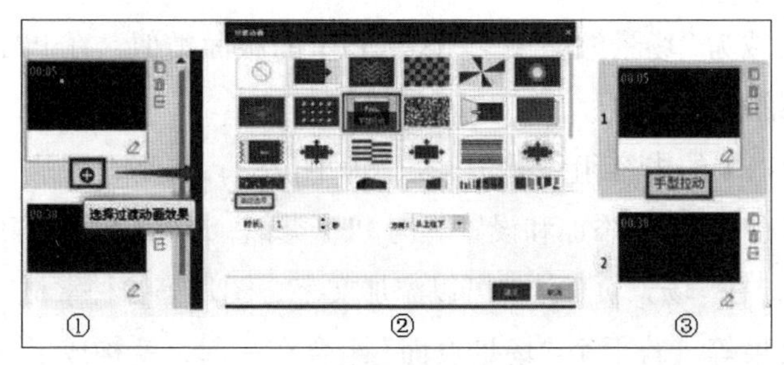

图 4–26　过渡动画效果面板

（4）在场景中添加内容

与 PPT 类似，设置完新建场景页面后，就可以在页面中添加各种内容了，常见的内容类型有文字、图片、形状、音视频素材等。在 Animiz 中，制作者可以利用窗口最右侧的元素工具栏来实现这一需求。（见图 4–27）

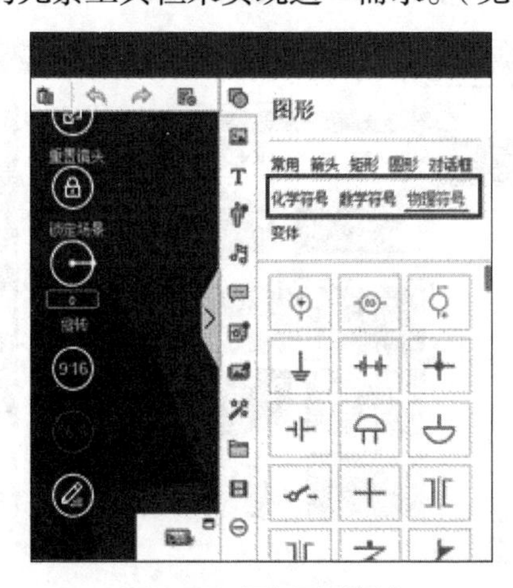

图 4–27　添加图形素材

除了上述常规类型外，Animiz 还特别面向视频制作的需求，提供了“动画人物”这一类别的内容。常使用 PPT 制作动画的教师都会为 PPT 画面不够吸引学生而感到烦恼。如果在呈现知识内容的同时，用“动画人物”进行辅助，就能够有效地增强微课画面的“吸睛力”。原因是与文字、图片等内容相比，人的表情、动作总是能够吸引观看者的关注，这是人类在千百万年的进化过程中形成的。（见图 4–28 ～图 4–30）

图 4-28　Animiz 中的动画人物素材

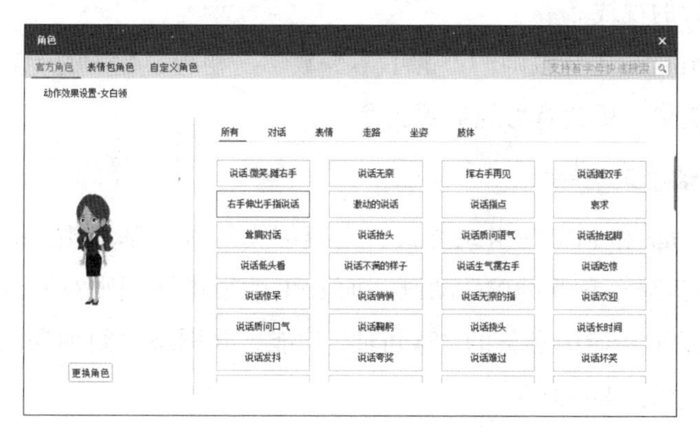

图 4-29　角色的动作与表情设置

图 4-30　调节角色大小与旋转方向

当一个动画角色添加成功后，即可预览效果。此时动画角色将做出选定动作，配合语音讲解，如同教师一般，使视觉效果更加生动和突出。

需要特别注意的是，在制作微课时，要避免动画人物干扰学习内容。因此，首先动画人物不能太夸张（在这方面，Animiz 中的动画人物都比较适合）；其次，在出现关键内容，需要学生集中精力感知和思考时，最好不要让动画人物干扰学习者的视线。

另外，Animiz 还为教师们添加了不少数学、物理、化学的专用符号，为制作专业微课提供了更为有力的资源支撑。

4. 时间轴相关功能

既然 Animiz 和 PPT 在组织方式、内容编辑等方面基本相似。那么，为什么 Animiz 能够制作专业的 MG 动画，而 PPT 就很难做到呢？原因在于 Animiz 提供了视频编辑功能中必备的“时间轴”功能，并围绕时间轴提供了更多的专业视觉效果。（见图 4-31）

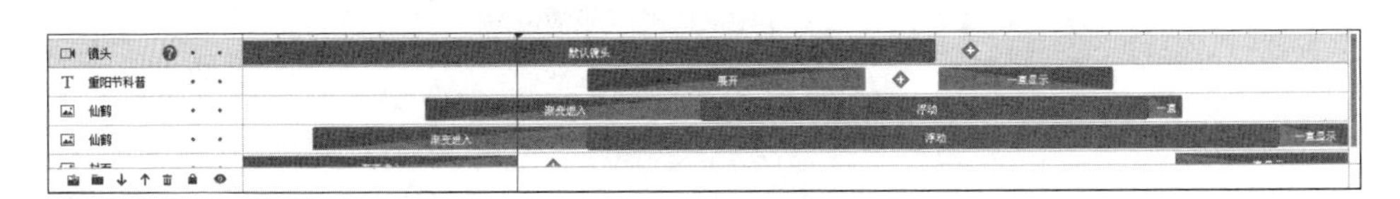

图 4-31　时间轴界面

（1）时间轴的功能及构造

如果说 Animiz 在内容组织形式上借鉴了 PPT 的话，那么，其时间轴功能则借鉴了 Camtasia 等视频编辑软件。可以说，时间轴是 Animiz 制作 MG 动画最关键的功能。

与 Camtasia 类似，Animiz 的时间轴同样包含了多个轨道，可以任意组合视频、声音、图像、文字等多种元素，能够控制每个场景中元素的播放顺序与时长，创造生动有趣的视觉特效，并随时预览效果。（见图 4–32）

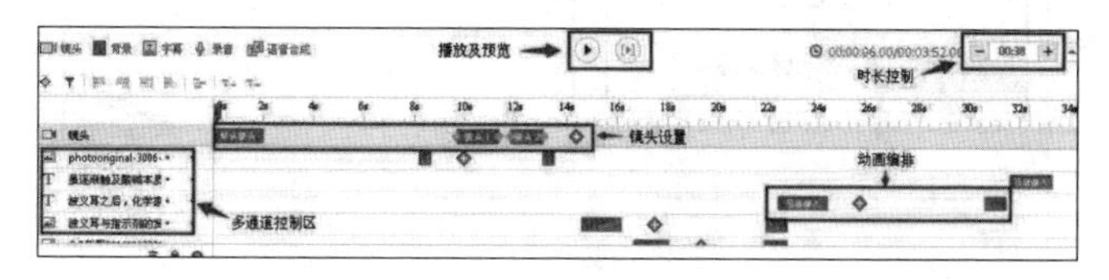

图 4–32　Animiz 时间轴存在多个轨道

制作者只要用好时间轴，以及镜头设置、设置编排动画特效、特色功能，再配合好的创意，就能轻松做出精彩流畅的动画。

（2）镜头设置

有了时间轴的辅助，Animiz 就可以做画面旋转，镜头框越小则画面放大倍数越高。需要说明的是，Animiz 的免费版只允许每个场景最多设置六个镜头。（见图 4–33）

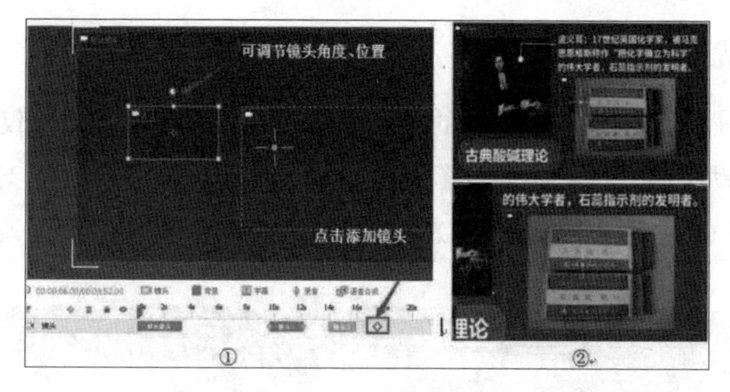

图 4–33　镜头设置

（3）设置编排动画特效

与 PPT 类似，Animiz 也可为图片、文字等对象设置动画。这项操作也是在时间轴中完成的。首先点击元素对应通道内的“+”按钮（见图 4–34 ①），弹出对话框，选择动画特效（见图 4–34 ②），确认后通道内即出现蓝色进度条（见

图 4–34 ③）；此时再点击“+”按钮，重复上述步骤，就可以做出酷炫的连串特效（见图 4–34 ④）；每一项特效的持续时长都可以通过拉伸进度条两端的黄色菱形来调整，全部完成后，可点击时间轴左侧播放键预览特效。

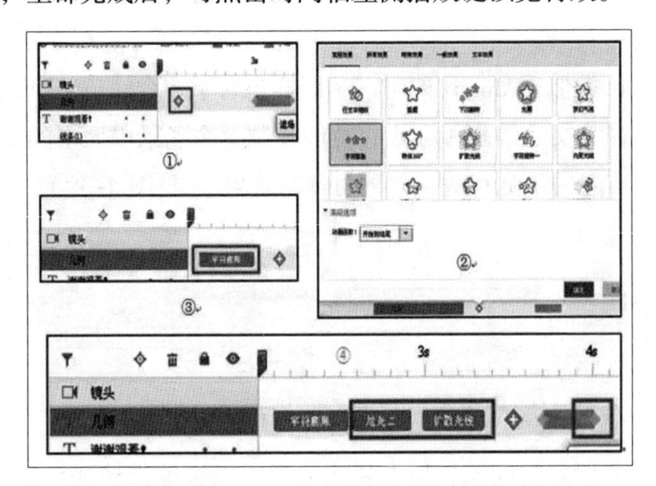

图 4–34　编排动画特效

相比 PPT，Animiz 的动画效果更加酷炫，能够达到专业的效果，非常吸引眼球。此外，由于 Animiz 中引入了“时间轴”，因此很容易对多个动画进行精细化的控制。这一点显然要比 PPT、Focusky 强大许多，也是制作专业 MG 动画的重要功能支撑。

（二）优芽互动电影

优芽互动电影也是一款优秀的在线动画课件制作工具，它不仅提供了对场景、人物、动作的支持，还糅合了 PPT 页面的编辑方式，同时还支持在动画电影中嵌入测试题，因而更加符合教师的使用习惯和教育的特点。（见图 4–35）

图 4–35　网站首页

使用优芽制作动画的方法也很简单。下面我们来进行简要介绍。

1. 制作片头

在进入互动电影编辑界面后，我们可先点击界面左上角的【添加片头】按钮，并在右侧的编辑页面中，进行选择背景、输入文字等操作。

其中片头可以使用模板编辑，也可以像其他普通页面一样单独进行设计和编辑。（见图 4–36）

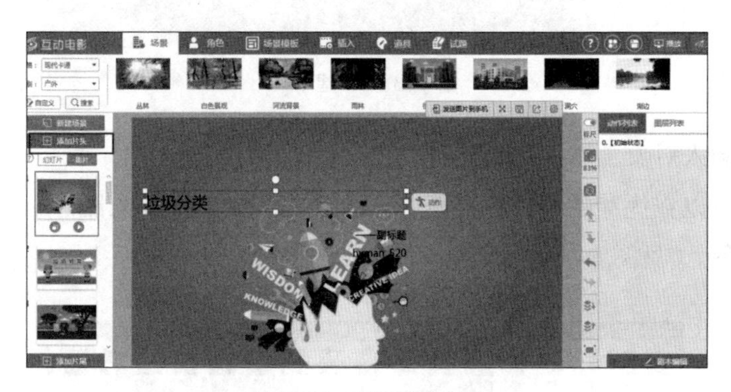

图 4–36　视频编辑界面

在编辑页面中双击文字即可输入文字。使用编辑页面右侧的“图层列表”工具，在文字层上进行双击，可以拖动调整文本的位置和大小。

2. 制作场景动画

在图 4–36 中我们可以看到，优芽的编辑界面类似于 PPT，只是右侧增加了“动作列表”和“图层列表”菜单，它的操作有些像 PPT 与 Photoshop 的结合。

（1）为幻灯片页面添加场景

在“场景”菜单中，点击【新建场景】按钮，即可新增一个幻灯片页面。与在 PPT 中类似，我们此时就可以在新建的幻灯片页面中（右侧的空白区），添加各种元素和对象了。（见图 4–37）

图 4-37　新建场景

（2）插入对象、添加动画

我们可以在优芽的幻灯片页面中，像在 PPT 中一样插入图片、形状、文字等各种对象。（见图 4-38）

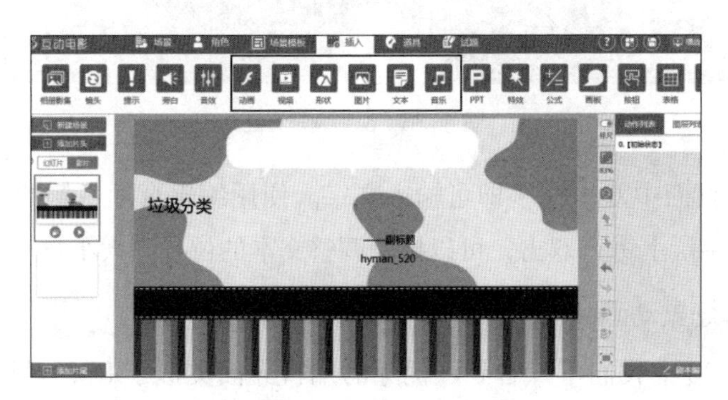

图 4-38　插入对象

在优芽中，我们点击图片、文字等对象，然后就可以在右侧的“动作列表”窗格中设置该对象的进入动画效果，并且可用鼠标拖动调整动画播放的顺序——这些操作和在 PPT 中几乎完全一样。

在一个幻灯片页面中选择场景、插入对象、设置动画后，点击当前幻灯片页面缩略图右下角的【播放】按钮，即可预览动画效果。如果预览正常的话，就完成了一个场景的制作（相当于一页 PPT）。

采用同样的方法，可以构建前后相连的多个场景画面，共同构成整个场景动画。

以上操作体现了优芽最大的特点：在操作方式上和 PPT 的使用方式类似，

教师比较熟悉，大大减轻了学习新软件的负担。

（3）添加人物

人物对于故事型的微课来说，是基础要素。在优芽中也可以像在皮影客中那样，在场景中添加动画人物。（见图 4–39）

图 4–39　添加动画人物

增加一个人物非常简单，只需点击“角色”菜单中的【新增角色】按钮，即可在丰富的角色库中进行选择。（见图 4–40）

图 4–40　角色库

当角色被插入幻灯片页面后，只需在人物形象上点击右键，就可以轻松设置人物动作（如“边走边说话”）。

与皮影客相比，优芽在人物动作的设置上相对比较简单，但也基本能够符合大部分教学场景所需，操作上也显得更加容易。

（4）添加配音

在优芽中，完全支持为场景动画添加人物配音，只需选中某个场景幻灯片，点击“插入”菜单，然后选择【旁白】按钮即可。（见图 4–41）

图 4-41　添加人物配音

值得注意的是：优芽默认的配音为“自动配音”，即根据用户输入的文字，由机器进行配音。从机器配音的效果来看，还比较生硬，听起来比较别扭，更加体现不出声音中的情感，因此建议尽量采用真人配音的方法。

（5）添加测试题

在微课增加测试题可起到学习效果检测的作用，对于微课教学来说是非常重要的。这可以说是优芽的一大优势。

在新增一个场景页后，只需点击“试题”菜单，即可在该场景页中添加试题了。

优芽中可以嵌入普通试题或游戏试题，非常便捷。我们先来介绍添加普通试题。

点击图中的“试题”菜单，我们需要先从如下题型中选择一种：“单选题”“多选题”“判断题”。（见图 4–42）

图 4-42 试题菜单

以添加单选题为例。（见图 4-43）

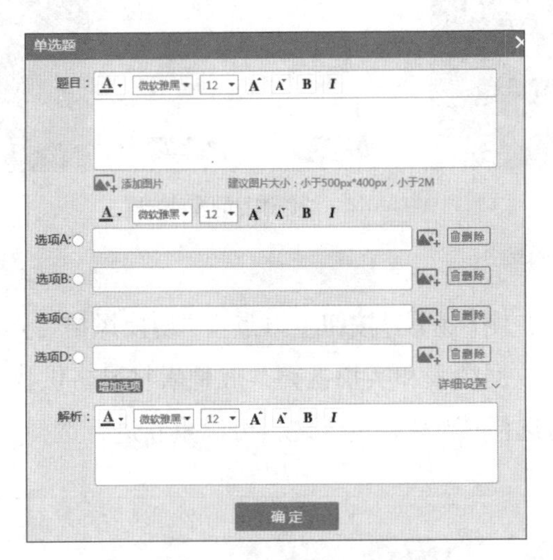

图 4-43 单选题编辑界面

在编辑界面中，即可输入题干、答案。其他相关内容可根据需要进行设置，例如：选项的数量可以通过【删除】和【增加选项】按钮进行增减，答案的呈现方式可以在“详细设置”中进行修改，等等。

3. 发布和分享

优芽的分享是完全以在线的方式进行的，发布完成后直接显示出分享链接。学习者只需扫描二维码或输入网址链接即可观看微课，非常便捷。

（三）来画视频

来画，是一家在线视频创作平台，它拥有 Web 端、APP 两大短视频创作工具，平台上配置了海量视频模板与素材，用户通过简单的模块化操作、拖曳与编辑，就能轻松将图文、视频、音乐、动图、手势等素材完美结合，像做 PPT 一样做出创意短视频。

1. 建立文件

来画视频中建立文件有三种选择，如果我们已经做好了 PPT，可以直接选择“导入 PPT”，一般来讲，我们选择“空白草稿”来新建作品。（见图 4–44）

图 4–44　新建作品的多种方式

2. 选择素材风格

进入之后，在左侧【场景】按钮上方点击“切换风格”会有商务科技、卡通动漫、黑白手绘、数据图表和实拍视频共五种素材风格供我们选择，根据自己想要的种类，进行选择；当然，进入之后可以重新进行选择。（见图 4–45）

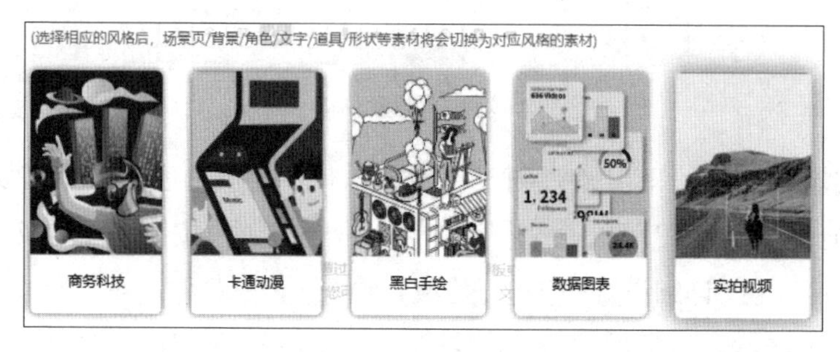

图 4–45　多种素材风格

3. 创建页面

和 PPT 的制作类似，可以选择场景库模板，也可以选择空白页制作。一般来说，选择场景库模板，然后再在其中选择片头页、主要内容页、片尾页等。选择之后，再在其中选择自己喜欢的页面，然后再进行更改，这对于初学者来说更容易上手。在此，选择任意一个为例。（见图 4–46）

图 4–46 场景库界面

4. 修改页面内容

（1）修改背景

在页面的右边框中选择“页面属性”中的“替换背景”选项，之后左边会有“背景”选择框出现，在“背景”中有“背景素材”和“背景色”，选择自己喜欢或者适合的背景选项。（见图 4–47）

图 4–47 页面属性界面

（2）添加文字

利用页面最左边一栏中的“文字”工具，在文字框中选择文字的类型、格式进行添加，然后在页面中输入相应的文字。（见图 4–48）

图 4-48 修改文字样式

（3）添加角色

利用页面最左边一栏中的“角色”工具，在“角色”框中选择角色的类型添加，然后在页面中对角色的“动作”“方向”“路径动画”等进行修改。（见图 4–49 ～图 4–51）

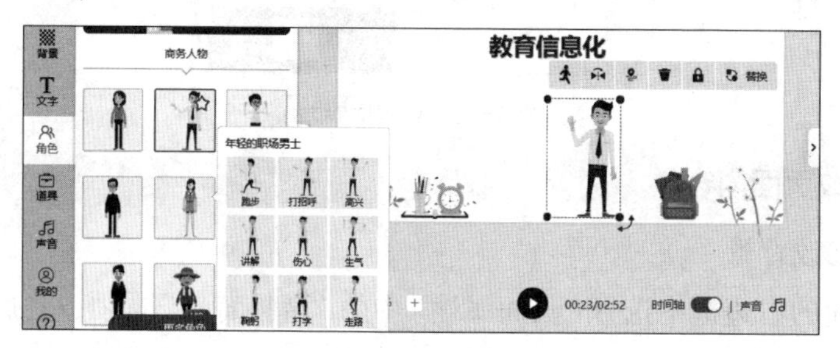

图 4-49 角色编辑界面

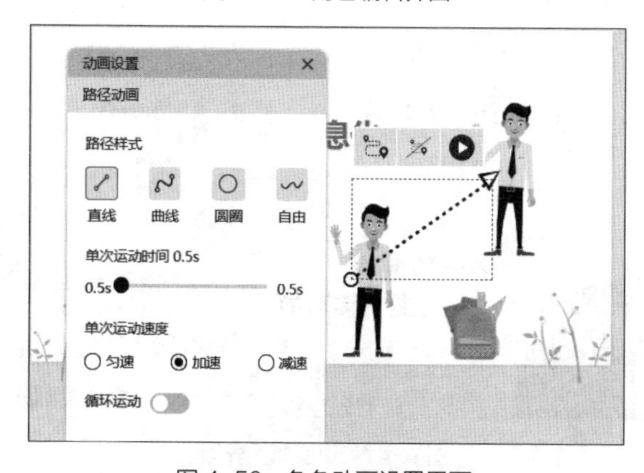

图 4-50 角色动画设置界面

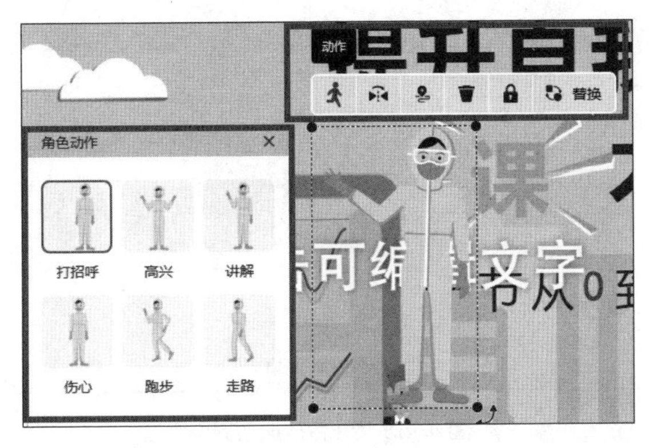

图 4-51　角色动作

5. 添加声音

利用页面最左边栏的“声音”工具，我们可以选择添加音乐或者是自己录音。当然可以选择上传自己下载好的音乐，也可以选择页面软件给出的音乐。如果希望自己录音，也可以选择录制自己的音频。

录制音频有三种选择，可以输入文字让 AI 合成音频，也可以上传自己录好的音频，也可以在页面中直接录音，当然直接录音会有很多因素影响音频质量，因此推荐使用 AI 合成或者上传已做好的音频文件。（见图 4–52 和图 4–53）

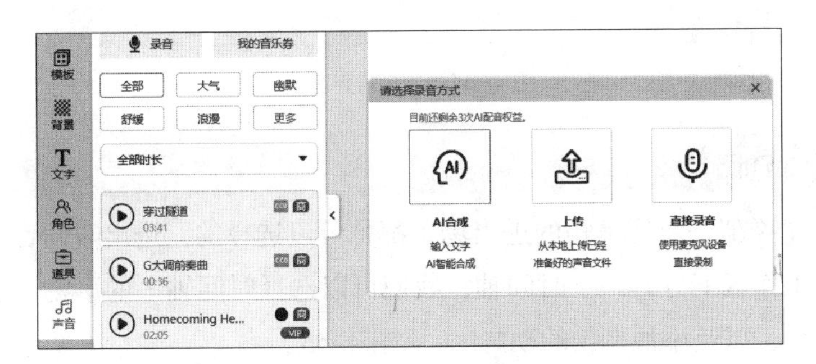

图 4-52　录音的三种方式

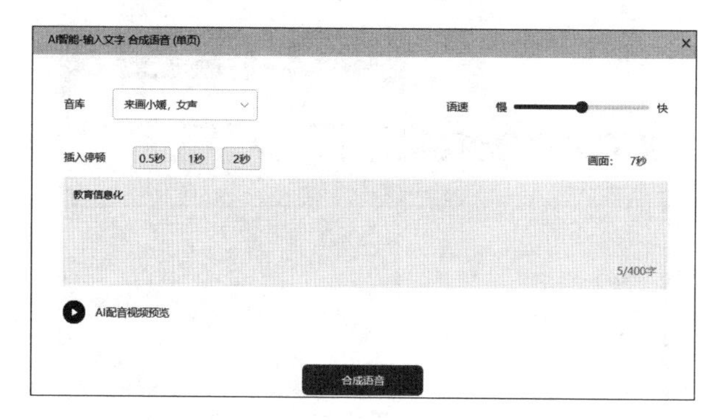

图 4-53 AI 合成语音界面

还可以在“声音管理”窗口选择【点击添加背景音乐】。（见图 4-54）

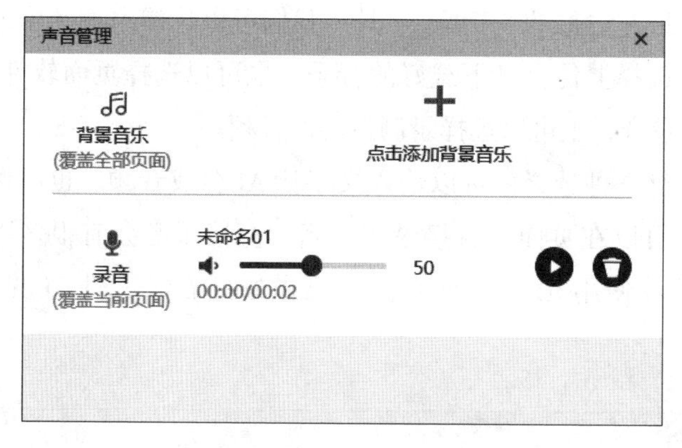

图 4-54 添加背景音乐

6. 添加动画

和 PPT 类似，每样事物的进出场景都是可以选择的，进出时间也是可以更改的。在工作区下方有一个时间轴，我们可以选择时间轴上的事物，然后更改事物的属性，以及添加事物的动画。（见图 4-55）

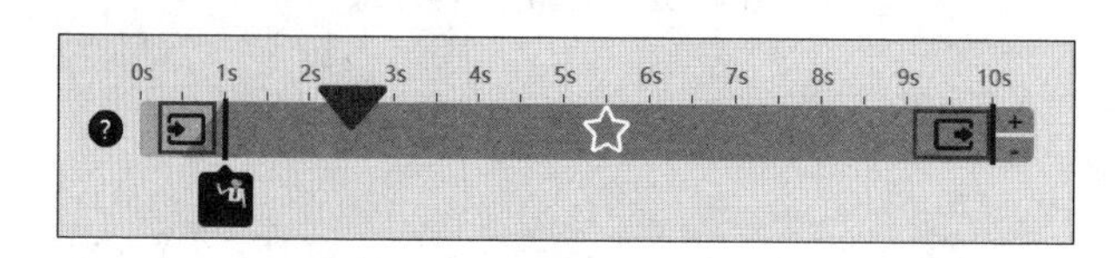

图 4-55 使用时间轴功能

在时间轴上，事物可以随鼠标移动而更改进出场景的先后。并且在右边的属性栏中选择“动画设置”，然后设置物体的动画。（见图 4–56）

图 4-56　动画设置界面

在此说明一个注意点：在页面的制作中有可能会出现物体层次错误，那么，我们需要在场景的空白处单击，然后在右边的“图层管理”中找到错误的目标进行更改。

最后，通过“播放”按钮预览成果，若有错误再进行更改，若无误则将文件导出保存（“导出”按钮在页面的右上角）。

四、字说——文字动画视频神器

字说是一款可以制作文字动画视频的 APP，在手机上即可制作出有动画效果的文字动画视频。并且制作人口才欠佳也没有关系，它可以自动提取本地音频语音，语音变视频，一键生成文字动画视频，文字动画细节可随意编辑，有字体效果和风格可以设置。它的排版也是风格多样。

（一）字说的主要功能

1. 语音转换为文字动画视频

通过字说的录音按钮录下语音，系统将会自动识别并生成文字动画视频。

2. 本地视频语音识别，转换为文字动画视频

针对不善于表达或者语音不够好听的用户，则可以通过字说的【视频旁白】按钮来上传本地视频，系统将会自动识别本地视频中的语音内容，生成文字动画视频。

3. 文字动画视频编辑

可以对系统识别出的文字动画内容进行优化编辑。如果有识别错误的文字可以修改，也可以对文字动画的格式进行排版。

4. 自定义文字动画细节

字体、文字颜色、特殊文字颜色、视频背景等均可自定义，可以做出个性的文字动画视频。

（二）字说软件的一般使用

步骤一: 打开软件，可以选择自己录制输入文字 AI 合成语音，也可以自己录制一段文字，文字可以组织，也可以挑选它给出的一些片段，录好之后单击“下一步”。（见图 4–57 和图 4–58）

图 4–57　输入文字 AI 合成语音

图 4–58　语音录入文字

步骤二：至此，软件已经将基础的文字动画做好，其他的细节部分由我们自己选择更改，包括风格、文字、贴纸、变声、音乐、背景等。做好了设置之后，单击【下一步】发布或者保存自己的文字动画视频。（见图 4–59 ～图 4–61）

图 4–59　修改文字样式

图 4–60　添加贴纸

图 4–61　修改动画样式

以上是简单的字说软件制作过程，其中我们还可以根据自己的喜好选择不同的选项，并且也可以根据主题、风格的不同等，自由创作文字动画视频。

五、定格动画——Stop Motion Studio

现在手机端的动画制作软件有很多，例如 Onemovi、Stop Motion Studio、无限人偶、FlipaClip 动画制作、Animation Desk、Animator 动画制作、动画大师等。

这些软件中，无限人偶是一款国产的 3D 绘画辅助应用，不仅操作灵活，素材也很牛，无限人偶 pro 以人性化与强大功能为绘画爱好者、设计师与艺术家提供全新有效的创作方式。

FlipaClip 动画制作的主要功能就是动作制作，结合了制作者手写绘画风格，这样很有意思，但是前提是要画得好看。并且 FlipaClip 属于一款视频剪辑类应用，与其他同质应用不同，FlipaClip 画面应用的是非常可爱的涂鸦风格。我们可以事先选择好相应的模板，而后使用 S–Pen 逐帧绘制图片，进而生成动画，并将这些动画上传至其他平台供用户查看。

Animation Desk 是一款非常专业的动画制作应用。手指轻松制作动画，使用简单易操作，让你随时做动画，是动画视频爱好者必备的应用。

Animator 是一个非常好的卡通制作工具，没有复杂的动画教程或卡通制作所需的步骤。不论是动画自拍照还是素描漫画，Animator 都将令其更加出色。

动画大师是一款可以在手机上制作动画的软件，动画大师手机版可以通过绘制不间断的图片集，而后将图片集导出成 GIF 动态图片与视频，还能将作品分享给他人，并且可以将作品导出到相册。

Stop Motion Studio 的中文名为"定格动画工作室"，是一款图片处理类软件，可以用来进行图片编辑，让图片变得更加立体化，还可以用来制作定格动画，比电脑操作要方便很多，我们可以随时随地进行操作。

这些软件有些许的不同，但是大部分的功能是相似的，我们将以 Stop Motion Studio 软件的制作方法来说明，它的制作和定格动画的制作有点相似。

1. 新建影片

打开软件后，选择【新建影片】连续地拍下一系列的过程，然后软件会依据拍下的照片先后快速播放，以此来形成动画视频。（见图 4-62）

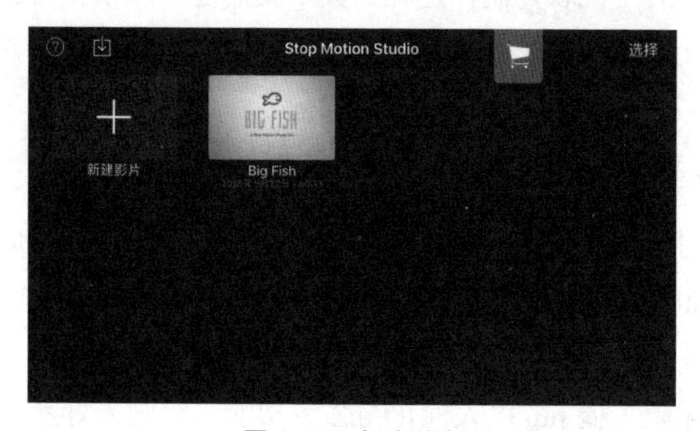

图 4-62　新建影片

然后，可以选择重新拍摄照片，或者直接导入已拍好的照片。（见图 4-63）

图 4-63 导入照片

2. 添加配音

点击画面左侧的话筒图标按钮完成录音。(见图 4–64)

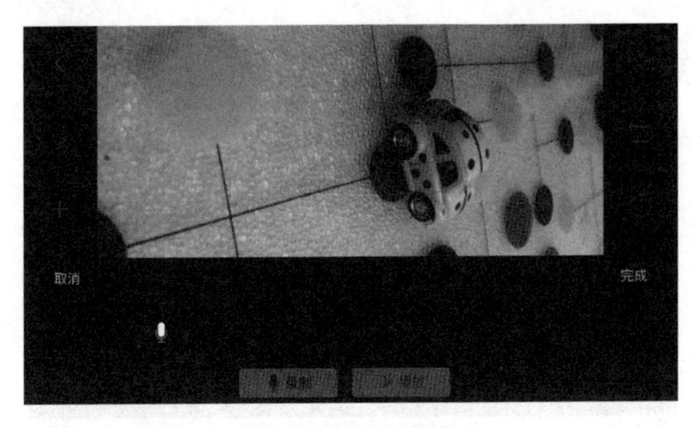

图 4-64 添加配音

3. 添加其他素材

点击左侧 “+” 号按钮，可以添加图像、片头和片尾、音频、视频，以及文件。(见图 4–65)

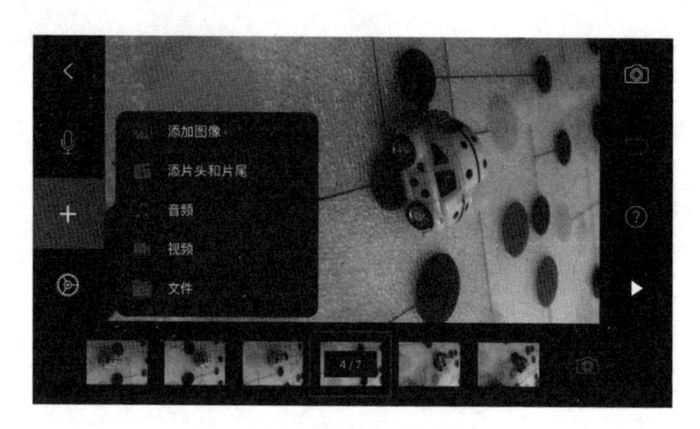

图 4-65　添加素材

4. 个性化设置

点击左下角【设置】按钮，可以调整播放速度、转场效果、纵横比、前景、效果及播放功能的设置。需要注意的是，加锁的功能都需要付费使用。（见图 4-66）

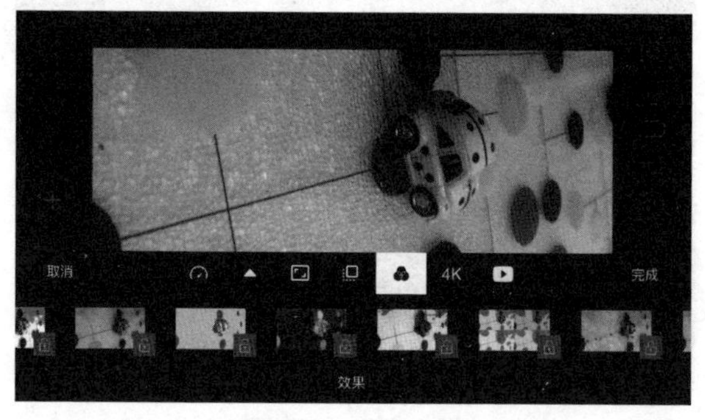

图 4-66　个性化设置

设置好后，点击右侧【完成】按钮，可以预览最终效果。

六、万彩骨骼大师

万彩骨骼大师是一款专门针对 2D 动画角色所研发的动画制作软件。通过在图片上添加骨骼，从而控制骨骼实现移动、跳跃、旋转等动画动作。只需简单四步即可做出栩栩如生的动画角色，导入 PSD 或 PNG 图片，添加骨骼，自定义骨骼动画动作，输出即可。软件还提供大量常用动作的骨骼模板，直接应用即可。

万彩骨骼大师提供简单的方式，让不具备动画技巧的用户轻松地将静态图片转变为生动的动画角色。多样化的输出格式，还能轻松嵌入视频、网页、游戏、演示文稿中，让表达更直观，内容更丰富饱满。（见图 4–67）

图 4-67　软件的三种编辑方式

打开软件后，我们可以看到有三种编辑方式：

“从模型创建”，从内置人物模型创建自己的动画角色；

“从图片创建”，从透明的 PNG 或 PSD 文件创建自己的动画角色；

“打开工程”，打开编辑现有的工程文件。

我们先以“从模型创建”为例。

（一）选择角色

步骤一：选择一个在线角色，点击【编辑正面】（可选择“正面”或“侧面”编辑角色）。（见图 4–68）

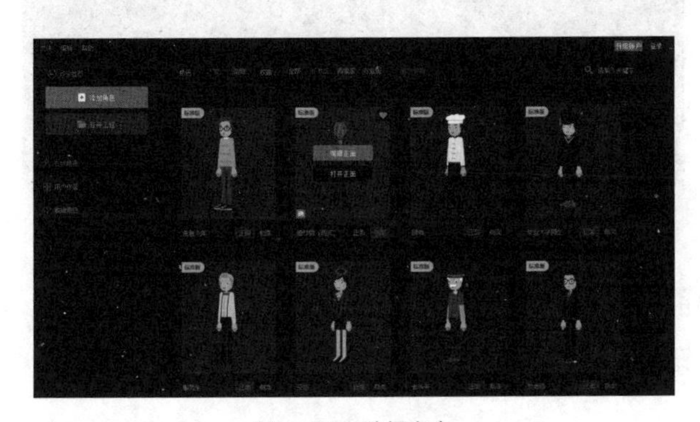

图 4-68　选择角色

步骤二：进入“角色编辑”页面，在这里我们可以实现对角色上半身、下半身、头部和表情的多种细致变化，也可以选择组合为当前角色“变装”，然后点击【确定】。（见图 4–69）

图 4-69　角色编辑界面

（二）套用动作

步骤一： 在左侧“动作库”拖动一组动作到时间轴。将鼠标移动到相应的动作后会显示动作效果。（见图 4–70）

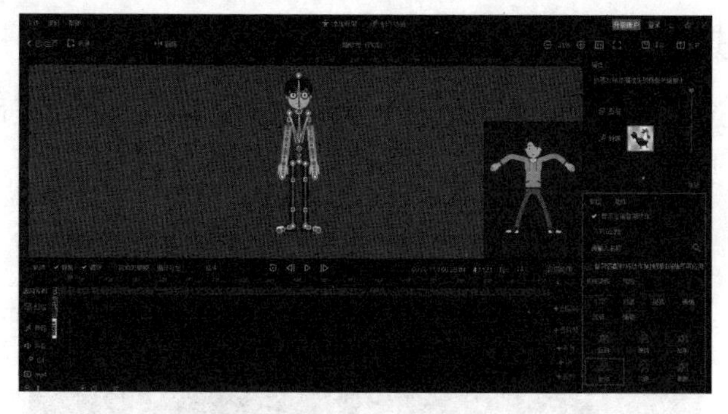

图 4-70　选择动作库的一组动作

确定需要的动作后，按住鼠标左键不放，拖动到时间轴上。拖放完成后可以点击播放按钮预览。（见图 4–71）

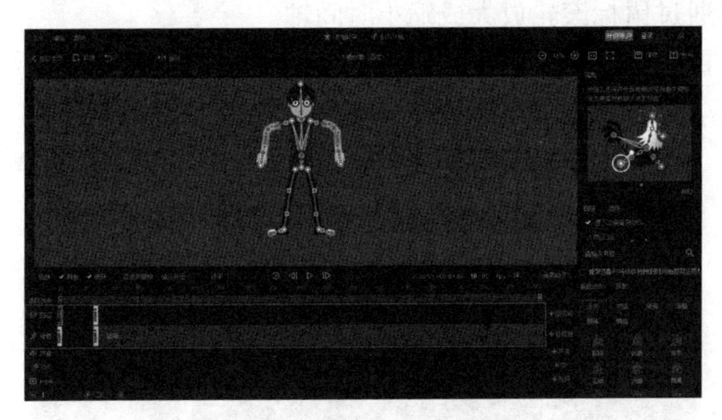

图 4-71　拖动动作到时间轴

步骤二：如果选择自定义该组动作，可以先在时间轴上单击鼠标选中动作，然后点击右键，选择“分解”动作，再修改图层帧或骨骼帧。（见图 4-72 和图 4-73）

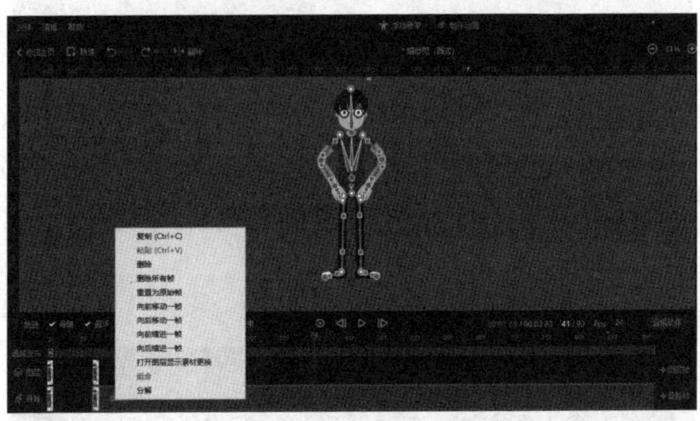

图 4-72　分解动作

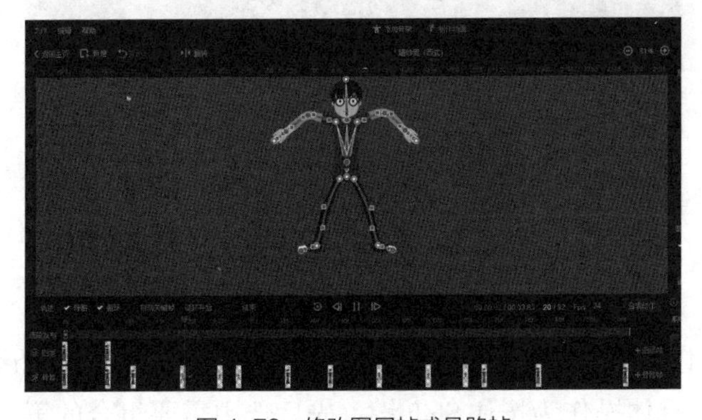

图 4-73　修改图层帧或骨骼帧

注意：可通过鼠标滚轮放大或缩小时间轴。

步骤三：单击图层时间轴上的帧，会弹出“图层显示素材更换”窗口，呈现素材的名称、格式及大小信息，更改躯体样式，设置应用帧范围。（见图 4–74）

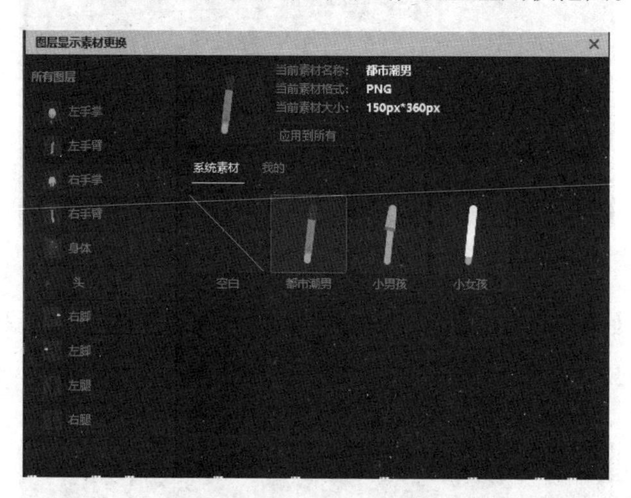

图 4–74　图层显示素材更换窗口

步骤四：更改角色动作。选中骨骼时间轴上的帧，调节舞台上角色的骨骼控制点，调整当前帧下的角色动作。调整完成后拖动滑块预览效果。（见图 4–75）

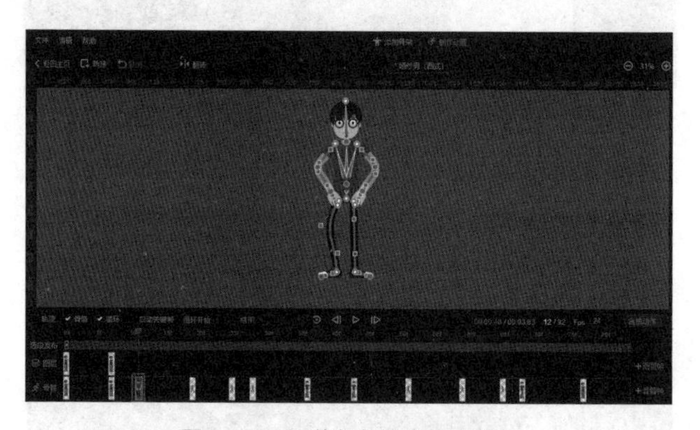

图 4–75　调节角色的骨骼控制点

步骤五：图层帧和骨骼帧修改完成后可以对其进行组合，方便整体拖动、编辑等操作。具体操作为按住 Shift 键，先后选中需要组合的第一帧和最后一帧。（见图 4–76）

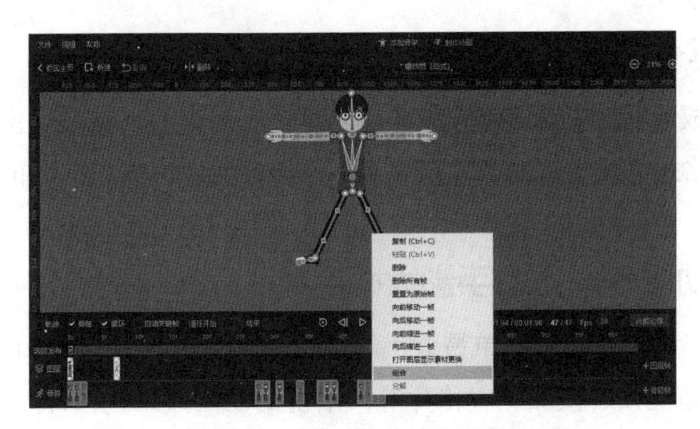

图 4-76　组合图层帧骨骼帧

步骤六: 取消勾选“骨骼”，完成角色动作设置。（见图 4-77 和图 4-78）

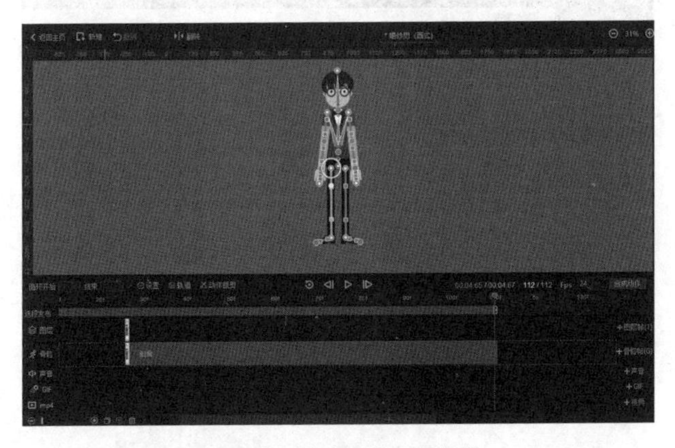

图 4-77　角色动作设置完成

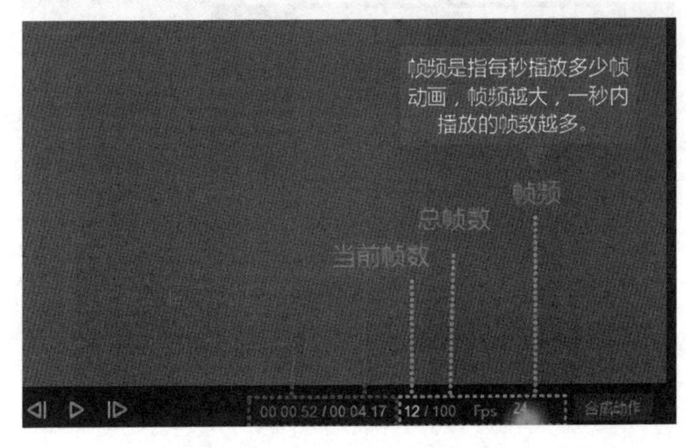

图 4-78　动画时长基本信息

（三）发布

制作完成后点击右上角的【发布】按钮，在弹出的发布设置窗口设置发布路径、发布格式、发布大小及发布背景。设置完成后，点击【发布】即可。

七、手绘动画——万彩手影大师

万彩手影大师是一款简单易上手的手绘动画制作软件，制作以手势动画为主的创意动画视频、微课、宣传片等。丰富的动画效果让图片、文字、视频、图形等素材更加生动有趣。此外，手绘动画软件还有 VideoScribe、Explaindio Video Creator 及 Easy Sketch Pro。（见图 4-79 和图 4-80）

图 4-79　软件首页

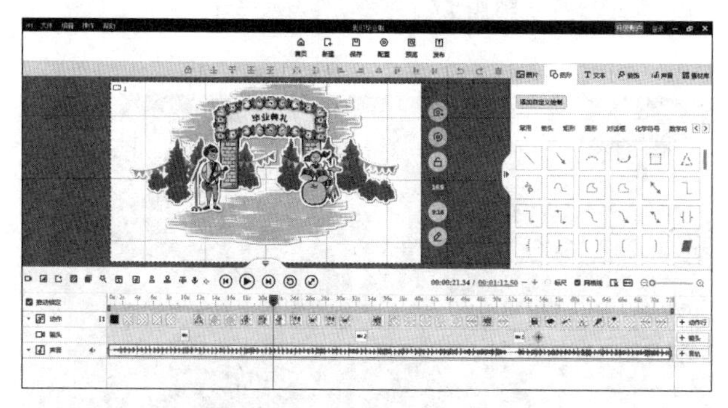

图 4-80　软件界面

万彩手影大师仅需五步即可在短时间内做出丰富有趣的手势动画视频。这里详细说明操作步骤与制作过程中的注意事项。

1. 新建工程

手影大师支持三种新建工程方式：新建空白项目；打开已有的工程；下载编辑在线模板。（见图 4–81）

图 4–81 三种新建工程方式

2. 添加动画元素

目前手影大师支持添加图片、图形、文字、视频和音频素材。在属性栏中，既可以自定义动画元素设置还可以了解元素基本信息，比如图层信息、时间信息、动作信息和位置信息。

步骤一： 这里我们以图片为例，来说说具体的操作步骤。

点击图片按钮，可以从内置的素材库选择所需图片，也可以直接添加本地图片。（见图 4–82）

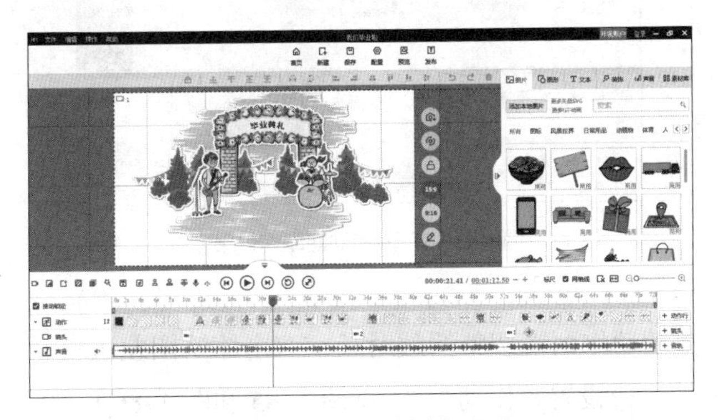
图 4–82 图片素材编辑界面

步骤二： 在画布中调整图片的位置、大小等，在属性设置面板中查看图片

信息，调整透明度或替换图片等。文字、视频和音频也以这样的方法添加到画布。（见图 4–83）

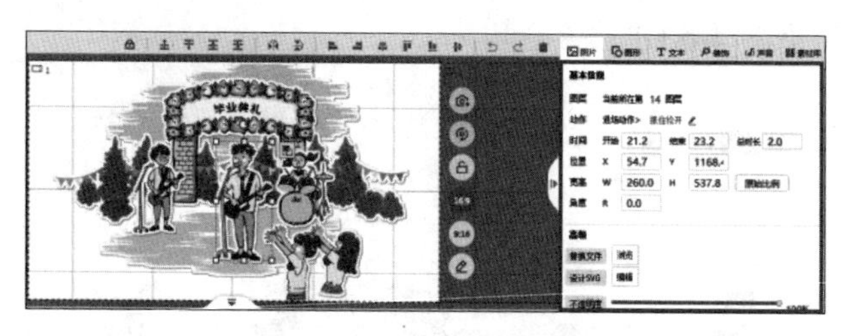

图 4–83 查看图片信息

3. 添加动画动作效果

把动画元素添加到画布后，便可在时间轴的动作栏目看到元素的缩略图。这时便可开始给元素内容添加进场、退场、强调、镜头、装饰和清场。

步骤一：添加的第一个动画元素，默认添加进场动作，然后点击“+”号按钮继续添加进场、退场、强调动画特效。（见图 4–84）

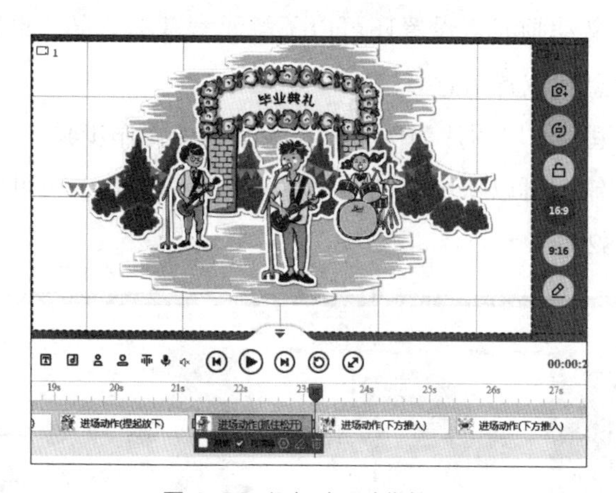

图 4–84 添加动画动作效果

步骤二：拖动动作两端调整播放时长，双击缩略图左边自动聚焦到当前元素，双击缩略图右边设置动作动画。（见图 4–85 和图 4–86）

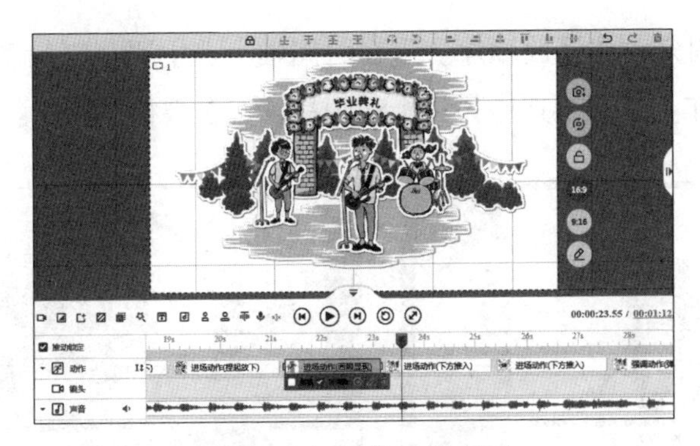

图 4-85　调整动画动作效果

图 4-86　设置动作动画界面

步骤三：添加完动作动画之后，还可通过编辑动作动画属性来调整动作动画播放效果。（见图 4-87）

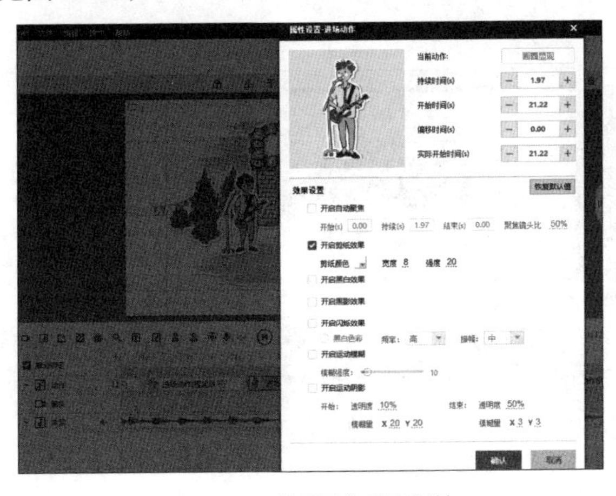

图 4-87　编辑动作动画属性

步骤四：调整动作播放顺序。先在时间轴上选中要复制的动画片段，点击右键，复制动作，然后再选中另一个动画片段，右键粘贴动作。（见图 4–88）

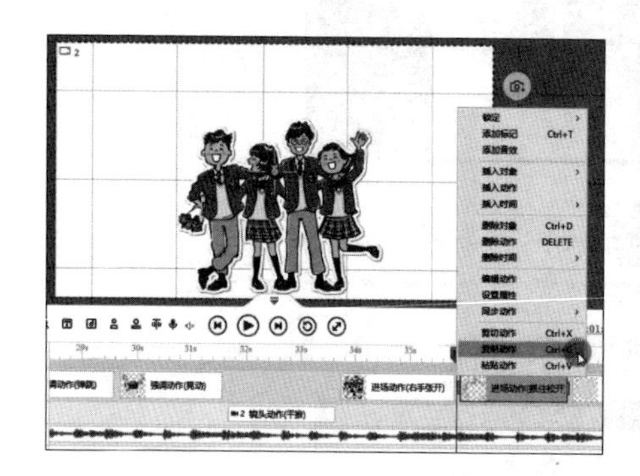
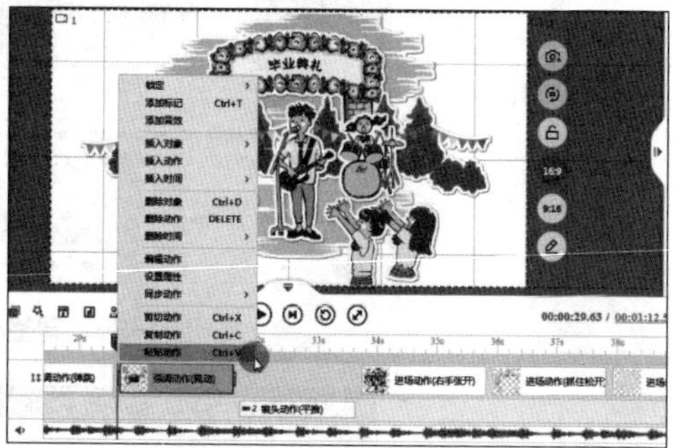

图 4–88　调整动作播放顺序

添加动画动作的注意事项：

- 不支持在同一个缩略图中添加多种动作动画，一个缩略图代表一个动作；
- 不支持直接拖曳动作来调整动画动作播放顺序；
- 只能通过添加镜头动作来实现动画元素分镜头展示，且镜头位置不能移动与调整。

4. 添加字幕

点击“字幕 +”，输入字幕内容，调整字幕外观设置等。可以拖动字幕到所需位置，拖动字幕两端调整字幕播放时长。还可配置与字幕同步的语音。（见图 4–89）

图 4–89　添加文本界面

5. 添加背景

点击【+背景】，有图片、视频和背景颜色可选。假如在素材库找不到满意的，还可以添加本地背景文件。（见图 4–90）

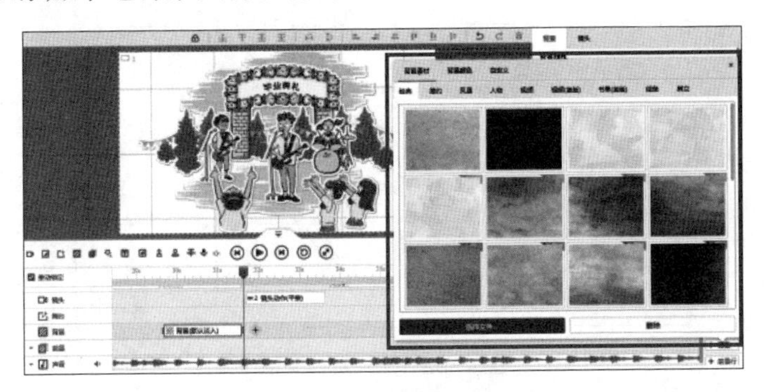

图 4-90　添加背景界面

6. 添加音轨

点击“添加音轨”，拖动音轨改变显示位置。（提示：音轨是不支持通过拖动来调整播放时长的）双击音轨打开声音编辑器，可以裁剪、拆分音轨。（见图 4–91）

图 4-91　声音编辑器窗口

7. 发布作品

在添加完动作、字幕、背景和音轨之后，即可发布作品。目前支持三种发布类型：视频发布、GIF 发布和云发布。（见图 4–92）

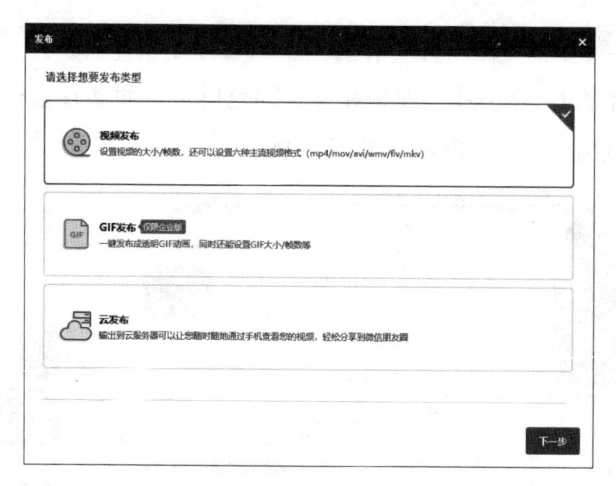

图 4-92　三种发布类型

除了上述的动画类软件外，还有增强现实动画、全息动画及三维动画等，有兴趣的可以研究一下。